Sommerfeld 理论物理学

（第一卷）

力　学

Mechanik

〔德〕阿诺德·索末菲 (Arnold Sommerfeld)　著

黄海深　孙竹凤　译

范天佑　校

科学出版社

北　京

内 容 简 介

本书是伟大的物理学家 Arnold Sommerfeld 的"理论物理学"第一卷《力学》的中文翻译。力学是数学物理学的支柱,虽然不再像 18 世纪那样需要用物理来解释机械模型的所有现象,但是我们仍然相信力学的原理,如力矩、能量和最小的势能原理是物理的所有分支中最重要的。本书包括 8 章,即质点运动学,系统力学、虚功原理和 d'Alembert 原理,振动问题,刚体,相对运动,力学的积分原理和广义 Lagrange 方程,力学的微分变分原理,Hamilton 原理,以及问题和解答。

本书可作为高等院校物理和力学专业的本科生及研究生的教材,也可供相关专业教师和科研人员参考。

图书在版编目(CIP)数据

力学 /(德) 阿诺德·索末菲著; 黄海深, 孙竹凤译. -- 北京: 科学出版社, 2025. 6. -- (Sommerfeld 理论物理学). -- ISBN 978-7-03-082706-7

I. O3

中国国家版本馆 CIP 数据核字第 2025AL1100 号

责任编辑: 刘信力 崔慧娴 / 责任校对: 彭珍珍
责任印制: 张 伟 / 封面设计: 无极书装

斜 学 出 版 社 出版

北京东黄城根北街 16 号
邮政编码: 100717
http://www.sciencep.com

北京中石油彩色印刷有限责任公司印刷
科学出版社发行 各地新华书店经销
*
2025 年 6 月第 一 版 开本: 720 × 1000 1/16
2025 年 6 月第一次印刷 印张: 17 1/4
字数: 343 000
定价: 128.00 元
(如有印装质量问题, 我社负责调换)

Sommerfeld 及其成就

Arnold Sommerfeld (1868—1951)

Sommerfeld 是德国伟大的理论物理学家、应用数学家、流体力学家、教育家，原子物理与量子物理的创始人之一。他对理论物理多个领域，包括力学、光学、热力学、统计物理、原子物理、固体物理 (包括金属物理) 等有重大贡献，在偏微分方程、数学物理和应用数学等领域也有重要贡献。他引进了第二量子数 (角量子数)、第四量子数 (自旋量子数) 和精细结构常数等。20 世纪最伟大的物理学家之一 Planck 在 1918 年获得诺贝尔物理学奖的颁奖典礼上发表演讲时指出："Sommerfeld ……，便可以得到一个重要公式，这个公式能够解开氢与氦光谱的精细结构之谜，而且是现在最精确的测量，……，一般地也能通过这个公式来解释。……这个成就完全可以和海王星的著名发现相媲美。早在人类看到这颗行星之前，Leverrier 就计算出它的存在和轨道。"

Sommerfeld 思想深刻，其研究成果影响深远。例如，他去世后发展起来的数值广义相对论和新近崛起的引力波理论研究中还引用了 "Sommerfeld 条件"，该条件在数值相对论求解中发挥了重要作用。这再次彰显了他的科学工作的巨大的价值。

    Sommerfeld 非常重视教育, 他培养的博士生中 Heisenberg、Debye、Pauli 和 Bethe 四人获诺贝尔物理学奖或化学奖, 博士后中 Laue、Pauling 和 Rabi 三人获诺贝尔物理学奖或化学奖, 他的学生中还有数十位国际顶尖科学家, 例如 Hopf、Meissner、Froehlich、Brillouin 和 Morse 等, 这在迄今所有研究生导师的科学工作者与教育工作者中是绝无仅有的。这些学生中除了 Laue 在晶体衍射领域、Hopf 等在流体力学领域, 以及 Morse 等在数学方法领域取得成就外, 绝大多数人在量子物理与量子化学领域亦有显著建树, 所以他被称为 "量子理论之父" 是当之无愧的。当然, 其中有时代的条件, 他置身于经典物理向现代物理发展的关键时期。20 世纪初, 德国是世界量子物理研究的中心, 而他所在的 Göttingen 大学和 München(Munich) 大学又是德国量子物理研究的中心, 他本人又居该中心的中心。在年龄上, 他位于量子理论的开创者 Planck(1858—1947) 和集大成者 Schrödinger(1887—1961) 的中间, 承上启下。按中国的说法, 是 "时势造英雄"。除去客观条件外, 他本人具备深邃的洞察力, 集数学物理和理论物理的才能于一身, 还通过科学地组织讨论班, 发现人才, 提携后学, 也是他成功的原因之一。1918 年起, 他担任德国物理学会主席, 1920 年他创办并长期主持德国《物理学杂志》(Zeitschrift für Physik), 编委会规定: 任何一位有信誉的科学工作者的原始性研究论文, 不经审稿人审查就发表, 稿件从收到至发表最快仅需两个星期, 这极大地推动了科学理论的发展, 其中包括 Heisenberg、Born 和 Jordan 等关于矩阵量子力学的论文及时得以报道, 进而促进了量子力学在德国的发展。他同时热诚地对奥地利青年科学家 Schrödinger 的波动量子力学给予崇高的评价, 热诚支持其发展 (Schrödinger 的论文是由 Planck 担任主编的德国物理杂志——《物理年鉴》(Annalen der Physik) 及时报道的)。可见当时德国科学界伯乐不少, 且办事公平、效率之高。他本人当然是一位天才。Born 称赞他具有发现和发展天才的才能。Einstein 佩服他凝聚和造就了那么多青年天才。他领导并极大地推动了 1910~1930 年间全世界原子结构与光谱学的研究, 这属于微观物理学的范畴。同时, 他在流体动力学等宏观领域也很有成就, 曾指导 Hopf 与 Heisenberg 等在湍流方面的研究, 对后来的研究者, 包括取得很大成就的美籍中国科学家林家翘等都有重要影响。按中国的说法, 这又是 "英雄造时势"。

    Sommerfeld 一生的著述丰富, 其中之一是由他的讲课手稿整理的《理论物理教程》(Vorlesungen über theoretische Physik), 共六卷, 包括: 1. 力学 (Mechanik), 2. 变形介质力学 (Mechanik der deformierbaren Medien), 3. 电动力学 (Elektrodynamik), 4. 光学 (Optik), 5. 热力学与统计学 (Thermodynamik und Statistik), 6. 物理学中的偏微分方程 (Partielle Differentialgleichungen der Physik)。迄今各国先后出版了各种理论物理教程, 那些著者都是有成就的科学家。像 Sommerfeld

这样对教程所涉及的各个领域都有重要贡献的著者, 还不多见。另外, 在所有理论物理教程中, 像《光学》和《物理学中的偏微分方程》这样各自单成一卷, 且内容极其丰富的情况实属少见, 因为 Sommerfeld 本人在这两个领域都有重要贡献, 这又成为此教程的特点之一。这套书既是教程, 又是科学专著, 包含他本人及其学生 (如 Debye 对固体比热, Heisenberg 对湍流) 原创性贡献的详细讨论等珍贵资料。它对物理学、物理学教学和物理学史都有重要意义。这一教程早就译成英文、法文、俄文和日文等其他文种出版, 遗憾的是, 迄今尚未见中文译本。其实, 前辈学者早就酝酿过翻译成中文的工作, 却因当时条件的局限, 迟迟未能实现。现在的译本可以说是为圆他们的梦而做的一点努力, 但是未必做得很好。不过该教程不包括量子力学内容。为了弥补这一缺憾, 在此套译本之外补充 Sommerfeld 1929 年出版的《波动力学》(德文原名 *Atombau und Spektrallinien, Wellenmechanischer Ergaenzungband*—原子结构与光谱, 波动力学补充卷) 的译本, 当然此译本不作为这套教程的组成部分[①]。通过研读这六本博大精深的著作, 我们可以看到, Sommerfeld 对理论物理的各个领域 (从宏观力学到量子力学, 从物理到数学) 都有创造性贡献, 这在所有目前已经出版的各种理论物理教程的著者中可能是绝无仅有的。

习近平主席 2016 年在全国高等学校思想政治工作会议上指出, 只有培养出世界一流人才的大学才能成为世界一流大学。培养优秀人才, 需要优秀教材和优秀科学专著。Sommerfeld 这套培养出 7 位诺贝尔物理学奖和化学奖的理论物理教程, 将会成为我们珍贵的借鉴和学习的材料。

这套书能译成中文, 应该感谢德国已故物理学家 H.G. Hahn 教授 (他是 Sommerfeld 最后一批学生之一) 多年前的建议, 当时他得知 Sommerfeld 的《理论物理学》尚无中文译本, 便建议今后能出中文译本, 并认为它将有益于中国青年学者和学生。也感谢德国 Stuttgart 大学理论物理研究所前所长 H.R. Trebin 教授, 他从德国寄来这套书的德文版的第 4 卷和第 5 卷, 为翻译和校对工作提供了帮助。

感谢科学出版社编辑的辛勤劳动, 感谢国内兄弟院校专家和教授的指导与帮助, 感谢北京理工大学有关专业 (包括外语专业) 的专家和教授为本书出版提供的热忱帮助, 更要感谢北京理工大学物理学院领导对这一翻译工作的鼎力支持。

---

① 由于某种原因, 这一计划未能实现, 很遗憾!

总　序

因受到以前学生的鼓舞和出版社的多次邀请，我决定出版一本关于理论物理学课程的书，这也是我在慕尼黑大学教授了长达三十二载的课程。

该课程属于基础课程，听课的学生有的来自慕尼黑大学和理工学院物理专业，有的来自数学和物理学专业，也有的来自天文学和物理化学专业，他们大部分都是大三大四的学生。该课程每周四次课，并辅以两小时的答疑时间。本书并未涉及现代物理学的专业课程。专业课程的讨论主要集中在我的论文和其他专著中。虽然在研究背景和文献综述中有提及量子力学，但这些课程的核心依然是经典物理学。

课程顺序安排如下：

1. 力学
2. 变形介质力学
3. 电动力学
4. 光学
5. 热力学与统计学
6. 物理学中的偏微分方程

力学课程由我和另一位数学专业的同事轮流讲授，变形介质力学、电动力学和热力学课程则由较为年轻的老师讲授。矢量分析会在单独的课程中讲授，本系列课程中不会涉及。

本书基本沿用我上课的风格。我不会拘泥于数学论证，而是将主要精力用来解决物理学问题。我希望从适当的数学和物理学角度，为读者展现物理学的生动性和趣味性。因此，若本书在系统论证和公理结构部分留有空白，我也不会过于苛求。我不希望读者被冗长烦琐的数学论证和错综复杂的逻辑推理所吓倒，进而分散了物理学本身的趣味性。这种风格在课堂教学中颇有成效，故而被运用到本书的撰写中。Planck 的《理论物理学教程》在理论框架部分是无可挑剔的，但我相信自己可以提出更广泛的题材，并能更灵活地使用数学方法解决问题。此外，我很乐意更全面、彻底地向读者介绍 Planck 的理论知识，尤其是热力学和统计学。

各卷末收集的问题是对正文的补充。这些问题是学生的课下作业，并在课堂答疑环节进行了讨论。基础的数学问题并未收录在文末的附录，并按章节进行了排序，每个小节和每个方程都有编号。因此，通过小节和方程的编号，便可找到每卷内引用的方程。为了便于查询和翻阅，每个页面左上角都标有章节号。

回顾多年的教学生涯，我由衷感谢 Roentgen 和 Felix Klein。Roentgen 不仅为我的学术活动创造了外部条件，让我得以享受优厚待遇，并且多年陪伴在我左右，致力于拓宽我的研究范围。在我职业生涯早期，Felix Klein 向我传授了最适合于教学的实践方法。他深谙教学之道，对我的教学方式产生了强烈而又潜移默化的影响。值得一提的是，当我在 Göttingen 大学任教授时，我的课程虽不如现在的第六卷那么全面，但是却在听众中引起了很大的共鸣。后期，当我重新教授这门课程时，我的学生经常向我反馈，他们只有在这里才真正掌握了数学结果的处理和应用，例如 Fourier 方法、函数论的应用和边界值问题。

最后，由衷希望本书能激发读者对物理学的兴趣，同时，也希望本书带给读者的是身临其境的听课体验。

Arnold Sommerfeld

München，1942 年 9 月

第一、二卷序

因受到以前学生的鼓舞和出版社的多次邀请，我决定出版一本关于理论物理学课程的书，这也是我在慕尼黑大学教授了长达三十二载的课程。

该课程属于基础课程，听课的学生有的来自慕尼黑大学和理工学院物理专业，有的来自数学和物理学师范专业，也有的来自天文学和物理化学专业，他们大部分都是大三大四的学生。该课程每周四次课，并辅以两小时的答疑时间。本书并未涉及现代物理学的专业课程。专业课程的讨论主要集中在我的论文和其他专著中。虽然在研究背景和文献综述中有提及量子力学，但这些课程的核心依然是经典物理学。

课程顺序安排如下：

1. 力学
2. 变形介质力学
3. 电动力学
4. 光学
5. 热力学与统计学
6. 物理学中的偏微分方程

力学课程由我和另一位数学专业的同事轮流讲授，变形介质力学、电动力学和热力学课程则由较为年轻的老师讲授。矢量分析会在单独的课程中讲授，本系列课程将不会涉及。

本书基本沿用我上课的风格。我不会拘泥于数学论证，而是将主要精力用来解决物理学问题。我希望从适当的数学和物理学角度，为读者展现物理学的生动性和趣味性。因此，若本书在系统论证和公理结构部分留有空白，我也不会过于苛求。我不希望读者被冗长烦琐的数学论证和错综复杂的逻辑推理所吓倒，进而分散了物理学本身的趣味性。这种风格在课堂教学中颇有成效，故而被运用到本书的撰写中。Planck 的《理论物理学教程》在理论框架部分是无可挑剔的，但我相信自己可以提出更广泛的题材，并能更灵活地使用数学方法解决问题。此外，我很乐意更全面、彻底地向读者介绍 Planck 的理论知识，尤其是热力学和统计学。

各卷末收集的问题是对文本的补充。这些问题是学生的课下作业，并在课堂答疑环节进行了讨论。基础的数学问题并未收录在文末的附录内，并按章节进行了排序、每个小节和每个方程都有编号。因此，通过小节和方程的编号，便可找到每卷内引用的方程。

第二卷给出了部分数学方法完善的推演过程。这些方法通常是在理论物理学入门课程中进行阐述的，本书将其合并在第二卷，故而第二卷内容较为庞杂。但是第二卷的核心内容是具有无限自由度系统的力学，因此，在本卷中，常微分方程 (控制具有有限自由度系统的力学) 被偏微分方程所取代，矢量代数被矢量分析所取代，这些内容在第一章略有涉及。另外，张量分析是弹性固体和黏性流体理论中不可或缺的工具，也是本卷的重要内容。这部分内容在笛卡儿坐标中已经被证明，并且其中一部分可以推广到正交曲线坐标中。

第二卷中所提及的部分观点比同级别教科书更为完善。第 1 章 §2 证明了漩涡是一个轴矢量 (或反对称张量)。第 2 章 §10 涉及两个相似的定律和两个相应的不变量，除了通常的雷诺数之外，还有表示压力依赖性的无量纲数 S。第 3 章 §15 讨论了准弹性体 (陀螺乙醚)，它在连续介质中的逻辑位置与第 1 章 §1 中形变基本定理相当。其目的是在讨论中展示电动力学与力学的基本差异，而不是用机械模型来解释 Maxwell 方程组。第 5 章 §27 和 §28 探讨了圆波和船行波的相关问题，并应用固定相位法得到完整的计算过程，它是最速下降法的简化。第 6 章讨论了板和喷射问题。在整个计算过程中，以板的尺寸和孔口的尺寸等作为参数。这种分析形式可能比通常采用无量纲数量的分析方法更有吸引力。根据 Maue 的做法，推广了 Karman 的涡街 (§32)，使其包括不平行于涡街的非对称情况。第 7 章 §36 对轴颈轴承的流体动力理论进行了简要论述；§37 讨论了 Riemann 的冲击波理论，特别是关于 Bechert 在某些初等可积情况下得到的结果；§38 是较难的湍流问题的历史和现状报告，并介绍了 Burger 的湍流数学模型。第 8 章 §43 阐释了螺旋弹簧的问题，并以弯扭组合为例；§44 讨论了振动平行六面体的边界条件和固体的量子理论热力学基础。

很明显，本书中所涉及的专题在短短一个学期的课程中并不能全部涉及，因此，上述提到的部分专题是在本书中特意添加的。

第二卷补充了限于三维和正交线元素的一般张量微积分的表示方法。对于书中所涉及的例子分析，利用简单的矢量解析公式即可，张量微积分的用处不大 (参见附录四)，但是由于它在一般相对论中十分重要，若想用数学方法完整阐述理论物理学，这一部分不能完全省略。

关于湍流问题的讨论，在第一版中已经出现了很大的困难，必须对 C.F. von Weizsaecker 和 W. Heisenberg 未发表的作品进行修改。依我之见，C.F. von Weizsaecker 和 W. Heisenberg 所研究的"各向同性湍流"的特殊案例，推翻了长期以来将 Navier-Stokes 方程整合为非线性形式来解释湍流的做法。正如气体的动力学理论一样，在这一案例中，统计方法具有相对的优越性。当然，本书不可能对新的结果进行详细的回顾，但是以前的表述必须按照新的观点加以纠正。

Arnold Sommerfeld

München，1946 年 7 月

目 录

第 1 章　质点运动学

§1　Newton 公理

运动的规律以公理的形式引入，这些公理是对实验的提炼和总结。

Newton 第一定律：任何物体都保持静止状态或匀速直线运动状态，直到外力迫使其改变这种状态为止[1]。

我们先不解释定律中提出的力的概念。我们注意到，静止和匀速 (直线) 运动状态被平等地对待，并被视为物体的自然状态。定律假定物体有保持这样一种自然状态的趋势，这种趋势被称为物体的惯性。人们经常称上述公理为 Galileo 惯性定律，而非 Newton 第一定律。在这方面，我们必须说，虽然 Galileo 早于 Newton 得出这一定律 (这是他的物体在逐渐消失的倾斜平面上滑动实验的极限结果)，但 Newton 的贡献在于他把这一定律放在力学体系的最高位置。Newton 定律中 "物体" 一词暂时被 "粒子" 或 "质点" 所取代。

要用数学公式表示 Newton 第一定律，我们需要在此 "公理" 中使用定义 1[2]和定义 2。

定义 2：运动的量由速度和质量共同度量[3]。

因此，"运动的量" 由两个因素决定，即速度 (其意义在几何上是明显的[4]) 和 "物质的数量"(这在物理上需要解释)。Newton 在定义 1 中指出物质的数量是由它的密度和体积共同来衡量的。这显然是一个不确切的定义，因为密度本身不能用任何其他方法来定义，而只能用单位体积中的物质的数量来定义。在同样的定义中，Newton 还指出，将用 "质量" 代替 "物质的数量"。我们将遵守他的意愿，但后面会给出质量 (以及力) 的物理概念。

相应地，运动的量为质量和速度的乘积。与后者一样，它是一个具有方向的

---

① 需强调的是，这里与如下著作相关：*Die Mechanik in ihrer Entwickelung* (第 8 版，F. A. Brockhaus 著，1923 年；英译本的名字为 *The Science of Mechanics*，公开法庭出版公司出版，LaSalle, Ill, 1942 年)，主编为 Ernst Mach。对这段充满争议的历史的研究对所有力学专业的学生来说都是有益的，特别是在本书中，我们必须把自己限制在力学概念的可用形式上，而非这些概念的起源和逐步演化。然而，这并非意味着我们同意该书第 4 章第 4 节中 Mach 的实证主义哲学，书中过分强调了经济原则，否认原子理论，偏爱形式连续性理论。

② 编者按：原书如此。

③ 也称为 Newton 原理。

④ 很明显，一旦选择好参考系，就可以测量速度。

量，即矢量[①]，

$$\boldsymbol{p} = m\boldsymbol{v} \tag{1}$$

最后得到第一定律的表达式：

$$\boldsymbol{p} = 恒量，\quad 在无外力作用时 \tag{2}$$

我们应该把由此形成的惯性定律放在力学的首位。它是几个世纪发展进化的结果，绝不是像我们今天所看到的那样不言自明。例如，在 Newton 几十年之后，1747 年哲学家 Kant 在他的论文《关于生命力量真实估计的思考》中说："按照 Newton 的观点，存在两种运动：一种是在某一时间之后停止的运动，另一种是持续的运动。"Kant 认为根据现代观点和 Newton 的观点，自行停止的运动其实是受摩擦力的作用逐渐减弱并最终停止的运动。

不幸的是，我们选择的"运动的量"这个概念，没有继承 $m\boldsymbol{v}$ 的矢量特性。因此，一个更好的概念是"冲量"，它的定义是：在特定的方向上，通过碰撞使一些最初处于静止状态的物体获得 $m\boldsymbol{v}$。但是，由于"冲量"一词在力学中的意义稍有不同，我们只能保留"运动的量"的名称，或者，使用现代语言的"动量"表示矢量 $\boldsymbol{p}$，并用动量守恒定律代替惯性定律和 Newton 第一运动定律。

我们现在讨论 Newton **第二定律**，它是运动的真正定律：运动的变化与力的大小成正比，指向力所在的直线的方向。

毫无疑问，Newton 认为"运动的变化"是指先前定义的动量 $\dot{\boldsymbol{p}}$ 随时间的变化，即矢量 $\dot{\boldsymbol{p}}$（点是 Newton 符号，表示"流数"$\dot{\boldsymbol{p}} = \dfrac{\mathrm{d}\boldsymbol{p}}{\mathrm{d}t}$）。如果我们用 $\boldsymbol{F}$ 表示力，第二定律就可以写成

$$\dot{\boldsymbol{p}} = \boldsymbol{F} \tag{3}$$

这个定律表达了动量随时间变化的方式，因为我们称 $\boldsymbol{p}$ 为动量。为了简单起见，可以称之为动量定律。

不幸的是，特别是在数学文献中，此定律往往被称为"Newton 加速度定律"。当然，如果我们把 m 看成常数，式 (3) 与 (1) 结合起来与式 (3a) 是相同的：

$$m\dot{\boldsymbol{v}} = \boldsymbol{F}：质量 \cdot 加速度 = 力 \tag{3a}$$

但是质量并非总是不变的，例如在相对论中，质量是可变的，可推导出 Newton 的式 (3) 是正确的，我们将在 §4 中讨论一系列变质量的例子，将更仔细地研究式 (3) 和式 (3a) 之间的相互关系。顺便说一句，在简化程度仅次于单质点的力学系

[①] 假设读者熟悉矢量代数。然而，因为矢量运算源于力学 (包括流体力学)，我们常常将矢量概念和力学概念放在一起解释。需要注意的是，矢量使用粗体字符表示。因此，角速度 $\boldsymbol{\omega}$ 是一个 (轴向) 矢量。在图表中，偶尔会使用箭头的形式。

统即刚体中，可得到与式 (3) 相似的公式："动量 (角动量) 的变化率等于力矩 (扭矩)"；而用角加速度得到类似于式 (3a) 的描述是不可能的。类似于相对论中非恒定质量带来的影响，这里必须考虑转动惯量，它会取代质量，且会随着转动轴在物体中位置的变化而变化。

我们现在必须设法清楚地了解力的概念。Kirchhoff [①]想把它定义成一个由质量和加速度相乘的量。Hertz[②]也试图通过将正在考虑的系统与其他通常是隐藏的系统交互耦合来消除和替换它。Hertz 以令人钦佩的方式贯彻了这一思想。然而，他的方法很难产生丰硕的成果，而且特别不适合初学者。

我们至少有一个量化的概念 "力"，当我们使用肌肉时真切地获得了这种感觉。此外，地球为我们提供了重力作为标准，可以用它定量地测量所有其他的力，以此为目的，我们只需要用适当的重量来平衡给定力的效果。(通过滑轮和绳子，我们可以让重力的垂直力作用在与给定的力相反的方向上。) 此外，如果我们使用一些同样重的物体，即 "重量集"，就可以临时得到一个用于定量测量力的标度。

力的概念与所有其他物理概念和名称一致：单词的定义几乎没有意义；一旦我们规定了衡量物理量的方法，就会得到物理上有意义的定义。规定的方法无须包含实际操作的细节，仅陈述一种原则上衡量数量的方法即可。

利用重力，上述规定给出了式 (3) 动量定理等号右侧力的具体内容，从而使式 (3) 成为一种实用的物理表述。确实，左侧仍然包含目前还未定义的质量 m。这并不意味着质量的定义是动量定理的唯一内容，因为定律表明，由力决定的是 $\dot{p}$ 或 $\ddot{p}$，而不是 p 本身。在 §4 中，我们以相对论性质量为例，得到可变的质量的定义。

Newton 第三定律：作用力总等于反作用力，或者两个物体之间的相互作用力总是大小相等、方向相反。

这就是作用力和反作用力的作用规律。每一个压力都存在一个与之方向相反的压力。在自然界中，力总是成对出现。落下的石头吸引着地球，就像地球吸引石头一样强烈。

这里仅举上面一个例子。这条定律为从单一质点向复杂体系的转变提供了可能。因此，这是整个结构静力学领域的基础。

我们把力的平行四边形规则称为 **Newton 第四定律**。即使在的著作中，它只是作为其他运动定律的附加或推论出现。第四定律指出，两个力施加在同一个质点上，等效于作用在它们形成的平行四边形的对角线上：力像矢量一样相加。这似乎是不言自明的，因为在第二定律中力 F 等于矢量 $\dot{p}$。然而，实际上，正如 Mach 强调的那样，第四定律包含了一个公理，即作用在一个质点上的每个力改

[①] Gautav Kirchhoff, *Vorlesungen ueber mathematische Physik*, VolI, P22.

[②] Heinrich Hertz, Miscellancous Papers, Vol Ⅲ, Principles of Mechanics, Macmillan, New York, 1896.

变它的运动状态，就好像这个力是唯一作用在这个质点上。因此，力的平行四边形规则明确地提示了共同作用在同一质点上的几个力产生效果的独立性，或者更一般地说，是力的叠加原理。当然，最后的陈述以及前面的运动定律只不过是对整个经验体系的理想化和精确化表示。

在介绍力的概念之后，现在介绍功的概念

$$dW = \boldsymbol{F} \cdot d\boldsymbol{s} = Fds\cos(\boldsymbol{F}, d\boldsymbol{s}) \tag{4}$$

因此，功不等于通常所说的"力乘以距离"，而是"力在路径上的分量乘以路径长度"或"力乘以路径在力方向上的分量"。

由"力按矢量进行叠加"可立即得到"功按代数相加"。其实由

$$\boldsymbol{F_1} + \boldsymbol{F_2} + \cdots = \boldsymbol{F}$$

通过与距离 $d\boldsymbol{s}$ 进行数量积可导出

$$\boldsymbol{F_1} \cdot d\boldsymbol{s} + \boldsymbol{F_2} \cdot d\boldsymbol{s} + \cdots = \boldsymbol{F} \cdot d\boldsymbol{s} \tag{5}$$

这里 $\boldsymbol{F}$ 是合力。由式 (4) 中数量积的定义可以明显地看出，式 (5) 的第一项中只有在力 $\boldsymbol{F_1}$ 方向的距离分量 $d\boldsymbol{s_1}$ 产生作用。因此，式 (5) 可以写成

$$dW_1 + dW_2 + \cdots = dW \tag{6}$$

与作用力有关的概念是**功率**，功率是在单位时间内完成的功。

结束上文的介绍后，我们必须了解如何测量力学量。这里有两个单位体系供选择：物理 (或绝对) 和实用 (或重力) 单位制。它们之间的区别是，在绝对单位制中，克 (或千克) 作为质量的单位，而在重力单位制中，千克 (或克) 作为力的单位。在后一种情况下，我们说 1 千克-重量，记为

$$1 \text{ 千克-重量} = g \cdot \text{ 千克-质量}$$

然而，重力加速度 g，作为地球上位置的函数，在地球两极处大于赤道处，因为离地球中心的距离较小，而且离心力减小。因此，重量取决于位置，一个按重力体系度量的样品不能转换，所以重力单位制不适合精确测量。相比之下，物理单位制的特点由其名称体现出来，即"绝对单位制"。然而，我们已经习惯于使用重力单位制，在许多情况下，我们应该说"质量"时，"重量"这个词已经一次又一次地写入了我们的科学著作中。因此，当应该说质量或密度时，我们却说重量，甚至还说原子重量和分子重量——这肯定与重力引起的加速度无关。

绝对测量法的创始人 Gauss，在犹豫了一番之后，更偏爱"绝对单位制"。起初，他也赞成将力作为基本单位，因为在测量地磁时，力起着比质量更直接的作

用。另外，他希望这些测量数据涵盖地球的整个表面，因此他不得不接受一个大小不取决于位置的物理量。

下面我们将这两个单位制放在一起，同时介绍了一些导出单位，如达因、尔格、焦耳、瓦特和马力 (HP) 等。

绝对单位制 (CGS)	重力单位制 (MKS)
厘米, 克-质量, 秒	千克-重量, 米, 秒
1 千克-重量 $= 9.81 \times 10^5$ 克·厘米·秒$^{-2}$ $= 9.81 \times 10^5$ 达因	1 克-重量 $= \dfrac{1\ 千克}{1000} \dfrac{1}{g}$ 秒^2·米$^{-1}$
1 尔格 $= 1$ 达因 $\times 1$ 厘米	1 个单位功 $= 1$ 千克·1 米
1 焦耳 $= 10^7$ 尔格	1 个单位功率 $= 1$ 千克·米·秒$^{-1}$
1 米·千克-重量 $= 1000 \times g \times 100$ 尔格 $= 9.81 \times 10^7$ 尔格 $= 9.81$ 焦耳	1 马力 $= 75$ 千克·米·秒$^{-1}$ $= 75 \times 1000 \times 100 \times 981$ 尔格·秒$^{-1}$ $= 75 \times 9.81$ 瓦 $= 0.736$ 千瓦
1 瓦 $= 1$ 焦耳·秒$^{-1}$	
1 千瓦 $= 1000$ 焦耳·秒$^{-1}$ $= \dfrac{1 马力}{0.736} = 1.36$ 马力	

应当指出，根据相关国际委员会的一项决定，从 1940 年起，将以绝对的 MKS 取代 CGS。在这个新的系统中，用米代替厘米，用千克代替克作为质量单位，而秒依然作为时间单位。这与 G. Giorgi 的提案是一致的，该提案仅在电动力学方面充分显示了其优势，并增加了第四个独立的电荷单位 (参见本套书的第三卷)。在力学上，所提出的改变将具有这样的优点：在焦耳和瓦特的定义中，消除了烦琐的 10 的次幂。使用 K(千) 和 M(兆) 后，功和功率的单位变为

$$1\ M^2KS^{-2} = 10^7\ 厘米^2·克·秒^{-2} = 1\ 焦耳$$

$$1\ M^2KS^{-3} = 10^7\ 厘米^2·克·秒^{-3} = 1\ 瓦$$

新系统中的力的单位为牛顿。

$$1 牛顿 = 1\ MKS^{-2} = 10^5\ 厘米·克·秒^{-2} = 10^5\ 达因$$

这也可以被视为 Giorgi 系统的一个优势，因为力的新单位更接近重力单位，并且比较方便，千克-重量。相反，力的旧单位达因，在大多数实际应用中是不方便的。

§2 空间、时间和参考系[①]

Newton 关于空间和时间的观点在现代人看来是相当不真实的，似乎与他宣称的仅仅基于事实的分析意图相矛盾。他说：

[①] 对接下来这些抽象思考不熟悉的初学者可将本节和 §4 的学习推迟到以后。

　　"绝对空间，就其本身的性质而言，不考虑任何外部因素，始终是相似和不可移动的。

　　绝对的、真实的和数学的时间，就其本身及其性质来看，不考虑任何外在的东西，是均匀地流动的，另一个名字为持续时间。"

　　从这两句话我们可以得出结论，Newton 并不担心绝对时间始于何时，也不担心如何将一个不可移动的绝对空间与一个相对于它匀速运动的空间区分开来。这就更加令人惊讶了，因为在他的第一个定律中静止状态和匀速运动状态具有同样的地位。另外，Newton 试图通过他著名的桶实验①来澄清绝对运动和相对运动之间的区别。在这个实验中，一个装满了水的桶被悬挂在一条扭曲的绳子上。然后，桶被突然释放，随着绳子的放开，桶相对对称轴发生旋转。开始时，水面保持初始状态，尽管桶与水之间的相对速度很大。渐渐地，水因与桶壁之间的摩擦而运动，爬上桶壁，其表面呈现出熟悉的空心抛物面形状。最后，达到一种稳定的状态，此时桶与水之间的相对运动为零；另外，水在空间中的"绝对"运动增加到最大，伴随着表面的弯曲。

　　实际上，实验只表明旋转桶不能提供一个合适的参考系来理解水的运动。地球是这样一个不合适的参考系吗？它也会旋转，并描绘出一个围绕太阳的轨道。一般情况下，力学上理想的参考系必须满足哪些要求？参考系是指在空间和时间上的一个框架，它将使我们观测出质量点的位置和时间的流逝；我们可以选取一个包含坐标 x、y、z 和时间尺度 t 的 Cartesian 系统。

　　在实践中，我们将不得不依靠天文学家来做出这一选择。固定的恒星为我们的坐标轴提供了足够的恒定方向，而自转周期提供了一个足够的恒定的时间间隔。从理论上讲，我们被迫认可一个令人讨厌的赘述：这个参考框架是一个理想的框架，在这个框架中，对于一个外力足够小的物体来说，Galileo 惯性定律具有足够的准确性。因此，第一定律被退化为一种形式或定义。定律所保留的唯一积极而非纯粹形式的内容是断言所需属性的参考系确实存在。我们所有的经验都表明，一个这样的系统接近由天文学测定的位置和时间。

　　当我们说力学定律假定存在一个惯性坐标系时，我们的意思本质上是相同的，即一个假想的系统，其轴是在纯惯性下运动的物体的轨迹。

　　现在出现的问题是，这一理想的参考系在多大程度上得到了确定。是否只有一个这样的系统 x, y, z, t，或者也许有无限多个这样的系统？Newton 第一定律立即给出了答案，因为它指出，任何两个系统 x, y, z, t 和 x', y', z', t' 都是等价的，如果它们只是因一个匀速的平移运动而不同。数学形式如下：

---

　　① "我亲自做过这个实验。"Newton 说，这很可能是回应自然哲学家，他的竞争对手 Eranois Bacon，后者习惯于描述未曾做过的实验结果。

$$x' = x + \alpha_0 t$$
$$y' = y + \beta_0 t$$
$$z' = z + \gamma_0 t \tag{1}$$
$$t' = t$$

我们可以通过在空间系统 x, y, z 上对其原点进行旋转来推广变换式 (1)，这相当于用新的空间坐标 ξ, η, ζ 替换式 (1) 中 x, y, z，使得

$$\xi^2 + \eta^2 + \zeta^2 = x^2 + y^2 + z^2 \tag{2}$$

此条件定义了一个任意正交变换。用方向余弦 $\alpha_k, \beta_k, \gamma_k$，它满足

$$
\begin{array}{c|ccc}
 & x & y & z \\
\hline
\xi & \alpha_1 & \alpha_2 & \alpha_3 \\
\eta & \beta_1 & \beta_2 & \beta_3 \\
\zeta & \gamma_1 & \gamma_2 & \gamma_3
\end{array}
\tag{3}
$$

这个变换从左到右看与从上到下看是同样的。因为式 (2) 中 α, β, γ 满足众所周知的关系

$$\sum \alpha_k^2 = \sum \beta_k^2 = \sum \gamma_k^2 = 1, \sum \alpha_k \beta_k = \cdots = 0, 等 \tag{4}$$

如果我们用式 (3) 中的 ξ, η, ζ 替换式 (1) 中的右边的 x, y, z 则得到广义变换式[①]

$$
\begin{array}{c|cccc}
 & x & y & z & t \\
\hline
x' & \alpha_1 & \alpha_2 & \alpha_3 & \alpha_0 \\
y' & \beta_1 & \beta_2 & \beta_3 & \beta_0 \\
z' & \gamma_1 & \gamma_2 & \gamma_3 & \gamma_0 \\
t' & 0 & 0 & 0 & 1
\end{array}
\tag{5}
$$

带撇系统 x', y', z', t' 就像不带撇系统 x, y, z, t 一样，是一个很好的参考框架，这被称为经典力学的相对性原理。下面将称式 (5) 为 Galileo 变换。它是四维坐标中的线性变换，在前三个坐标中是正交的，而时间坐标不变 $(t = t')$。最后需要说的是，经典力学的相对性原理保留了 Newton 所假定的时间的绝对性质。

然而，在电动力学领域出现了一种新的情况，特别是在光学现象的电磁理论方面。构成这一邻域基础的 Maxwell 方程要求光在真空中以速度 c 传播的过程与观测这一过程的参考系无关。源在坐标原点的球面波波前分别由下式给出：

$$x^2 + y^2 + z^2 = c^2 t^2 \quad 或 \quad x'^2 + y'^2 + z'^2 = c^2 t'^2 \tag{6}$$

[①] 注意此式可以从左向右看，但不能从上向下看，因为这个变换不再是正交的。

这取决于我们是在未带撇系统中还是在带撇系统中描述波前。现在将坐标写成以下形式：

$$x = x_1, \; y = x_2, \; z = x_3, \; \mathrm{i}ct = x_4 \tag{7}$$

其中 i 是虚数单位；对初始坐标进行了相应的改变。式 (6) 则变为

$$\sum_1^4 x_k^2 = 0, \qquad \sum_1^4 x_k'^2 = 0 \tag{8}$$

光的传播不依赖于参考系的选择这一事实要求[①]

$$\sum_1^4 x_k'^2 = \sum_1^4 x_k^2 \tag{9}$$

　　鉴于式 (2) 在三维空间中是正交变换，我们把式 (9) 在四维空间中作为正交变换。确实，第四维坐标是虚的。然而，这不会影响类似于式 (3)、(4) 和 (5) 的方程的存在。在伟大的荷兰理论物理学家 Hendrik Antoon Lorentz 之后，式 (5) 中 x_k 和 x_k' 之间的关系一般称为 Lorentz 变换。我们将其写成以下一般形式：

	x_1	x_2	x_3	x_4
x_1'	α_{11}	α_{12}	α_{13}	α_{14}
x_2'	α_{21}	α_{22}	α_{23}	α_{24}
x_3'	α_{31}	α_{32}	α_{33}	α_{34}
x_4'	α_{41}	α_{42}	α_{43}	α_{44}

$$\tag{10}$$

此表立刻表明了在参考系的变化中时间坐标 (以虚数 x_4 的形式) 与空间坐标具有相同的地位。作为式 (9) 不变性的必然结果，时间的绝对性现在被突破了。

　　更有指导意义的是，当我们保留两个空间坐标不变，如 x_1 和 x_2，只变换 x_3 和 x_4 时，一般的 Lorentz 变换将变成特殊变换。

　　这时，式 (10) 中第一行和第二行的所有 α_{ij} 必然消失，除了

$$\alpha_{11} = \alpha_{22} = 1$$

因为 $x_1' = x_1, x_2' = x_2$(从左到右和从上到下读取)。此外，我们还有类似于式 (4) 的条件，

$$\alpha_{33}^2 + \alpha_{34}^2 = \alpha_{33}^2 + \alpha_{43}^2 = \alpha_{43}^2 + \alpha_{44}^2 = \alpha_{34}^2 + \alpha_{44}^2 = 1 \tag{11}$$

---

① 式 (8) 的一个必然是另一个的推论。考虑到它们之间的线性关系，式 (8) 中的一个必然与另一个成正比。因为这是一种相互的关系，所以比例因素必须是整体性的。

因此

$$\alpha_{33}^2 = \alpha_{44}^2, \qquad \alpha_{34}^2 = \alpha_{43}^2$$

令 $\delta = \pm 1$，我们得出

$$\alpha_{34} = \delta\alpha_{43} \tag{11a}$$

由于正交条件 $\alpha_{33}\alpha_{34} + \alpha_{43}\alpha_{44} = 0$，所以必有

$$\alpha_{44} = -\delta\alpha_{33} \tag{11b}$$

我们现在根据未带撇坐标，利用式 (11a)、式 (11b) 来求解带撇坐标。同时，联立式 (7)，我们回到原始坐标 z, t, z', t'，得到

$$z' = \alpha_{33}\left(z + \mathrm{i}\delta c\frac{\alpha_{43}}{\alpha_{33}}t\right)$$
$$t' = -\delta\alpha_{33}\left(t + \mathrm{i}\frac{\delta}{c}\frac{\alpha_{43}}{\alpha_{33}}z\right) \tag{12}$$

其中第一个方程表明

$$-\mathrm{i}\delta c\frac{\alpha_{43}}{\alpha_{33}} = v \tag{12a}$$

必须用 z' 轴在 z 轴正方向上平移的速度来识别，就像未带撇系统中观察到的那样。根据式 (12a)，式 (12) 成为

$$z' = \alpha_{33}(z - vt)$$
$$t' = -\delta\alpha_{33}\left(t - \frac{v}{c^2}z\right) \tag{13}$$

最后，我们必须确定 α_{33}。在原坐标中，我们使用式 (9)，它现在简化为 $z'^2 - c^2t'^2 = z^2 - c^2t^2$，代入由式 (13) 给出的 z' 和 t' 的值。此时，左边含 $2vzt$ 的项消掉。对等式两侧 z^2 项和 t^2 项的系数进行对比，可得

$$\alpha_{33}^2 = \frac{1}{1 - v^2/c^2}$$

极限 $c \to \infty$ 必使式 (13) 简化为式 (1)Galileo 变换，此时 $\alpha_0 = \beta_0 = 0$，$\gamma_0 = -v$。为此，须令 $\delta = -1$，且须使 α_{33} 为正。然后得二维表征的 Lorentz 变换

$$z' = \frac{z - vt}{(1 - \beta^2)^{\frac{1}{2}}}$$
$$t' = \frac{t - \frac{v^2}{c^2}z}{(1 - \beta^2)^{\frac{1}{2}}} \tag{14}$$

其中 $\beta = \dfrac{v}{c}, \left(1 - \beta^2\right)^{\frac{1}{2}} > 0$。

正如我们所看到的，式 (14) 中时间的相对性和空间坐标 z 的尺度变化，如分母 $\left(1 - \dfrac{v^2}{c^2}\right)^{\frac{1}{2}}$ 所体现的，是光的有限速度 c 造成的结果，这一事实与经典力学的相对论原理是不相容的。

如果所有的电动力学效应都是以有限速度 c 传播的，将导致对于这种效应，Galileo 变换必须用 Lorentz 变换来代替，无论是一般形式 (10)，还是特殊形式 (14)，我们称之为电动力学的相对性原理。然而，很明显，力学也必须适应光的有限传播速度的事实。现在普通力学中，所有的速度相对光速 c 都非常小。这就是为什么在力学中，我们通常可以忽略式 (14) 所表示的空间和时间坐标的尺度变化。

在 Lorentz 变换中体现的丰富的物理现象将在本系列的第三卷中讨论。在这里，我们将只研究作为新的相对论原理结果的基本量，即动量 $\boldsymbol{p}$ 概念的变化。

我们视 $\boldsymbol{p}$ 为矢量。这意味着在变化坐标系中 $\boldsymbol{p}$ 的三个分量就像坐标本身 [即径向矢量 $\boldsymbol{r} = (x, y, z)$ 的分量] 一样变换，因此我们说 $\boldsymbol{p}$ 对 $\boldsymbol{r}$ 是协变的。

只有从 Galileo 变换的角度来看，时间被认为是绝对的观点是正确的。从 Lorentz 变换的观点来看，矢径是一个四维量矢量

$$\boldsymbol{x} = (x_1, x_2, x_3, x_4) \tag{15}$$

相对论的动量同样也必须是一个四维矢量，即它必须是 $\boldsymbol{x}$ 的协变量，如果它在相对论中有意义的话，我们将由以下公式得出这个四维矢量。

(a) 式 (15) 是一个四维矢量，相邻两点之间的距离

$$\mathrm{d}\boldsymbol{x} = (\mathrm{d}x_1, \mathrm{d}x_2, \mathrm{d}x_3, \mathrm{d}x_4) = (\mathrm{d}x_1, \mathrm{d}x_2, \mathrm{d}x_3, ic\mathrm{d}t) \tag{16}$$

也是一个四矢量。

(b) 在 Lorentz 变换下，这种距离的模当然是不变的。除了因子 ic，它是由下式给出

$$\mathrm{d}\tau = \left[\mathrm{d}t^2 - \frac{1}{c^2}\left(\mathrm{d}x_1^2 + \mathrm{d}x_2^2 + \mathrm{d}x_3^2\right)\right]^{\frac{1}{2}} \tag{17}$$

我们遵循 Minkowaki 的说法，将 $\mathrm{d}\tau$ 称为适当时间的元素；与 $\mathrm{d}t$ 相反，它是相对论不变的。我们将在式 (17) 中考虑 $\mathrm{d}t$，并引入三维的普通速度 v，以得到

$$\mathrm{d}\tau = \mathrm{d}t\left(1 - \frac{v^2}{c^2}\right)^{\frac{1}{2}} = \mathrm{d}t(1 - \beta^2)^{\frac{1}{2}} \tag{17a}$$

(c) 式 (16) 的四维矢量除以不变量 (17a) 产生另一个四维矢量，我们称之为四维矢量速度

$$\frac{1}{(1-\beta^2)^{\frac{1}{2}}}\left(\frac{\mathrm{d}x_1}{\mathrm{d}t}, \frac{\mathrm{d}x_2}{\mathrm{d}t}, \frac{\mathrm{d}x_3}{\mathrm{d}t}, \mathrm{i}c\right) \tag{18}$$

(d) 早些时候，我们通过将三维矢量速度乘以与参考系无关的质量 m 导出了动量 $\boldsymbol{p}$。相似地，四维矢量 (18) 乘以与参考系无关的质量因子推导出四维矢量动量 $\boldsymbol{P}$。我们称这个质量因子 m_0 为静止质量，然后得到

$$\boldsymbol{P} = \frac{m_0}{(1-\beta^2)^{\frac{1}{2}}}\left(\frac{\mathrm{d}x_1}{\mathrm{d}t}, \frac{\mathrm{d}x_2}{\mathrm{d}t}, \frac{\mathrm{d}x_3}{\mathrm{d}t}, \mathrm{i}c\right) \tag{19}$$

将括号前面的量称为运动质量 (因为 $\beta = 0$ 时，它减少到静止质量) 是合适的，或者简单地称为质量。因此，我们得到

$$m = \frac{m_0}{(1-\beta^2)^{\frac{1}{2}}} \tag{20}$$

这个表达式是 1904 年由 Lorentz 在非常特殊的假设 (变形电子) 下导出的。从相对性原理看来，这种特殊的假设是不必要的。式 (20) 已被许多用快速电子进行的精密实验所证实。再加上光学实验，特别是 Michelson 和 Morley 的光学实验，构成了相对论的基础。在这里，我们已经逆序推导出了式 (20)，从相对论原理来看，这似乎是一种非常正常的推导。这不仅在逻辑上是可以接受的，而且鉴于这些介绍性解释的简洁性，还是特别适用的。在 §4 中，我们将讨论 Newton 运动定律的进一步应用不得不做出哪些变化，这是由于质量的速度依赖性所致。

在这一点上，若作粗略探讨，我们应该得出一个关于参考系适用性问题的结论。为此，我们必须从迄今为止所讨论的狭义相对论转到广义相对论 (Einstein, 1915)。在狭义相对论中有许多适合的参考系，可由适合的参考系通过 Lorentz 变换获得，也有不适合的参考系，例如相对于前者加速的参考系。在广义相对论中，所有参考系都是适合的。它们之间的变换不再需要像式 (10) 中那样是线性和正交的，而是可以由任意函数 $x'_k = f_k(x_1, x_2, x_3, x_4)$ 给出。因此，我们开始考虑移动中的系统，这些系统以任何可能的方式相互变换。结果，空间和时间失去了他们在 Newton 基础分析中所特有的绝对特征的任何痕迹。它们仅仅成为物理事件的分类方案。Euclidean 几何不再适合这种分类，必须用 Riemann 提出的更一般的度量几何来代替。然后，任务变成了给物理定律一种形式，使它们在所考虑的所有参考框架中保持有效，即在四维空间的任意点变换 $x'_k = f_k(x_1, \cdots, x_4)$ 下保持不变的形式。广义相对论的价值正是使这一任务成为可能。在本卷中，我们不能深

入研究力学定律恒定形式下非常复杂的数学公式，只提到一般理论导致 Newton 万有引力的证明和更精确的公式就足够了。

最后，我们讨论一下相对论的名称。这一理论的成就与其说是空间和时间的完全相对性，不如说是证明了自然规律与参考系的选择无关，即在观察者看来，在任何变化下，自然界中的规律是恒定的。"自然事件的恒定性理论"，或者，正如偶尔提出的"观点理论"等名称，将比广义相对论这一通常名称更合适。

§3　质点的直线运动

假设质点沿 x 轴运动，作用在质点上的所有力的 x 分量才会对它有影响。设 X 表示这些分力的影响：我们有 $\boldsymbol{v} = v = \dfrac{\mathrm{d}x}{\mathrm{d}t}$ 和 $p = m\dfrac{\mathrm{d}x}{\mathrm{d}t}$。然后

$$\dot{p} = X \tag{1}$$

假设 m 为常数，则

$$m\frac{\mathrm{d}^2 x}{\mathrm{d}t^2} = X \tag{2}$$

我们研究三种情况下运动方程的积分：X 是时间的函数，$[X = X(t)]$，位置的函数，$[X = X(x)]$，或速度的函数 $[X = X(v)]$。

(a) $X = X(t)$，即积分得

$$v - v_0 = \frac{1}{m}\int_{t_0}^{t} X(t)\,\mathrm{d}t = \frac{1}{m}Z(t) \tag{3}$$

这里 $Z(t)$ 定义为力的时间积分，并且等于从 t_0 到 t 的时间内动量的变化。

二次积分得到轨迹方程

$$x - x_0 = v_0(t - t_0) + \frac{1}{m}\int_{t_0}^{t} Z(t)\,\mathrm{d}t \tag{4}$$

(b) $X = X(x)$，这是根据位置函数给出的力场的典型情况，积分是利用能量守恒原理实现的。我们在式 (2) 两边乘以 $\dfrac{\mathrm{d}x}{\mathrm{d}t}$ 可得

$$m\frac{\mathrm{d}x}{\mathrm{d}t}\frac{\mathrm{d}^2 x}{\mathrm{d}t^2} = X\frac{\mathrm{d}x}{\mathrm{d}t} \tag{5}$$

左边部分现在是一个完全的微分，

$$\frac{\mathrm{d}}{\mathrm{d}t}\left[\frac{m}{2}\left(\frac{\mathrm{d}x}{\mathrm{d}t}\right)^2\right]$$

与式 (1.4) 的一般定义一致，其中 $\mathrm{d}W = X\mathrm{d}x$，$\mathrm{d}W$ 是力在路径 $\mathrm{d}x$ 上做的功。因此，由式 (5) 可得出：动能的变化即为合外力所做的功。

因为我们定义了

$$T = E_{\mathrm{kin}} = \frac{m}{2}v^2 \tag{6}$$

作为质点的动能或运动能量，旧的名字，活力 (Live force, Leibniz)，使单词力产生了歧义 (他区分了活力，即 "能动的能量" 和 "运动的力"，即我们现在的力；甚至 Helmholtz 也在 1847 年将一篇论述能量守恒的论文命名为 "关于力的守恒")。

在动能的定义的基础上，我们引入了势能 V 的定义，

$$\mathrm{d}V = -\mathrm{d}W = -X\mathrm{d}x, \quad V = E_{\mathrm{pot}} = -\int^x X\mathrm{d}x \tag{7}$$

对一维质点力学而言，这个定义是充分的；在二或三维力场的情况下，V 的存在取决于场的性质。根据式 (7)，V 被确定，只是式中带有一个附加常数。

通过这些定义，由式 (5) 可得到能量守恒定律

$$T + V = 常数 = E \tag{8}$$

这里 E 是能量常数或总能量。

能量守恒原理不仅具有巨大的物理意义，而且有着显著的数学功能。正如我们所见，它不仅执行了运动方程的第一次积分 (因此它的另一个名字为 "能量积分")，而且立即使第二次积分成为可能——至少在目前的例子 (b) 中是这样的。如果把式 (8) 写成这种形式：

$$\left(\frac{\mathrm{d}x}{\mathrm{d}t}\right)^2 = \frac{2}{m}\left[E - V(x)\right]$$

我们可以解得 $\mathrm{d}t$，

$$\mathrm{d}t = \left[\frac{m}{2(E-V)}\right]^{\frac{1}{2}}\mathrm{d}x$$

所以

$$t - t_0 = \left(\frac{m}{2}\right)^{\frac{1}{2}}\int_{x_0}^x \frac{\mathrm{d}x}{(E-V)^{\frac{1}{2}}} \tag{9}$$

由此可知 t 是 x 的一个函数，因此 x 也可以用 t 表示。式 (9) 则是完全积分的运动方程。

(c) $X = X(v)$，现在运动方程是

$$m\frac{\mathrm{d}v}{\mathrm{d}t} = X(v)$$

我们把它改写成

$$\mathrm{d}t = \frac{m\mathrm{d}v}{X}$$

从而立即得

$$t - t_0 = m\int_{v_0}^{v}\frac{\mathrm{d}v}{X} = F(v) \tag{10}$$

这也允许我们用 $t, v = f(t)$ 来求解 v，因此

$$\frac{\mathrm{d}x}{\mathrm{d}t} = f(t)$$

我们从中得出结论

$$x - x_0 = \int_{t_0}^{t} f(t)\mathrm{d}t$$

举例如下。

1. 地球表面的自由落体 (落石)

我们取 x 的正向为垂直向上，且力是恒定的。

$$X = -mg \tag{11}$$

即独立于 t, x 和 v，这里 (a)、(b)、(c) 三种积分方法都可以应用。我们将利用 (a) 和 (b)，并假设 "引力质量" 和 "惯性质量" 是相等的，

$$m_{\mathrm{inert}} = m_{\mathrm{grav}} \tag{12}$$

m_{inert} 是由第二定律定义的质量；m_{grav} 指在万有引力定律中的质量，因此适用于式 (11)。

　　Bessel 强调了通过摆锤实验对式 (12) 进行实验测试的必要性[①]。Eötvös 用他的扭转天平提供了一个更精确的实验证明。后来，式 (12) 首先推动了爱因斯坦的引力理论。

---

　　① 顺便说一句，我们想把读者的注意力引向 Newton 力学中一个有趣的句子。在这项工作的开始，在定义 1 下，Newton 说："通过对钟摆进行非常仔细的实验，我已经证实了质量和重量成正比。"

(a) $\ddot{x} = -g$, 通过选择合适的积分常数 ($t = 0$ 时, $v = 0$, $x = h$), 我们得到

$$\dot{x} = -gt, \qquad x = h - \frac{g}{2}t^2$$

(b) 因为 $dW = -mg\mathrm{d}x, V = mgx, T + mgx = E$, 如果当 $x = h$ 时, $v=0$, 则有 $E = mgh$, 因此

$$\frac{m}{2}v^2 + mgx = mgh$$

由此, 我们得到特定值 $x = 0$, 即 $v^2 = 2gh$, 或

$$v = (2gh)^{1/2} \tag{13}$$

变形后得到

$$h = \frac{v^2}{2g} \tag{13a}$$

这一高度是任意质量在引力场中下降并获得速度 v 时必须达到的。相比引入速度 v, 引入这种高度 h 更方便, 特别是在处理某些工程问题时, 比如水在皮托管中上升到的高度①, 离心机中的压头等。Newton 的水桶实验中水面上升的高度同样可通过式 (13a) 计算得到。

2. 下降超大距离的自由落体 (流星)

现在引力不再是恒定的; 相反, 我们需使用万有引力定律

$$m\frac{\mathrm{d}^2r}{\mathrm{d}t^2} = -\frac{mMG}{r^2} \tag{14}$$

其中, m 是流星的质量, M 是地球的质量, G 是引力常数。我们用流星到地球中心的距离 r 代替坐标 x。由于力现在是 r 的函数, 应该使用积分法 (b)。

当地球半径为 a 时, 在地球表面, 由式 (14) 可得到

$$mg = \frac{mMG}{a^2}$$

因此, mMG 可以从式 (14) 中消掉,

$$\frac{\mathrm{d}^2r}{\mathrm{d}t^2} = -g\frac{a^2}{r^2}$$

---

① 一种用于测量动态压力的空心管。它经常在飞机上用作空速指示器。参考 Glazebrook, Dictionary of Applied Physics V, p2。

故由式 (7) 可得

$$\mathrm{d}V = -\mathrm{d}W = mga^2 \frac{\mathrm{d}r}{r^2}$$

设无穷远处的势能为零，则任意位置的势能为

$$V(r) = -mg\frac{a^2}{r} \tag{15}$$

式 (8) 可表示为

$$\frac{m}{2}\left(\frac{\mathrm{d}r}{\mathrm{d}t}\right)^2 - \frac{mga^2}{r} = W = -\frac{mga^2}{R}$$

其中 R 是某个假设的初始距离，是指当下落的物体处于静止状态时，它与地球中心的距离。因此可得

$$\frac{\mathrm{d}r}{\mathrm{d}t} = a\left[2g\left(\frac{1}{r} - \frac{1}{R}\right)\right]^{\frac{1}{2}} \tag{16}$$

对应于式 (9)，

$$t = \frac{1}{a\,(2g)^{\frac{1}{2}}} \int \frac{\mathrm{d}r}{\left(\dfrac{1}{r} - \dfrac{1}{R}\right)^{\frac{1}{2}}} \tag{16a}$$

　　我们不需要详细地做如式 (16a) 中所述的积分，因为我们只对式 (16) 的两个特殊情况感兴趣。

　　(a) $R = \infty, r = a$。

　　流星以下面的速度到达地球

$$\frac{\mathrm{d}r}{\mathrm{d}t} = (2ga)^{\frac{1}{2}}$$

也就是说，在地球引力场作用下，物体从无穷远处自由落体到地球表面后获得的速度，与在重力加速度 g 作用下，从等于地球半径 a 的 h 高度处自由落体到地球表面的速度 [见式 (13)] 是一样的。

　　(b) $R = a + h,\ h \ll a,\ r = a$。

　　这里我们考虑到重力加速度的减小，但假设流星从不太大的高度落下，对下落速度式 (13) 进行一阶修正。从式 (16) 我们推出

$$\frac{\mathrm{d}r}{\mathrm{d}t} = \left[2ga\left(1 - \frac{1}{1+\dfrac{h}{a}}\right)\right]^{\frac{1}{2}} = (2ga)^{\frac{1}{2}}\left(\frac{h}{a} - \frac{h^2}{a^2} + \cdots\right)^{\frac{1}{2}}$$

$$= (2ga)^{\frac{1}{2}} \left(\frac{h}{a}\right)^{\frac{1}{2}} \left(1 - \frac{1}{2}\frac{h}{a} + \cdots\right) = (2gh)^{\frac{1}{2}} \left(1 - \frac{1}{2}\frac{h}{a} + \cdots\right)$$

3. 空气中的自由落体

我们假定空气阻力与速度的平方成正比。这个由 Newton 引入的假设，非常符合经验，如果落体不是太小，它的速度既不能与声音的速度相比，也不能极小，则合力为

$$X\left(v\right) = -mg + av^2$$

上式表明空气阻力与地心引力相反。这里应用前面的方法 (c)，运动方程变为

$$\frac{\mathrm{d}v}{\mathrm{d}t} = -g + \frac{a}{m}v^2 \tag{17}$$

如果我们令 $\dfrac{a}{mg} = b^2$，它变为

$$\frac{\mathrm{d}v}{\mathrm{d}t} = -g\left(1 - b^2v^2\right)$$

由此，当 $t_0 = 0$ 时，我们得到与式 (10) 类似的式子：

$$-g\mathrm{d}t = \frac{\mathrm{d}v}{2}\left(\frac{1}{1 - bv} + \frac{1}{1 + bv}\right), \quad -gt = \frac{1}{2b} \cdot \ln\left(\frac{1 + bv}{1 - bv}\right)$$

所以

$$\frac{1 + bv}{1 - bv} = \mathrm{e}^{-2bgt}$$

及

$$bv = \frac{\mathrm{e}^{-2bgt} - 1}{\mathrm{e}^{-2bgt} + 1} = -\frac{\sinh bgt}{\cosh bgt} = -\tanh bgt \tag{18}$$

其中 $\sinh$、$\cosh$ 和 $\tanh$ 是双曲函数。因此，$t = 0$ 时，$|bv|$ 从 0 单调增长，$t \to \infty$ 时趋近 1。v 本身的极限值是

$$|v| = \frac{1}{b} = \left(\frac{mg}{a}\right)^{\frac{1}{2}}$$

这也可以由式 (17) 得出，因为对于上述极限值，$\dfrac{\mathrm{d}v}{\mathrm{d}t} = 0$。

我们利用式 (18) 来得到空气阻力引起的一阶修正, 空气阻力必须加入到真空中的自由落体推导的公式中。从级数展开:

$$\tanh \alpha = \frac{\sinh \alpha}{\cosh \alpha} = \frac{\alpha + \dfrac{\alpha^2}{6}}{1 + \dfrac{\alpha^2}{2}} = \alpha \left(1 - \frac{\alpha^2}{3}\right)$$

根据式 (18), 当 $\alpha = bgt$ 时, 我们得到

$$v = -gt \left[1 - \frac{(bgt)^2}{3}\right]$$

4. 简谐振动

当与位移 x 成正比的恢复力 X 作用于质量点 m 时, 就会发生简谐振动。我们称 k 为比例因子, 因此

$$X = -kx$$

当 m 为常量时, 其运动方程为

$$m\frac{\mathrm{d}^2 x}{\mathrm{d}t^2} = -kx \tag{19}$$

由于力是坐标的给定函数 [见 12 页 (b)], 我们利用那里给出的规则并应用能量积分, 因此, 我们必须首先确定简谐恢复力的势能。我们有

$$\mathrm{d}W = X\mathrm{d}x = -\frac{k}{2}\mathrm{d}(x^2)$$

因此, 根据式 (7) 并选择适当的零势能面后,

$$V = -\int_0^X \mathrm{d}W = \frac{k}{2}x^2$$

能量方程则为

$$mv^2 + kx^2 = 2E$$

作为我们的初始条件, 我们可以选择

$$t = 0 \text{ 时} : \quad \begin{cases} x = a \\ v = \dot{x} = 0 \end{cases} \tag{19a}$$

结果 $2E$ 取值 ka^2，并且

$$\left(\frac{\mathrm{d}x}{\mathrm{d}t}\right)^2 = \frac{k}{m}(a^2 - x^2)$$

$$\left(\frac{k}{m}\right)^2 \mathrm{d}t = \frac{\mathrm{d}x}{(a^2 - x^2)^{1/2}}$$

包含初始条件 (19a) 的乘积，

$$\omega t = \arcsin\left(\frac{x}{a} - \frac{\pi}{2}\right), \qquad \omega = \left(\frac{k}{m}\right)^{\frac{1}{2}} \tag{20}$$

最终取逆运算给出

$$x = a\sin\left(\omega t + \frac{\pi}{2}\right) = a\cos\omega t \tag{21}$$

因此，缩写 ω 的物理意义是清楚的，它是圆频率，即 2π 单位时间内的振动次数; T 是振动周期，ν 是频率[①]，其中

$$\omega = \frac{2\pi}{T} = 2\pi\nu \tag{22}$$

借助此缩写，式 (19) 也可以写为

$$\ddot{x} + \omega^2 x = 0 \tag{23}$$

能量方程有一个优点，那就是不管力 X 与 x 的依赖关系如何，它总是能达到我们想要的结果。然而，在我们的例子中，力 X 在 x 中是线性的，还存在另一种更优雅的方法。

根据一个似乎很有道理的规则，一个任何阶的常系数的齐次线性微分方程 (x 是因变量，t 是自变量) 总是可以通过代入

$$x = Ce^{\lambda t} \tag{24}$$

来求解。假设 λ_j 是由微分方程得到的代数方程的根之一。这提供了一个特殊的解决方案。通解是由所有如下形式的特解的叠加得到的:

$$x = \sum C_j e^{\lambda_j t} \tag{24a}$$

将式 (24) 代入式 (23) 得到 λ 的代数方程，此处是二次方程 $\lambda^2 + \omega^2 = 0$ 与根 $\lambda = \pm i\omega$，因此，通解为

$$x = C_1 e^{i\omega t} + C_2 e^{-i\omega t} \tag{24b}$$

---

① 相对于 ω，ν 是频率，即单位时间内的振动数。

常数 C_1、C_2 由边界条件 (19a) 确定：

$$\dot{x} = 0, C_1 i\omega - C_2 i\omega = 0 : C_1 = C_2$$
$$x = a, a = C_1 + C_2 = 2C_1 : C_1 = \frac{a}{2}$$

与式 (21) 一致，该问题的最终解为

$$x = a \cos \omega t$$

我们稍后 (第 3 章 §19) 将广泛地使用这种方法进行阻尼、强迫、耦合等振动，只要这些可以用线性微分方程来描述。在这一部分中，我们给出的标题是 "简谐振动"，这可以让我们认清恢复力在坐标上是线性的这一事实，因此所产生的运动可以用一个固定频率 ω 表示。如果约束力是非简谐的，即非线性的，这种方法就失效了，在这种情况下，我们就需要使用能量积分的方法。

5. 两个质点的碰撞

在碰撞之前 (图 1)，假设质量为 m 和 M 的质点的速度分别为 v_0 和 V_0，碰撞后的速度分别为 v 和 V。

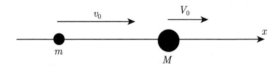

图 1　两个质量分别为 M 和 m 的质点的碰撞；碰撞前的速度分别为 v_0 和 V_0，碰撞后的速度分别为 V 和 v

无论碰撞的性质是什么，是弹性的还是非弹性的，Newton"作用 = 反作用"的这一公理对于在 m 和 M 之间传递的力，以及这些力的时间积分 Z 肯定是有效的。因此，根据式 (3)，

$$m(v - v_0) = Z = -M(V - V_0) \tag{25}$$

而且

$$mv + MV = mv_0 + MV_0 \tag{25a}$$

这个方程表明系统的总动量是守恒的。

现在让我们在式 (25a) 中引入系统质量中心的坐标，

$$\xi = \frac{mx + MX}{m + M} \tag{25b}$$

我们可得到

$$\dot{\xi} = \dot{\xi}_0$$

这一结果表明，碰撞对质心的速度没有影响。

因此，在真空中被发射的炮弹的质心继续在抛物线轨道上不受干扰，即使炮弹在轨道上的某一点炸成碎片，每个碎片似乎都沿着自己独立的轨道运行。

到目前为止，我们有两个未知数，即 v 和 V，只有一个式 (25a)。为了找到碰撞问题的完全解，显然还需要另一个方程。我们定义弹性碰撞，此时动能和动量均守恒，所以有

$$\frac{m}{2}v^2 + \frac{M}{2}V^2 = \frac{m}{2}v_0^2 + \frac{M}{2}V_0^2 \tag{26}$$

或

$$m(v^2 - v_0^2) = M(V^2 - V_0^2)$$

但由式 (25)

$$m(v - v_0) = M(V - V_0)$$

这两个方程相除可得

$$v + v_0 = V + V_0$$

或

$$V - v = -(V_0 - v_0) \tag{26a}$$

这个方程表明，碰撞后一个质量相对于另一个质量的相对速度与碰撞前相等且相反。式 (25a) 和式 (26a) 组合，

$$mv + MV = mv_0 + MV_0$$
$$v - V = -v_0 + V_0$$

现在完全确定碰撞后的速度，

$$v = \frac{m - M}{m + M}v_0 + \frac{2M}{m + M}V_0$$
$$V = \frac{M - m}{m + M}V_0 + \frac{2m}{m + M}v_0 \tag{27}$$

注意这个从初始值 v_0, V_0 到最终值 v, V 的"变换"的行列式的绝对值为 1。因为

$$\Delta = \left| \begin{array}{cc} \dfrac{m - M}{m + M} & \dfrac{2M}{m + M} \\[3mm] \dfrac{2m}{m + M} & \dfrac{M - m}{m + M} \end{array} \right| = -\left(\frac{M - m}{m + M}\right)^2 - \frac{4mM}{(m + M)^2} = -1$$

这意味着, 如果我们允许初始速度有一个确定的取值范围, 在 v-V 空间中变换后的曲面元与初始曲面元有相同的面积; 这一转变是保面积的 (图 2a)。这个定律在气体运动理论的碰撞过程中很重要, 它与 Liouville 定理有关 (参考本教程第五卷)。

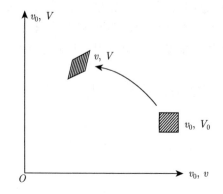

图 2a　碰撞前后的速度域, 映射是保面积的

让我们考虑两个物体质量相等时的情况, 如两个台球, $m = M$。此时式 (27) 为

$$v = V_0, \quad V = v_0 \tag{27a}$$

这个变换不仅是保面积的, 而且是保角度的, 由图 2b 可发现变换后的矩形是由原矩形边交换得到的。特别是在中心碰撞 (迎面碰撞) 中, 在台球游戏中, 一个球最初是静止的, 然后另一个球把所有的速度传递给前者, 因而静止了 [见 $V_0 = 0$ 时的式 (27a)]。

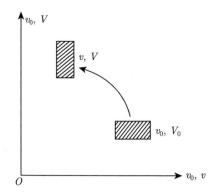

图 2b　在两个质量相等的情况下, $m = M$, 映射不只是保面积, 同时也保角度的

另外，如果一个质量与另一个质量相比非常大，则大质量在碰撞后保持所有原始速度，而小质量跟随大质量的速度，其大小等于大质量的速度减去原始相对速度。对于 $M \gg m$，式 (27) 可简化为

$$v = -v_0 + 2V_0 = V_0 - (v_0 - V_0), \quad V = V_0 \tag{27b}$$

为了完成对碰撞的讨论，我们将简要地讨论非弹性碰撞。在原子物理中研究非弹性碰撞 (第二类碰撞)，其中碰撞的质点，比如电子加速器，为了在碰撞时 "激发" 原子而失去部分能量，这样的激发态原子已经从基态上升到更高的能级。在这类过程中，就碰撞后的运动而言，部分初始能量是损失的，这种运动不能再用弹性碰撞公式计算 (参见问题 I.1 至 I.4)。

在这里，我们只讨论工程问题中经常考虑的 "完全非弹性碰撞" 问题。这样的碰撞由以下条件定义：

$$v = V$$

也就是说，在碰撞之后，质量 m 和 M 都以相同的速度行进，就像刚性地耦合在一起一样。如前文所述，动量方程在任何情况下都是有效的，它可用下式表示：

$$(m + M)v = mv_0 + MV_0 \tag{28}$$

我们想知道在碰撞中的能量损失，就是

$$\frac{m}{2}v_0^2 + \frac{M}{2}V_0^2 - \frac{m + M}{2}v^2$$

或者，利用式 (28) 消掉 v 后，

$$\frac{\mu}{2}(v_0 - V_0)^2 \tag{28a}$$

能量的损失等于以原始相对速度运动的某一减小质量 μ 的运动能。μ 由下式定义：

$$\frac{1}{\mu} = \frac{1}{m} + \frac{1}{M}, \text{由此可得} \mu = \frac{mM}{m + M} \tag{28b}$$

式 (28a) 和式 (28b) 中的定理是由 Lararus Carnot 将军首先推进的 (他是一位数学家，在法国大革命期间组织了全球兵役，同时也是 Sadi Carnot 的父亲，他在热力学领域是比较知名的)。

§4 变 质 量

下面的插图将有助于我们对 Newton 第二定律的理论评价。我们把这个定律写成式 (1.3)，"动量的变化等于力"，而不是用不太一般的式 (1.3a)，"质量·加速

度等于力"。我们现在要学习如何理解动量的变化率。我们将说明，即使在变质量的情况下，一般形式 (1.3) 在某些情况下也可简化为式 (1.3a)。

让我们举一个熟悉的例子：一辆洒水车在炎热的夏天弄湿了沥青。电机的功率刚刚足以克服地面和车轮、空气以及车轴轴承之间的摩擦。因此，车辆看起来似乎不受任何外力的影响。设 m 是在任何时刻容器内水的质量 + 空车的恒定质量，设单位时间喷出的水量为 $\mu = -\dot m$，其出口流向后方，从货车上看其速度为 q，或从街道上看其速度为 $v - q$，v 是车辆的速度。

如果我们机械地使用式 (1.3)，就会得到

$$\dot{\boldsymbol{p}} = \dot p = \frac{\mathrm{d}}{\mathrm{d}t}(mv) = 0 \tag{1}$$

从而得到

$$m\dot v = \mu v \tag{1a}$$

这时，马车的加速度与出口速度 q 无关。这是矛盾的，因为流出的水流产生的反冲力 (类似枪支炸药之类) 会有一些影响。

事实上，我们并没有使用式 (1.3) 中所表示的动量变化率的正确表达式，因为它不仅应包括式 (1) 中所考虑的元素，而且还应包括一个包含水射流动量的术语。后者是单位时间内的 $\mu(v - q)$，显然，

$$p_t = mv_t, \quad p_{t+\mathrm{d}t} = (m + \mathrm{d}m)(v + \mathrm{d}v) + \mu\mathrm{d}t(v - q)$$

所以修正后的动量变化率变为

$$\dot p = \frac{\mathrm{d}}{\mathrm{d}t}(mv) + \mu(v - q) = 0 \tag{2}$$

或者，考虑 $\mu = -\dot m$ 并简化，

$$m\dot v = \mu q \tag{3}$$

从式 (1.3a) 的观点来看，离开洒水车的水的反冲力对洒水车起加速作用，就像在旋转草坪洒水器中使用的反应水轮一样。

我们本可以不选择洒水车，而是选择星际火箭作为例子，用它可以到达月球。火箭将通过排出爆炸性气体来推进，见问题 I.5。

我们将所给示例的结果推广到与式 (2) 和式 (3) 等价的两种陈述中：

或者我们采取式 (1.3) 的观点，在这个观点中，我们必须在所讨论的物体的动量变化上加上单位时间内释放或增加的动量，后者与被研究体系的动量在同一参考系中计算。这一项的正负与 $\dot m$ 的相同。此时，运动方程变成

$$\frac{\mathrm{d}}{\mathrm{d}t}(m\boldsymbol{v}) - \dot m\boldsymbol{v}' = \boldsymbol{F} \tag{4}$$

其中 $\boldsymbol{v}'$ 是对流速度。在我们的例子中，有 $-\dot{m} = \mu$ 和 $|\boldsymbol{v}'| = |\boldsymbol{v}| - q$。

或者我们采用式 (1.3a) 的观点，在这种情况下，我们必须将单位时间内获得或失去的反冲动量作为一种外力添加进去，然后得到形式类似于 (3) 的运动方程

$$m\dot{\boldsymbol{v}} = \boldsymbol{F} + \dot{m}\boldsymbol{v}_{\text{rel}} \tag{5}$$

$\boldsymbol{v}_{\text{rel}}$ 是对流动量相对于被观察物体的相对速度，在与 $\boldsymbol{v}$ 相同的方向上为正。在我们的例子中，有 $|\boldsymbol{v}_{\text{rel}}| = -q$，且依然有 $-\dot{m} = \mu$。

以下两个特殊情况值得我们关注：

(a) $\boldsymbol{v}' = 0$。获得或失去的质量元素具有零速度，因此不具有任何动量。在这种情况下，运动的方程有 Newton 的形式 $\dot{\boldsymbol{p}} = \boldsymbol{F}$。例如，水滴、链和问题 I.6 和 I.7。

(b) $\boldsymbol{v}' = \boldsymbol{v}$，或相当于 $\boldsymbol{v}_{\text{rel}} = 0$。尽管所涉及的质量是可变的，运动方程的形式仍为：质量·加速度 = 力，例如，悬挂在桌子边缘的绳子，问题 I.8。

在情况 (b) 中，Carnot 能量损失的情况下，式 (3.28a) 为零，因此能量方程呈现通常的形式。在情况 (a) 中，针对给定问题的有效能量守恒定律的形式不明晰，必须先进行研究。

我们用质量的相对性变化问题来总结这些不确定的观点。我们将具体讨论电子，即使式 (2.20) 不仅对它有效，而且对所有物体都有效。在这里，质量的变化纯粹是电子的内部事件；不存在任何动量从周围环境获得或失去的问题。因此，作为 (a) 情况，运动方程为 $\dot{\boldsymbol{p}} = \boldsymbol{F}$，即考虑到式 (2.20)，

$$\frac{\mathrm{d}}{\mathrm{d}t}\left[\frac{m_0\boldsymbol{v}}{(1-\beta^2)^{\frac{1}{2}}}\right] = \boldsymbol{F} \tag{6}$$

让我们首先考虑电子的直线运动，$\boldsymbol{F}$ 纵向作用，即在 $\boldsymbol{v}$ 的方向上，因此 $\boldsymbol{F} = F_{\text{long}}$ 和 $\boldsymbol{v} = v$。

我们将把式 (6) 改成 "质量·加速度 = 力" 的形式，这是 20 世纪初的一种习惯方法，虽然并没必要这么复杂。最后我们对左边进行微分，

$$\frac{m_0\dot{v}}{(1-\beta^2)^{\frac{1}{2}}} + m_0 v \frac{\mathrm{d}}{\mathrm{d}t}\left(1-\beta^2\right)^{-\frac{1}{2}} = \frac{m_0}{(1-\beta^2)^{\frac{1}{2}}}\left(\dot{v} + \frac{v\beta\dot{\beta}}{1-\beta^2}\right) \tag{6a}$$

此时 $\beta = v/c$，故

$$\dot{\beta} = \frac{\dot{v}}{c}, \quad \text{因此 } v\beta\dot{\beta} = \beta^2\dot{v}$$

式 (6a) 变为

$$\frac{m_0\dot{v}}{(1-\beta^2)^{\frac{1}{2}}}\left(1+\frac{\beta^2}{1-\beta^2}\right)=\frac{m_0}{(1-\beta^2)^{\frac{3}{2}}}\dot{v}=F_{\mathrm{long}} \tag{6b}$$

因此，纵向质量乘以加速度 $\dot{v}$ 后可得

$$m_{\mathrm{long}}=\frac{m_0}{(1-\beta^2)^{\frac{3}{2}}} \tag{7}$$

另一方面，如果 $\boldsymbol{F}$ 的作用是横向的，也就是说，垂直于轨迹，只有方向改变了，速度的大小没有改变。在这种情况下 $\dot{\beta}$ 为零，式 (6) 简化为

$$\frac{m_0}{(1-\beta^2)^{\frac{1}{2}}}\dot{v}=F_{\mathrm{trans}}$$

基于这个原因，此时我们引入一个不同于纵向质量的横向质量

$$m_{\mathrm{trans}}=\frac{m_0}{(1-\beta^2)^{\frac{1}{2}}} \tag{8}$$

鉴于这些复杂性，我们认为，如果仅使用运动方程的合理形式 (6)，上述两种质量的区别就没有必要了。

接下来，我们希望确定相对论中能量方程的形式。因此，式 (6) 乘以 $\dfrac{\mathrm{d}x}{\mathrm{d}t}=v=\beta c$，由右侧的项可得

$$F\frac{\mathrm{d}x}{\mathrm{d}t}=\frac{\mathrm{d}W}{\mathrm{d}t}=\text{做功, 或能量} \tag{9}$$

由左侧的项可得

$$m_0c^2\beta\frac{\mathrm{d}}{\mathrm{d}t}\left[\frac{\beta}{(1-\beta^2)^{\frac{1}{2}}}\right]=m_0c^2\beta\dot{\beta}\left(1-\beta^2\right)^{-\frac{3}{2}}$$

我们可以马上证明这是对 t 的一个全导数，即

$$m_0c^2\frac{\mathrm{d}}{\mathrm{d}t}\frac{1}{(1-\beta^2)^{\frac{1}{2}}} \tag{10}$$

由于式 (10) 必须等于式 (9)，所以做功的速率，即式 (10) 必须是动能 T 的时间变化率，

$$T=m_0c^2\left[\frac{1}{(1-\beta^2)^{\frac{1}{2}}}+\text{常数}\right]$$

我们必须设置常数等于 -1，因为 T 本身必随着 β 的消失而消失。因此，相对论动能是

$$T = m_0 c^2 \left[\frac{1}{(1-\beta^2)^{\frac{1}{2}}} - 1 \right] \tag{11}$$

鉴于式 (2.20)，我们也可以这样写

$$T = c^2(m - m_0) \tag{12}$$

总之：运动的电子和静止的电子之间的能差 (除了运动能或 "活力") 等于运动的电子和静止的电子质量之间的差乘以 c^2。这样，我们就在最简单的情况下证明了质量和能量相等定律 ("能量的惯性" 定律)。这个重要的定律是原子质量测定的整个领域的基础，也是核物理及其在宇宙学中应用的基础。

为了完整性起见，我们指出，当 β 很小时，式 (11) 可以展开成一个级数，该级数可以得到 T 的基本表达式的第一个近似值，即为

$$T = m_0 c^2 \left(\frac{1}{2}\beta^2 + \frac{3}{8}\beta^4 + \cdots \right) = \frac{m_0}{2} c^2 \beta^2 \left(1 + \frac{3}{4}\beta^2 + \cdots \right) \to \frac{m_0}{2} v^2$$

§5 平面和空间中单个质点的运动学和静力学

运动学研究的是运动的几何问题，并不考虑它们的物理现实。静力学[①]研究的是力、力的合成和等效性，而不考虑由力引发的运动。

1. 平面运动学

首先，我们将给出在 Cartesian 坐标系下的速度和加速度的分解和合成公式，其中速度 (图 3) 为

$$\boldsymbol{v} = (v_x, v_y) = \left(\frac{\mathrm{d}x}{\mathrm{d}t}, \frac{\mathrm{d}y}{\mathrm{d}t} \right) = (\dot{x}, \dot{y}) \tag{1}$$

$$|\boldsymbol{v}| = \left(\dot{x}^2 + \dot{y}^2 \right)^{\frac{1}{2}} = v \tag{2}$$

加速度为

$$\dot{\boldsymbol{v}} = (\dot{v}_x, \dot{v}_y) = \left(\frac{\mathrm{d}^2 x}{\mathrm{d}t^2}, \frac{\mathrm{d}^2 y}{\mathrm{d}t^2} \right) = (\ddot{x}, \ddot{y}) \tag{3}$$

$$|\dot{\boldsymbol{v}}| = (\ddot{x}^2 + \ddot{y}^2)^{\frac{1}{2}} \tag{4}$$

---

① 静力学这个名称是不恰当的，因为它只指平衡，而静力学的内容既适用于平衡问题，也适用于运动问题。正确的名称应该是动力学。这个术语在历史上被用来研究由力引起的运动，因此不能用于以它的名称所列的理论，即力的分析。

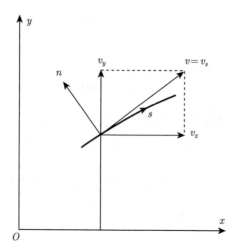

图 3   平面内速度的分解和合成；本征坐标 s 和 n

我们无需在 Cartesian 坐标系中分解速度和加速度，也可以用质点所描述的曲线的本征坐标来分解它们。设 s 为弧的长度，下标 s 表示沿曲线逐点变化的路径方向。下标 n 表示曲线上任意点垂直于 s 的方向。然后，我们有

$$v_s = \pm v, \quad v_n = 0 \tag{5}$$

这是显然的。然而，将 $\dot{\boldsymbol{v}}$ 分解为 $\dot{\boldsymbol{v}}_s$ 和 $\dot{\boldsymbol{v}}_n$ 是有意义的。如果我们设 α 是路径的切线和 x 方向之间的夹角，则切向加速度为

$$\dot{v}_s = \dot{v}_x \cos\alpha + \dot{v}_y \sin\alpha \tag{6}$$

法向加速度为

$$\dot{v}_n = -\dot{v}_x \sin\alpha + \dot{v}_y \cos\alpha \tag{7}$$

此时

$$\cos\alpha = \frac{\mathrm{d}x}{\mathrm{d}s} = \frac{\dot{x}}{\dot{s}} = \frac{v_x}{v}, \quad \sin\alpha = \frac{\mathrm{d}y}{\mathrm{d}s} = \frac{\dot{y}}{\dot{s}} = \frac{v_y}{v}$$

所以

$$\dot{v}_s = \frac{1}{v}(v_x \dot{v}_x + v_y \dot{v}_y) = \frac{1}{2v}\frac{\mathrm{d}}{\mathrm{d}t}(v_x^2 + v_y^2)$$

$$= \frac{1}{2v}\frac{\mathrm{d}}{\mathrm{d}t}v^2 = \frac{\mathrm{d}v}{\mathrm{d}t} = |\dot{\boldsymbol{v}}| \tag{8}$$

这个方程指出，切向加速度反映的是速度的大小变化，并不涉及速度方向的可能变化。另外，由式 (7) 可得

$$\dot{v}_n = \frac{1}{v}\left(v_x \dot{v}_y - v_y \dot{v}_x\right) = \frac{1}{v}(\dot{x}\ddot{y} - \dot{y}\ddot{x}) = v^2 \frac{\dot{x}\ddot{y} - \dot{y}\ddot{x}}{(\dot{x}^2 + \dot{y}^2)^{\frac{3}{2}}} = \frac{v^2}{\rho} \tag{9}$$

这里 $\dfrac{1}{\rho}$ 为路径的曲率[①]。

因此，法向加速度与速度的变化无关，而只取决于速度本身和轨迹的形状。如果 $\dfrac{\mathrm{d}v}{\mathrm{d}t} = 0$，则加速度的方向与速度垂直，或者说与路径垂直。

接下来，我们将通过 Hamilton 引入的 Hodograph[②]，以微分几何的方式直接推导出相同的关系。

当我们比较图 4a 和图 4b 时，速端图的含义似乎更清晰了。图 4b 给出了 xy 平面内的轨迹。间距为 Δs 的两点的速度方向沿路径切线方向，夹角为 $\Delta\epsilon$；同时，曲率中心 M 与这两点连线的夹角也是 $\Delta\epsilon$。假设 ρ 是曲率半径，则有

$$\Delta s = \rho\Delta\epsilon \tag{10}$$

在图 4a 中，从共同原点 O 绘制出两个速度，方向保持不变。考虑两个相邻的矢量 $\overrightarrow{O1}$ 和 $\overrightarrow{O2}$，其夹角为 $\Delta\epsilon$。1 在 $\overrightarrow{O2}$ 上的投影是点 3。$\Delta\boldsymbol{v} = \overline{12}$ 被分解为 $\Delta v_s = \overline{32}$ 和 $\Delta v_n = \overline{13}$。因此，我们可得到与式 (8) 和式 (9) 一致的

$$\dot{v}_s = \frac{\overrightarrow{32}}{\Delta t} = \frac{v_2 - v_1}{\Delta t} = \frac{\Delta v}{\Delta t} = \frac{\mathrm{d}v}{\mathrm{d}t}$$

$$\dot{v}_n = \frac{\overrightarrow{13}}{\Delta t} = \frac{\Delta\epsilon \cdot v}{\Delta t} = \frac{\Delta\epsilon}{\Delta s}v^2 = \frac{v^2}{\rho}$$

后者可回顾式 (10)。参见问题 I.9。

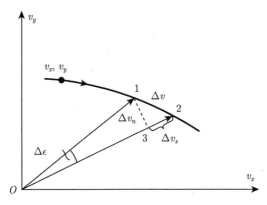

图 4a 平面内的运动的速端图。速度 $\boldsymbol{v}_1$ 和 $\boldsymbol{v}_2$ 是相对极坐标图中点 O 的两个矢量

---

① 参考，Franklin 的《高级微积分论》295 页。

② Hodograph(德文) 相当于英文的 path。

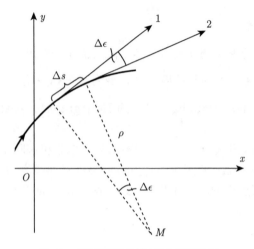

图 4b   平面运动的轨迹和曲率半径

2. 平面静力学与运动学中的力矩的概念

矢量 E 关于给定参考点 O 的力矩定义为从 O 到该矢量 E 作用点 P 的矢径 r 与矢量 E 的矢量积。

$$N = r \times E \tag{11}$$

因此，N 代表 r 和 E 形成的平行四边形的面积，以及 r 按图 5 中箭头所示旋转到矢量 E。其大小为

$$|N| = l\,|E| = r\,|E|\sin\alpha \tag{11a}$$

其中 l 是矢量 E 关于点 O 的力臂，如果我们使矢量 E 为力 F，就可得到力 F 的力矩或转矩

$$L = r \times F \tag{12}$$

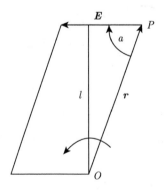

图 5   关于任意点 O 的任意矢量 E 的力矩

力 $\boldsymbol{F}$ 的力矩是静力学的一个基本概念，其发现可以追溯到阿基米德。我们用 X 和 Y 表示力 $\boldsymbol{F}$ 的 Cartesian 坐标分量。利用初等矢量代数容易给出

$$L_z = xY - yX \tag{12a}$$

力矩的概念在运动学和动力学中也很重要，我们还是把问题局限于一个平面，则有

速度矩：$\boldsymbol{r} \times \boldsymbol{v}$

加速度矩：$\boldsymbol{r} \times \dot{\boldsymbol{v}}$

动量矩 = 角动量 = $\boldsymbol{r} \times \boldsymbol{p} = m(\boldsymbol{r} \times \boldsymbol{v})$

在 Cartesian 坐标系下，以式 (12a) 为模型，则有

$$\boldsymbol{r} \times \boldsymbol{v} = x\dot{y} - y\dot{x}, \quad \boldsymbol{r} \times \dot{\boldsymbol{v}} = x\ddot{y} - y\ddot{x} \tag{13}$$

在速度矩和加速度矩之间存在如下关系

$$\boldsymbol{r} \times \dot{\boldsymbol{v}} = \frac{\mathrm{d}}{\mathrm{d}t}(\boldsymbol{r} \times \boldsymbol{v}) \tag{14}$$

鉴于 $\dfrac{\mathrm{d}\boldsymbol{r}}{\mathrm{d}t} = \boldsymbol{v}$ 和 $\boldsymbol{v} \times \boldsymbol{v} = 0$，因此

$$\frac{\mathrm{d}}{\mathrm{d}t}(\boldsymbol{r} \times \boldsymbol{v}) = \boldsymbol{r} \times \frac{\mathrm{d}\boldsymbol{v}}{\mathrm{d}t} + \boldsymbol{v} \times \boldsymbol{v} = \boldsymbol{r} \times \dot{\boldsymbol{v}} \tag{14a}$$

习惯上用坐标分解的方法证明与式 (14a) 是完全等效的

$$\frac{\mathrm{d}}{\mathrm{d}t}(x\dot{y} - y\dot{x}) = x\ddot{y} + \dot{x}\dot{y} - y\ddot{x} - \dot{y}\dot{x} = x\ddot{y} - y\ddot{x} \tag{14b}$$

在图 5 中，如果用 P 描述任意路径，用点 P 的速度 $\boldsymbol{v}$ 取代任意矢量 $\boldsymbol{E}$，P 就可得出另一个简单的关系，即角动量和所谓的掠面速度之间的关系。事实上，由原点 O 发出的矢径 $\boldsymbol{r}$ 所扫过的无穷小面积 $\mathrm{d}S$ 等于平行四边形面积 $\boldsymbol{r} \times \mathrm{d}\boldsymbol{s}$ 的一半，所以掠面速度为

$$\frac{\mathrm{d}\boldsymbol{S}}{\mathrm{d}t} = \frac{1}{2}(\boldsymbol{r} \times \boldsymbol{v})$$

由此我们得到了掠面速度和角动量之间的关系

$$\boldsymbol{r} \times \boldsymbol{p} = 2m\frac{\mathrm{d}\boldsymbol{S}}{\mathrm{d}t} \tag{15}$$

3. 空间运动学

我们将三维轨迹沿着 s(切线)、n(主法线)、b(副法线) 三个方向进行分解，得到以下分量：

$$\boldsymbol{v} = (v, 0, 0)$$

$$\dot{\boldsymbol{v}} = \left(\dot{v}, \frac{v^2}{\rho}, 0\right)$$

ρ 在式 (9) 或式 (10) 中是曲率半径，这样就可以构造位于接触面上的轨迹了。

如果我们考虑速度和加速度的矩，保留 $\boldsymbol{r} \times \boldsymbol{v}$ 和 $\boldsymbol{r} \times \dot{\boldsymbol{v}}$ 的定义，但请注意除了大小和转动方向，还必须认为图 5 是三维的，画在那里的平行四边形在空间中也有位置。因为这有助于把这个点形象化，所以习惯性地通过平行四边形平面的法线表示这个位置。按照规则，法线的方向就是一个具有右旋螺纹的螺钉在某时刻前进的方向 (从 $\boldsymbol{r}$ 到 $\boldsymbol{v}$ 或从 $\dot{\boldsymbol{v}}$ 绕过小于 π 的角度)。力矩的矢量图像就变成了一个箭头，沿着法线方向，它的长度等于力矩的大小。因此，在图 5 中，我们应该认为力矩是垂直于纸的平面并指向外面的。我们将会在第 4 章 §23 中详细地研究轴矢量和极矢量的区别。

到目前为止，我们已经描述了关于任意选择的参考点的力矩。在下文中，我们将解释关于给定轴的力矩是什么意思。

4. 空间静力学　关于点和轴的力矩

力 $\boldsymbol{F}$ 关于参考点 O 上的力矩完全定义为

$$\boldsymbol{L} = \boldsymbol{r} \times \boldsymbol{F} \tag{16}$$

这里 $\boldsymbol{r}$ 是从 O 到力 $\boldsymbol{F}$ 任务点 P 的径向矢量

$$\boldsymbol{r} = (x, y, z) \tag{16a}$$

若以 O 为坐标原点，通过给定的转矩的规则 (右手螺旋定则，矢量的长度等于 $|\boldsymbol{L}|$)，$\boldsymbol{L}$ 可以表示为一个矢量，我们现在问：$\boldsymbol{L}$ 在坐标轴上的分量是什么? 我们可以把它们定义为力矩矢量在这三个轴上的投影。例如，

$$L_z = |\boldsymbol{L}| \cos(L, \boldsymbol{z}) \tag{17}$$

但是 $|\boldsymbol{L}|$ 是边为 $\boldsymbol{r}$ 和 $\boldsymbol{F}$ 的平行四边形的面积，因此，式 (17) 的右项表示的是平行四边形的面积在 x-y 平面上的投影，后者有

$$\boldsymbol{r}_{\mathrm{proj}} = (x, y), \quad \boldsymbol{F}_{\mathrm{proj}} = (X, Y)$$

在式 (17) 的帮助下, 我们得到了 (12a):

$$L_z = xY - yX \tag{17a}$$

同理得

$$L_x = yZ - zY, \quad L_y = zX - xZ \tag{17b}$$

$\boldsymbol{L}$ 的分量 L_x、L_y、L_z 称为力 $\boldsymbol{F}$ 关于轴 x、y、z 的力矩。参见问题 I.10。

这里所说的坐标轴适用于任意坐标轴 a。式 (17) 通过取点 O 在轴 a 的力矩并将相应的力矩矢量投影到 a 上, 定义了力 $\boldsymbol{F}$ 关于 a 轴的力矩。通过在垂直于 a 的平面上投影关于 O 的力矩的面积得到式 (17a)、(17b)。第三种方法是求从力的作用点到 a 的最短距离, 我们称之为杠杆臂 l。这种情况下, $\boldsymbol{F}$ 被分解成三个分量, F_a 平行于 a, F_l 在 l 的方向上, F_n 的方向垂直于 a 和 l 的方向, 由此得

$$L_a (\boldsymbol{F}) = L_a (F_a) + L_a (F_l) + L_a (F_n) \tag{18}$$

等式右边的前两项必须消失, 因为如果力与 a 平行或相交, 就不会产生绕 a 轴的力矩。

第三项是存在的, 它是由垂直于杠杆臂 l 的作用力产生的。因此, 代替式 (18) 有

$$L_a (\boldsymbol{F}) = L_a (F_n) = F_n \cdot l \tag{18a}$$

在这一点上, 我们有必要对两个矢量乘积的不同表示法给予说明。表 1 显示, 这些符号在历史上和各国家的用法都有很大的不同。

表 1 两个矢量乘积的不同表示

乘积的名称	本书	德国 Sommerfeld	Gibbs	Heaviside	意大利	Grassmann
标量积	$\boldsymbol{A} \cdot \boldsymbol{B}$	$(\boldsymbol{A}\,\boldsymbol{B})$	$\boldsymbol{A}\,\boldsymbol{B}$	$\boldsymbol{AB}$	$A \times B$	$A\vert B$
矢量积	$\boldsymbol{A} \times \boldsymbol{B}$	$[\boldsymbol{A}\,\boldsymbol{B}]$	$\boldsymbol{A} \times \boldsymbol{B}$	$\vee AB$	$A \wedge B$	AB 或 $\vert AB$

下面是一些说明。当时矢量分析还鲜为人知, 伟大的热力学家 Wilard Gibbs 对矢量分析做了一个简短的总结, 供他的学生使用。他的记法至今仍被许多美国和英国作家沿用 (略有变化)。在矢量积的 Heaviside 符号中, 一般放弃了用 $\boldsymbol{V}$ 代表矢量。意大利记法起源于 Marcolongo。Hermann Grassmann 在他的 "扩张论" (《扩展分析》, 1844 年和 1862 年) 中, 发展了一套用分段和点计算的逻辑系统。根据他的说法, 两个有向线段 a 和 b 之间最简单的关系是 "平面大小", 也就是由 a 和 b 组成的平行四边形, 因此他用 ab 表示 (虽然有时也用 $[ab]$ 来表示)。在格拉斯曼符号中, 矢量积的垂线表示 "补", 即表示通过垂直于平面的矢量。

§6　自由运动质点动力学 (运动学)　Kepler 问题　势能概念

1. 太阳固定的 Kepler 问题

我们能想到的与自由运动的质点有关的最简单的例子，同时也是关于宇宙图像最重要的例子，即行星的运动。这是一个二维问题，如果讨论的行星是地球，那么运动就发生在黄道上。我们假设太阳的位置是固定的，并以其较大的相对质量来证明这一点，

$$\text{太阳 } 330000，\text{木星 } 320，\text{地球 } 1，\text{月球 } \frac{1}{81}$$

我们将在本节的第二部分讨论包括太阳运动的问题。设 M 为太阳的质量，m 为行星 (地球) 的质量，则 Newton 引力为

$$|\boldsymbol{F}| = G\frac{mM}{r^2}，\quad G = \text{引力常数}$$

或者用矢量表达式

$$\boldsymbol{F} = -G\frac{mM}{r^2}\frac{\boldsymbol{r}}{r} \tag{1}$$

它通过位于太阳中心的固定点 O, 这是矢径 r 的原点。

由此得 $\boldsymbol{r} \times \boldsymbol{F} = 0$，而且根据第二定律

$$\boldsymbol{r} \times \dot{\boldsymbol{p}} = 0$$

考虑到式 (5.14), 有 $\boldsymbol{r} \times \boldsymbol{p} = $ 常数。

太阳的角动量是恒定的量,因此式 (5.15) 的掠面速度也是恒定的,这是 Kepler 第二定律:

从太阳到行星的矢径在相同的时间内扫过相同的面积。

设恒定的面速度乘以 2 称为 "面速度常数"C, 则有

$$2\frac{\mathrm{d}S}{\mathrm{d}t} = C \tag{2}$$

现在我们引入极角 φ, 由天文学家的近点角[①](参见图 6), 可得

$$\mathrm{d}S = \frac{1}{2}r^2\mathrm{d}\phi，\quad 2\frac{\mathrm{d}S}{\mathrm{d}t} = r^2\dot{\phi} = C$$

所以

---

① 真正的近点角是指从太阳看到的行星到其远日点的角距离。

$$\dot{\phi} = \frac{C}{r^2} \tag{3}$$

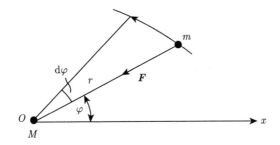

图 6 以太阳为原点的 Kepler 问题的极坐标，被矢径扫过的面积

为了推导 Kepler 第一定律轨道方程，我们沿着 Cartesian 坐标分解力

$$\frac{\mathrm{d}\dot{x}}{\mathrm{d}t} = -\frac{GM}{r^2}\cos\phi$$

$$\frac{\mathrm{d}\dot{y}}{\mathrm{d}t} = -\frac{GM}{r^2}\sin\phi \tag{4}$$

如果我们把方程两边都乘以 $\frac{1}{\dot{\phi}}$，回忆式 (3)，可得

$$\frac{\mathrm{d}\dot{x}}{\mathrm{d}\phi} = -\frac{GM}{C}\cos\phi$$

$$\frac{\mathrm{d}\dot{y}}{\mathrm{d}\phi} = -\frac{GM}{C}\sin\phi$$

对上式积分，设 A 和 B 是积分常数，则结果为

$$\dot{x} = -\frac{GM}{C}\sin\phi + A$$

$$\dot{y} = \frac{GM}{C}\cos\phi + B \tag{5}$$

这意味着行星运动的速度图是一个圆

$$(\dot{x} - A)^2 + (\dot{y} - B)^2 = \left(\frac{GM}{C}\right)^2 \tag{5a}$$

我们回到问题 I.11 中，将式 (5) 的左边变换为极坐标，有

$$x = r\cos\phi, \quad y = r\sin\phi$$

则有

$$\dot{x} = \dot{r}\cos\phi - r\dot{\phi}\sin\phi = -\frac{GM}{C}\sin\phi + A$$

$$\dot{y} = \dot{r}\sin\phi + r\dot{\phi}\cos\phi = \frac{GM}{C}\cos\phi + B$$

现在对第一个方程乘以 $-\sin\phi$，第二个方程乘以 $\cos\phi$，消去 $\dot{r}$，然后两式相加得

$$r\dot{\phi} = \frac{GM}{C} - A\sin\phi + B\cos\phi$$

回忆式 (3)，有

$$\frac{1}{r} = \frac{GM}{C^2} - \frac{A}{C}\sin\phi + \frac{B}{C}\cos\phi \tag{6}$$

这是在极坐标下原点与二次曲线焦点之一重合的二次曲线的方程。因此，我们得到了第一 Kepler 定律：行星运动轨迹是一个以太阳为焦点的椭圆。在这里我们注意到，双曲线和抛物线这两种同样可能的轨迹，显然不适用于行星，而只适用于彗星。我们在这里不讨论它们，读者可参阅问题 I.12。

这里给出的 Kepler 第一定律的推导与大多数文本中提供的不同。后者从能量方程开始，我们现在就来推导它。回到式 (4)，在等式右边，我们用 $\frac{x}{r}$ 代替 $\cos\phi$，用 $\frac{y}{r}$ 代替 $\sin\phi$，用 $\dot{x}$ 乘以第一个式子，用 $\dot{y}$ 乘以第二个式子，然后两式相加得

$$\frac{\mathrm{d}}{\mathrm{d}t}\frac{1}{2}\left(\dot{x}^2 + \dot{y}^2\right) = -\frac{1}{2}\frac{GM}{r^2}\frac{\mathrm{d}}{\mathrm{d}t}\left(x^2 + y^2\right) = -\frac{GM}{r^2}\frac{\mathrm{d}r}{\mathrm{d}t}$$

上式对 t 积分得到

$$\frac{1}{2}\left(\dot{x}^2 + \dot{y}^2\right) = \frac{GM}{r} + E \tag{7}$$

上式左边是动能除以 m；除了符号，右边的第一项是势能除以 m(见本节的第 3 部分)，因此 E 是总能量除以 m。我们的式 (7) 具有与一维运动能量方程 (3.8) 相同的形式。

为了以最简单的方式从式 (7) 转换到路径方程 (6)，我们回忆一下，在极坐标中直线元素的平方为

$$\mathrm{d}x^2 + \mathrm{d}y^2 = \mathrm{d}r^2 + r^2\mathrm{d}\phi^2$$

因此我们有

$$\dot{x}^2 + \dot{y}^2 = \left(\frac{\mathrm{d}r}{\mathrm{d}t}\right)^2 + r^2\left(\frac{\mathrm{d}\phi}{\mathrm{d}t}\right)^2 = \left(\frac{\mathrm{d}\phi}{\mathrm{d}t}\right)^2\left\{\left(\frac{\mathrm{d}r}{\mathrm{d}\phi}\right)^2 + r^2\right\}$$

或者鉴于式 (3)，有

$$C^2 \left[\left(\frac{1}{r^2} \frac{\mathrm{d}r}{\mathrm{d}\phi} \right)^2 + \frac{1}{r^2} \right]$$

如果我们让 $s = \frac{1}{r}$，则上式变为

$$C^2 \left[\left(\frac{\mathrm{d}s}{\mathrm{d}\phi} \right)^2 + s^2 \right]$$

这样我们的能量方程 (7) 就变成

$$\frac{1}{2} C^2 \left[\left(\frac{\mathrm{d}s}{\mathrm{d}\phi} \right)^2 + s^2 \right] - GMs = E$$

对 ϕ 微分得

$$\frac{\mathrm{d}s}{\mathrm{d}\phi} \left[C^2 \left(\frac{\mathrm{d}^2 s}{\mathrm{d}\phi^2} + s \right) - GM \right] = 0$$

由于 $\frac{\mathrm{d}s}{\mathrm{d}\phi} \neq 0$，消去括号，从而得到一个二阶常系数线性微分方程

$$\frac{\mathrm{d}^2 s}{\mathrm{d}\phi^2} + s = \frac{GM}{C^2}$$

这类方程的通解由非齐次方程的特解和齐次方程的通解组成。显然

$$s = 常数 = \frac{GM}{C^2}$$

是一个非齐次方程的特殊积分。齐次方程的通解是 $\sin\phi$ 和 $\cos\phi$ 的和。我们现在可以把 A/C 和 B/C 作为积分常数，最后得到

$$s = \frac{GM}{C^2} - \frac{A}{C} \sin \phi + \frac{B}{C} \cos \phi$$

这就是前面得到的式 (6)。

我们现在对这个方程做一个详细说明，使 $\phi = 0$ 这条线从一个焦点开始，也通过另一个焦点，它与直线 $\phi = \pi$ 一起构成椭圆的主轴 (图 7)。在这个轴上有点 P("近日点"(离太阳最近)) 和 A("远日点"(离太阳最远))，在这两个点的 r 必须是最小值和最大值。因此，我们特别强调这个条件

$$\frac{\mathrm{d}r}{\mathrm{d}\phi} = 0, \quad 对 \phi = \begin{cases} 0 \\ \pi \end{cases}$$

上式来自式 (6)，要求 $A = 0$。

　　另外，如果 ϵ 为椭圆的离心率，如图 7 所示，

$$近日点 \quad r = SP = a(1 - \epsilon), \quad \phi = \pi$$

$$远日点 \quad r = SA = a(1 + \epsilon), \quad \phi = 0$$

根据式 (6)，可得

$$近日点 \quad \frac{1}{a(1 - \epsilon)} = \frac{GM}{C^2} - \frac{B}{C}$$

$$远日点 \quad \frac{1}{a(1 + \epsilon)} = \frac{GM}{C^2} + \frac{B}{C}$$

通过对这些加减，分别得

$$\frac{GM}{C^2} = \frac{1}{a\left(1 - \epsilon^2\right)}, \quad \frac{B}{C} = -\frac{\epsilon}{a\left(1 - \epsilon^2\right)} \tag{8}$$

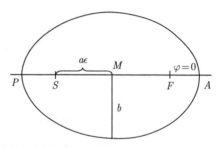

图 7　长轴与短轴 Kepler 椭圆：近日点，远日点，离心率

　　最后，我们用周期 T 来表示掠面速度常数 C。从式 (2) 中我们可得到

$$C = \frac{2S}{T} \quad 和 \quad S = \pi ab = \pi a^2 \left(1 - \epsilon^2\right)^{\frac{1}{2}}$$

等于被矢径扫过的面积。由此可见

$$C^2 = \frac{4\pi^2 a^4 \left(1 - \epsilon^2\right)}{T^2} \tag{9}$$

如果我们在式 (8) 中的第一个式子中代入上式，则得

$$\frac{T^2}{a^3} = \frac{4\pi^2}{GM} \tag{10}$$

由于 G 和 M 对于所有的行星轨道都是相同的，式 (10) 是 Kepler 第三定律的表达式: 周期时间的平方与长轴的立方成正比。

Kepler 用热情的声明对这一定律的发现表示了祝贺[①]:"最后,我发现并证实了"和弦"的本质,超出了我所有的希望和期望,它渗透到天体运动的所有细节和最充分的范围;的确,不是以我先前所想的那种方式,而是以一种完全不同的方式存在。"

事实上,Kepler 定律的第三个形式 (10) 还不是很精确。只有当我们将行星质量 m 与太阳质量 m 相比较时,它才有效。我们现在放弃这个假设,转而讨论天文学中固有的二体问题。这个问题并不比目前处理的单体问题难多少。

2. 包括太阳运动的 Kepler 问题

令太阳 S 的坐标是 x_1, y_1,行星 P 的坐标是 x_2, y_2(图 8)。

根据 Newton 第三定律,作用在 S 上的力必须与作用在 P 上的力相等且相反,因此针对太阳和行星的完整的运动方程是

$$\text{对太阳} \quad M\frac{\mathrm{d}^2 x_1}{\mathrm{d}t^2} = \frac{mMG}{r^2}\cos\phi, \quad M\frac{\mathrm{d}^2 y_1}{\mathrm{d}t^2} = \frac{mMG}{r^2}\sin\phi$$

$$\text{对行星} \quad m\frac{\mathrm{d}^2 x_2}{\mathrm{d}t^2} = -\frac{mMG}{r^2}\cos\phi, \quad m\frac{\mathrm{d}^2 y_2}{\mathrm{d}t^2} = -\frac{mMG}{r^2}\sin\phi$$

现在我们引入相对位置坐标

$$x_2 - x_1 = x, \quad y_2 - y_1 = y \tag{11a}$$

还有质心坐标

$$\frac{mx_2 + Mx_1}{m + M} = \xi, \quad \frac{my_2 + My_1}{m + M} = \eta \tag{11b}$$

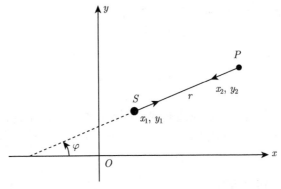

图 8 考虑太阳运动的 Kepler 问题

[①] 宇宙和谐论,1619 年。最早的两个 Kepler 定律已经在新天文学出版,1609 年。

运动方程相减

$$\frac{\mathrm{d}^2 x}{\mathrm{d}t^2} = -\frac{(M+m)G}{r^2}\cos\phi$$
$$\frac{\mathrm{d}^2 y}{\mathrm{d}t^2} = -\frac{(M+m)G}{r^2}\sin\phi \tag{12}$$

而相加则给出

$$\frac{\mathrm{d}^2 \xi}{\mathrm{d}t^2} = 0, \quad \frac{\mathrm{d}^2 \eta}{\mathrm{d}t^2} = 0 \tag{13}$$

将式 (12) 与之前的式 (4) 比较可知与 Kepler 的前两个定律是一致的，也就是说，对于相对运动也是有效的。Kepler 第三定律可写为

$$\frac{T^2}{a^3} = \frac{4\pi^2}{G(M+m)} \tag{14}$$

由此知 T^2/a^3 比值不再是一个普遍的常数，一般来说，这个比值对于每个星球都有所不同。然而，由于太阳质量原因，它与式 (10) 的偏差是非常微小的。

式 (13) 进一步证明了太阳和行星的质心是做匀速运动。如果我们用质心固定在原点的坐标系来计算，这个速度一定等于零，这同样适用于质心本身的坐标 ξ, η。

式 (11b) 是一个简化的式子，由此式和式 (11a) 可得，太阳的坐标 x_1, y_1 和行星的坐标 x_2, y_2，可以分别用相对位置坐标 x, y 表示

$$x_1, y_1 = -\frac{m}{M+m}(x, y)$$

$$x_2, y_2 = \frac{M}{M+m}(x, y)$$

由此可以得出，在质量系统的中心，太阳和行星的轨道也是椭圆的，行星的椭圆几乎与本节第一部分所考虑的椭圆完全相同。太阳的轨道是一个非常矮小的椭圆，以同样的方向旋转，但与行星轨道的相位差是 π。

如果我们改变万有引力定律

$$\boldsymbol{F} = kr^n \cdot \frac{\boldsymbol{r}}{r}, \quad n \text{ 任意} \tag{15}$$

Kepler 第二定律将保持不变，轨迹则成为超越曲线，一般来说，不是封闭的。只有在 $n = 1$ 的情况下，我们才能得到像在万有引力 $n = -2$ 的情况下一样的椭圆 (参见问题 I.13)。

3. 力场什么时候有势?

在一维运动中，根据式 (3.7) 我们可以毫无困难地定义一个势能 V 与一个力

X。正如当时所提到的, 只有当某些条件满足时, 这对于二维或三维运动也是可能的。如果 X, Y, Z 是力 $\boldsymbol{F}$ 的 Cartesian 坐标分量, 则类似于 (3.7) 的三维情况下势能的定义是

$$V = -\int^{xyz} (\boldsymbol{X}\mathrm{d}x + \boldsymbol{Y}\mathrm{d}y + \boldsymbol{Z}\mathrm{d}z) \tag{16}$$

如果 V 是一个独立于积分路径并且只依赖于它的端点的量 (初始点的选择仅仅产生一个附加常数, 在任何情况下都是任意的), 表达式为

$$\boldsymbol{X}\mathrm{d}x + \boldsymbol{Y}\mathrm{d}y + \boldsymbol{Z}\mathrm{d}z$$

必须是完全微分; 也就是 $\boldsymbol{X}, \boldsymbol{Y}, \boldsymbol{Z}$ 一定是场函数对于 x, y, z 的导数, 在这个例子中, 函数就是 $-V$, 我们说 $\boldsymbol{F}$ 是 "由势能 V 导出的"。众所周知的条件是

$$\frac{\partial Y}{\partial x} = \frac{\partial X}{\partial y}, \quad \frac{\partial Z}{\partial y} = \frac{\partial Y}{\partial z}, \quad \frac{\partial X}{\partial z} = \frac{\partial Z}{\partial x} \tag{17}$$

只有满足这些条件, 才能为每个 x, y, z 定义场函数 $V(x, y, z)$; V 称为势能, 或者简称为势。

在二维情况下, $Z = 0$, 而且 X、Y 独立于 Z, 式 (17) 中的三个式子被简化为第一个。

矢量分析 (这已经被写到本系列的第二卷中, 因为我们在本卷中只需要矢量代数) 表明条件 (17) 具有不变的意义, 即独立于坐标的选择。在第二卷中, 这些条件被总结在旋度 $\boldsymbol{F} = 0$(这通常表示为矢量场 $\boldsymbol{F}$ 是无旋转的) 的矢量方程中。

显然, 人们可以毫无困难地用 x, y, z 写出不满足式 (17) 条件的 X, Y, Z 的表达式, 另外, 我们看到这些条件对于引力场是满足的

$$X = Y = 0, \quad Z = -mg$$

可得

$$V = mgz \tag{18}$$

基于 Newton 定律的一般重力场以及数学上类似的静电场和静磁场也是如此。事实上, 无旋且与时间无关的场 ("势场") 在自然界中占有独特的地位。它们将在第 8 章和第 7 章的一般发展中发挥特殊作用。

只有由势作用产生的力的力学系统称为保守系统, 因为它的能量是守恒的; 否则我们就说是非保守系统或耗散系统。

第 2 章　系统力学、虚功原理和 d′Alembert 原理

§7　力学系统的自由度与虚位移　完整约束与非完整约束

一个质点，如果它的运动被限制在一条直线或一条曲线上，则有一个自由度；如果它在一个平面或一个曲面上运动，则有两个自由度；在空间中自由运动的质点有三个自由度。

两个质点由一个无质量的刚性杆连接，有五个自由度；因为第一点可以被认为是自由运动的，在这种情况下，第二点被限制在一个关于第一点描述的球面上，其半径等于杆的长度。

n 个质量点组成的系统，若其坐标间存在 r 个约束关系，则其自由度数目为

$$f = 3n - r \tag{1}$$

如果存在由无穷多个条件连接的无穷多个质量点，这样的计算当然是不可行的。我们以刚体作为例子来说明在这种情况下如何计算自由度。

(a) 自由运动刚体。 我们挑出刚体的一个点，它有三个自由度。第二点与第一点保持一定距离 (定义为 "刚性")，只能以第一点为中心在一个球面上移动。这就多了两个自由度。最后，第三个点可以绕前两点连接的轴作一个圆，从而多贡献一个自由度。一旦这三个点的运动被指定，刚体上所有其他点的路径就被唯一地确定，所以

$$f = 3 + 2 + 1 = 6$$

(b) 平面上的陀螺。 我们假设旋转陀螺的底部停于一个点，并将其作为计算的第一个点，它有两个自由度。第二个点可以围绕第一个点在一个半球面上运动，第三个点可以围绕连接第一个点和第三个点的直线在一个圆上运动。因此

$$f = 2 + 2 + 1 = 5$$

(c) 有固定点的陀螺。 现在第一个点的两个自由度失去了，所以

$$f = 2 + 1 = 3$$

(d) 具有固定轴刚体——摆。

$$f = 1$$

如果物体的重心不在轴上，我们称之为物理摆或复摆。如果物体收缩到一个点，我们就得到一个数学的或简单的钟摆。球摆则受限于在球面上运动的质点，有

$$f = 2$$

(e) 可变形固体或液体的无限多自由度。

$$f = \infty$$

在这种情况下，运动方程就变成了偏微分方程。相比之下，一个系统在有限的自由度下，n 由相等数量的二阶常微分方程决定。

(f) 单自由度机器。这种机器由一系列几乎是刚体的物体组成，这些物体或通过连杆或通过各种类型的导轨相互连接。这类机器的经典例子是活塞发动机的驱动机构 (图 9)。如果机器配备了离心式调速器 (也称为 Watt 调速器，因为它是由蒸汽机的发明者首次提出的)，它就获得了第二个自由度。

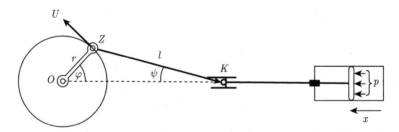

图 9　活塞式发动机的驱动结构示意图

在上述例子中，自由度的数目等于确定系统位置所必需的独立坐标的数目。坐标不一定是 Cartesian 坐标。在驱动机构的情况下，我们同样可以很好地指定坐标 x 决定活塞的位置或角度 ϕ 给出曲柄销在轴上的位置。一般来说，我们把描述系统的 f 个自由度的独立变量称为独立坐标

$$q_1, q_2, \cdots, q_f \tag{2}$$

它们可以在一定范围内任意选择。式 (1) 中坐标之间的 r 条件可以通过适当选择 q 得到满足，从而将其从后续的系统处理中剔除。

§1 提到的 Hertz 力学有一个重要的优点, 它引起了人们对微分形式条件的注意, 而前面所说的不能适用于上述情况。这样的条件可以写成

$$\sum_{k=1}^{f} F_k\,(q_1, q_2, \cdots, q_f)\,\mathrm{d}q_k = 0 \tag{3}$$

这里我们假设 F_k 不都是 $\dfrac{\partial \Phi}{\partial q_k}$ 的形式, 因此式 (3) 不是某个函数 $\Phi(q_1, q_2, \cdots, q_f)$ 的全微分, 而且我们还假设它不能通过积分因子转换成全微分。

按照 Hertz 的说法, 我们把 $\Phi(q_1, q_2, \cdots, q_f) =$ 常量称为完整约束 (希腊语中的 holes = 整数, 拉丁语中的 whole = 可积的); 形式 (3) 无法积分的约束称为非完整约束[①]。非完整约束的最简单例子是一个边缘锋利的车轮在水平面上滚动, 参见问题 II.1(雪橇和自行车的柔性耦合结构也属于这一类)。这样的一个轮子在任何给定的时刻都被限制在总是朝着它可能的方向移动。尽管如此, 它还是能够到达支撑平面上的所有点, 即使有时只是围绕它的尖锐接触点旋转。因此, 它在有限运动中比在无穷小运动中拥有更多的自由度。一般来说, 如果一个具有 r 个非完整约束的系统在有限运动中有 f 个自由度, 那么它在无穷小运动中只有 $f - r$ 个自由度。这一点将在问题 II.1 中研究。

上述区别对于虚位移的概念是重要的。虚位移是符合约束条件的系统位置的任意瞬时无限小的变化。而在给定条件下, 由于给定的力所引起的实际位移为

$$\mathrm{d}q_1, \mathrm{d}q_2, \cdots, \mathrm{d}q_f$$

虚位移符号为

$$\delta q_1, \delta q_2, \cdots, \delta q_f$$

δ 被定义为虚位移算符。δq 和实际的运动没有关系。它们被引入, 可以说, 作为测试量, 其功能是使系统揭示一些关于它的内部联系和关于作用在它上的力。

对于纯完整约束, δq 是相互独立的, 每个自由度对应一个 δq。对于非完整约束, 必须引入更多的 δq; 在这种情况下, δq 与形式 (3) 的微分条件有关, 或者对于虚位移,

$$\sum_{k=1}^{f} F_k\,(q_1, q_2, \cdots, q_f)\,\delta q_k = 0 \tag{4}$$

这里 f 是有限运动的自由度。正如前面所强调的, 这个数量大于无穷小运动的数量。

---

① 1884 年, A.Voss 远早于 Hertz 就对这些条件进行了研究。参考 Math. Ann. 25。

§8 虚 功 原 理

让我们考虑一个在外力作用下处于平衡状态的力学系统。力可以有任何想要的方向，可以作用于系统的各个部分，而不需要有一个简单刚体平衡所需要的位置。这些力是否导致被研究系统的平衡，取决于系统和力。

在质点力学中，我们知道，若对一部分施加一个力，这个部分就会对应产生一个反作用力。例如，机械工程师会使用这个方法分析曲柄结构 (图 9)。作用在活塞上的蒸汽压力 P 通过活塞杆传递到十字头 K，连杆的长度为 l，连杆作用于曲柄销 Z，其推力与连杆的方向相同。为了使系统处于平衡状态，只有推力中垂直于曲柄的那部分 U，也就是与曲柄圆相切的那部分，需要被一个相等的作用力反向作用。向着曲柄方向的部件，即朝向曲柄轴中心方向，被刚性的轴承固定在点 O，它只给轴承施加应力，与系统的平衡问题无关。

因此，是系统内的反作用力使平衡成为可能。在简单的情况下，单独研究它们是可能的，但一般来说很乏味。然而，我们可以在不了解它们细节的情况下断言它们对系统不起作用。我们的案例中，导轨上的压力垂直于十字头的运动，而作用于曲柄销上并传递给曲柄轴的那部分力通过曲柄轴轴承的定点 O。在一般情况下，通过给系统一个从平衡位置出发的假想虚位移来建立这个论断。在这样的位移中，反作用力的 "虚功" 被发现为零。

让我们在简单刚体上详细地验证这一原理。我们必须想象，物体的每个点 i 和 k 是相关的，它们通过 $\boldsymbol{R}_{ki}$ 和 $\boldsymbol{R}_{ik}$ 分别作用于 i 和 k，如果我们挑出这样的两个点，就有在 §7 开头提到的两个质点的系统，两个质点由一个无重力的刚性杆连接。作用在杆上的反作用力必须满足 Newton 第三定律

$$\boldsymbol{R}_{ik} = -\boldsymbol{R}_{ki} \tag{1}$$

像 §7 一样，在自由度的列举中，我们将虚位移分解为两个点的共同平移 $\delta\boldsymbol{s}_i$，以及点 k 关于已经移动了位置的点 i 的旋转 $\delta\boldsymbol{s}_n$，这个旋转是杆的法向运动。

$$\delta\boldsymbol{s}_k = \delta\boldsymbol{s}_i + \delta\boldsymbol{s}_n$$

因此，对于平移的虚功，根据式 (1)，有

$$\delta W_{ir} = \boldsymbol{R}_{ik} \cdot \delta\boldsymbol{s}_i + \boldsymbol{R}_{ki} \cdot \delta\boldsymbol{s}_i = 0$$

对于旋转，i 保持固定，k 垂直于杆，

$$\delta W_{\text{rot}} = \boldsymbol{R}_{ik} \cdot \delta\boldsymbol{s}_n = 0$$

这个例子说明了 Newton 的作用和反作用定律是从质点力学到系统力学转变的突出点。

现在我们将借助上述例子，把所学的知识扩展成一个一般的假设: 在任何机械系统中，(反作用力) 虚功等于零。我们不想对这一假设给出一般性的证明①。相反，实际上我们把它看成是 "机械系统" 的定义。

现在只是对虚功原理做了一般的表述。我们的论证如下: 在物理上，作用于平衡系统的每一个力都与在其作用点引起的反作用力处于平衡状态; 这样一个作用力所做的功，加上它在作用点上的任何虚位移中的反作用力所做的功为零。所有作用力的总和以及由它们引起的所有反作用力的总和也是如此。现在，这些反作用力本身并没有做任何虚功 (如前一段所述)。因此，使系统处于平衡状态的作用力所做的虚功也必须等于零。这样就省去了对反作用的烦琐研究。

这就是虚功原理，在德国文献中也称为虚位移原理 (prinzip der virtuellen verrueckungen oder verschiebungen)。这个名字不像英语国家的名字那么幸运，它来自意大利语 "虚拟工作"。虚速度原理这个术语，在数学文献中经常使用，是由 Jean Bernoulli 首先提出的，似乎不适合我们。

历史上，这个原理已经由 Galileo 提出了。它由 Stevin、Jacques、Jean Bernoulli 和 d′Alembert 进一步发展。它是通过 Lagrange 的 *Mécanique Analytique* (《分析力学》) 才成为最一般的平衡原理。

系统的约束是完整的还是非完整的，对虚功原理的应用影响不大。实际上，在虚功的表达式中可以引入式 (7.4) 的条件，只要消去其中一个 δq，而不管这个条件是否可积。

我们可以用一个更有描述性的术语来代替反作用力，即源于几何的力。因为它们是由系统各部分之间的几何关系给出的，或者，在刚体的情况下，是由它的各个质量点之间的几何关系给出的。

与几何起源的力相反的是 "物理起源的力" 或外力。我们对通常使用的术语 "外力" 不太清楚，这里不会在这个意义上使用。施加力是由物理效应引起的，如重力、蒸汽压力、从外部作用于系统的缆绳张力等。它们的数学表达式包含只能通过实验确定的特定常数 (重力常数、压力计或气压计的刻度读数等)，这一事实揭示了它们的物理起源。

在 §14 中，我们将讨论摩擦力，它有时必须算在反作用力中，有时也算在作用力中。如果它以静摩擦的形式出现，它就是一个反作用力; 当它以滑动或运动摩擦力的形式出现时，它就是所施加的作用力。静摩擦通过虚功原理自动消除; 在动摩擦必须作为作用摩擦定律 (14.4) 中出现了实验常数 μ。

---

① Lagrange 尝试在其著作 *Mécanique Analytique* 中用某种块体和滑车构建。

§9　虚功原理的说明

1. 杠杆

杠杆有一个自由度 $f = 1$，因此只有一个对应于虚角位移 $\delta\phi$ 的位移 δq。平衡存在于且仅存在于旋转所做的虚功中。

当且仅当杠杆旋转 $\delta\phi$ 过程中所做的虚功为零时，平衡存在。设 δs_A、δs_B 分别为 A 和 B 的作用点 P 和 Q 的虚位移，我们需要

$$A\delta s_A + B\delta s_B = 0$$

但是从图 10a 可见 $\delta s_A = a\delta\phi, \delta s_B = -b\delta\phi$。因此

$$(Aa - Bb)\delta\phi = 0$$

结果是

$$Aa = Bb$$

围绕支点 O 的力的力矩相等，即它们的代数和为零。

如图 10b 所示，如果力 A 不垂直于杠杆臂，我们可以把它分解成在杠杆臂方

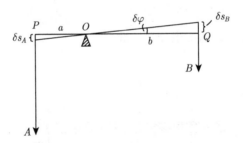

图 10a　力臂 a 和臂 b 在垂直载荷 A 和 B 下的杠杆

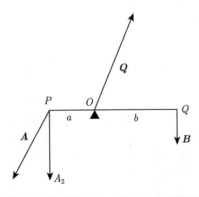

图 10b　杠杆在斜荷载作用下，显示支点对横梁的反作用

向上的分量 A_1 和垂直于杠杆臂的分量 A_2。当点 O 固定时，A_1 没有影响，所以我们有

$$A_2 a = |\boldsymbol{B}| b$$

为了获得点 O 处的载荷，我们必须在臂上施加一个反方向的力。在图 10a 中，它是垂直向上的，有大小 $Q = A + B$；支点 O 上的载荷与力 Q 大小相等且方向相反。在图 10b 的情况下，我们有矢量方程 $\boldsymbol{Q} = \boldsymbol{A} + \boldsymbol{B}$；在这里，作用在 O 上的力也与 $\boldsymbol{Q}$ 相反 (即 "平衡")。在提出这些问题时，实际上超越了虚功原理的极限。支点 O 的固定位置是杠杆机械系统的特点。它的虚位移及对它做的虚功为零。为了得到 Q 或用我们的原理得到 $\boldsymbol{Q}$，我们应该考虑一个完全不同的机械系统：当我们在目前所考虑的旋转中加上与自身平行的整个水平的虚平移时，我们必须为 O 提供两个自由度并且需要求出平衡条件。

2. 杠杆的反向应用: 骑自行车的人、桥

考虑图 11a 中的自行车。地面通过两个点 R(后轮) 和 F(前轮) 支撑自行车与骑行者的重量。由于自行车和车手的重量 Q 更接近 R 点而不是 F 点，所以后轮承受的压力更大，因此，骑自行车的人给后轮泵的轮胎压力要高于前轮。后轮上的载荷为 $A = \dfrac{b}{a+b}Q$，前轮上载荷为 $B = \dfrac{a}{a+b}Q$。

当桥架偏离中心时，情况也相同 (图 11b)。

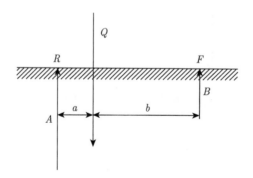

图 11a   有骑手的自行车前后轮的重量分布

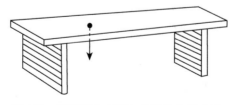

图 11b   桥梁两个支座上荷载分布示意图

3. 滑轮组 (希腊人也知道)

设 n 为滑车上端和下端滑轮的数量。Q 是要提升的载荷，P 是绳索松动端所需要的力。在系统的虚位移中，设 P 移动一段距离 δp，Q 移动一段距离 δq，图 12 中的箭头表示正运动方向。

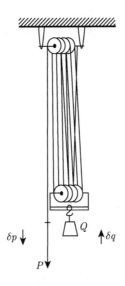

图 12　滑轮组：载荷和力的虚位移

存在平衡

$$P\delta p - Q\delta q = 0 \tag{1}$$

如果现在 Q 被提升了 δq，那么上下滑轮之间 $2n$ 根绳子的长度每个都缩短了 δq，因此总缩短量为 $2n\delta q$。在 P 处松垂的绳子必须精确地延长同样的长度，则

$$\delta p = 2n\delta q$$

由式 (1) 得 $(Q - 2nP)\delta q = 0$，

$$P = \frac{Q}{2n} \tag{2}$$

在这里我们把滑轮组看成是一个 "理想的" 机械系统，也就是说，我们忽略了绳索和滑轮之间的摩擦和滑轮轴承中的摩擦。

当然，这个简单的例子也可以用绳张力的基本方法来处理，在这种情况下，这种方法也许提供了关于力相互作用更具体的图像。

设 S 是绳子的拉力，取它的总横截面。如果我们忽略所有的摩擦影响，张力一定是在它的总横截面上。如果我们忽略所有的摩擦效应，张力在绳子上的每一点都是相同的；无论绳子在什么地方伸出来，我们都能得到相同的张力 S，它在被切断的两端都从分离点起作用，让我们在左侧 P 上方剪断一次绳子，被切断的部分，P 向下，S 向上，有

$$P = S$$

接下来，我们在图的右边剪掉所有的绳子，从而在外面的每一边都暴露出 $2n$ 个横截面。作用在被切断的右下部的力的平衡要求

$$Q = 2nS$$

由此得

$$P = \frac{Q}{2n}$$

此外，考虑到系统的上部产生了块体悬挂的梁的荷载，显然，它等于 $P + Q$。

4. 活塞式发动机的驱动机构

在图 9 中，P 是施加在活塞上的蒸汽压力所产生的合力，所以对活塞所做的虚功是 $P\delta x$，设 Q 是曲柄上的外周力 U 的平衡力，是使 P 处于平衡状态的力，Q 所做的虚功是 $-Qr\delta\phi$，我们的原则是

$$Qr\delta x = P\delta x, \quad Q = P\frac{\delta x}{r\delta\phi} \tag{3}$$

因此，Q 的计算简化为确定 δx 与 $\delta\phi$ 之间的关系的纯运动学任务。

根据图 9 (x 方向上的投影)，

$$r\cos\phi + l\cos\psi = 常数 - x \tag{4}$$

因此，取变分得，

$$r\sin\phi\delta\phi + l\sin\psi\delta\psi = \delta x \tag{4a}$$

三角形 OZK 给出

$$\sin\psi = \frac{r}{l}\sin\phi, \quad \delta\psi = \frac{r\cos\phi}{l\cos\psi}\delta\phi = \frac{r}{l}\frac{\cos\phi}{\left[1 - \left(\frac{r}{l}\right)^2\sin^2\phi\right]^{\frac{1}{2}}}\delta\phi \tag{4b}$$

代入式 (4a) 得

$$r\sin\phi\delta\phi\left\{1 + \frac{r}{l}\frac{\cos\phi}{\left[1 - \left(\frac{r}{l}\right)^2\sin^2\phi\right]^{\frac{1}{2}}}\right\} = \delta x \tag{4c}$$

这个关系式提供了运动学的量 $\dfrac{\delta x}{r\delta \phi}$，替换式 (3) 得

$$Q = P\sin\phi \left\{ 1 + \frac{r}{l} \frac{\cos\phi}{\left[1 - \left(\frac{r}{l}\right)^2 \sin^2\phi\right]^{\frac{1}{2}}} \right\} \tag{5}$$

因此，每个曲柄位置 ϕ 确定了曲柄传递的外围力 $U = Q$，它的精确知识对于评估机器的循环波动的大小及确定所需的飞轮是必不可少的。由于 r/l 是一个小的真分数，式 (5) 可以在 r/l 内展开成一个快速收敛的级数。可查阅问题 II.2.

最后，为了以后应用，我们把活塞位置 x 作为 r/l 的幂级数来进行计算。根据式 (4) 和式 (4b) 我们得

$$x + r\left(\cos\phi - \frac{1}{2}\frac{r}{l}\sin^2\phi + \cdots\right) = 常数 \tag{6}$$

5. 绕轴作虚旋转作用的力矩和功

设点 P 到轴 a 的距离为 l，任意方向的力 $\boldsymbol{F}$ 作用于点 P，绕轴 a 的虚旋转 $\delta\varphi$，P 被替换为

$$\delta s_P = l\delta\phi$$

$\boldsymbol{F}$ 在这个位移做的功 δW 是多少?

我们将 $\boldsymbol{F}$ 分解为相互垂直的分量 F_a, F_l, F_n，与式 (5.18) 一样，所做的功只取决于 F_n，即

$$\delta W = F_n\delta s_P = F_n l\delta\phi$$

通过与式 (5.18a) 比较，我们可以得出一般的结论：相对一定轴力的矩，可以看成是其作用点绕轴旋转时 $\delta\phi$ 力所做的虚功除以 $\delta\phi$。

$$L_a(\boldsymbol{F}) = \frac{\delta W}{\delta\phi} = lF_n \tag{7}$$

这样就把静力学的基本概念矩联系起来了。用虚功的概念来解决所有的平衡问题。在这方面，我们需注意力矩的大小 (力·杠杆臂) 与功 (力·距离) 相等。如果我们习惯地认为用弧度测量的角是无量纲的，这是符合式 (7) 的。

§10　d'Alembert 原理　惯性力的介绍

正如我们所看到的，一切物体都有保持静止或匀速直线运动状态的趋势。我们可以把这种趋势想象成运动变化的阻力即惯性阻力，或者，简单地说是惯性力。因此，对于单个质量点的惯性力 $\boldsymbol{F}^*$ 的定义是

$$\boldsymbol{F}^* \equiv -\dot{\boldsymbol{p}} \tag{1}$$

由基本定律 $\dot{\boldsymbol{p}} = \boldsymbol{F}$ 得

$$\boldsymbol{F}^* + \boldsymbol{F} = 0 \tag{2}$$

惯性力与所施加的力在矢量上保持平衡。$\boldsymbol{F}$ 是由物理环境所给予的力，而 $\boldsymbol{F}^*$ 是虚拟的力。我们引入它是为了把运动问题简化为涉及平衡的问题，这是一个通常很方便的过程。

惯性力在我们日常生活中很常见。当我们启动酒店沉重的旋转门时，需要克服的不是重力或摩擦力，而是门的惯性。一个类似的例子是有轨电车和有轨电车的滑动门[1]。在前站台上，门朝旅行方向打开。当汽车刹车时，车门倾向于向前移动，因此可以很容易地打开。当汽车在停车后加速时，打开的车门会设法保持静止的位置，因此，它倾向于移动到后方，可以毫不费力地关闭。在前站台上下车比在后站台上下车容易，是因为后站台的车门开反了。

惯性力最著名的形式是离心力，在任何弯曲运动中都很明显，它也是一种虚构的力量。它对应于垂直于曲线的加速度 $\dot{v}_n$，这是一个向心加速度，也就是说指向曲率中心，根据式 (5.9)，离心力为

$$\boldsymbol{C} = -m\dot{\boldsymbol{v}}_n, \quad |\boldsymbol{C}| = m\,|-\dot{\boldsymbol{v}}_n| = m\frac{v^2}{\rho} \tag{3}$$

负号指的是向外的方向。

Coriolis(查阅 §28) 和各种陀螺效应 (查阅 §27) 也归入惯性力的范畴。

在铁路弯道处，轨基以这样一种方式倾斜，使外轨高于内轨。高度差总是使列车在某一平均速度时重力和离心力的合力垂直于轨基。这一过程不仅消除了外轨倾覆的危险，而且避免了轨道承受有害的不均衡载荷。

奇怪的是，伟大的 Heinrich Hertz 对离心力的引入提出了反对意见，他在《力学》一书中写了非常漂亮的引言 (文集, Vol. Ⅲ, p. 6)：

"我们把一块拴在绳子上的石头摆成一个圆圈，因此，我们有意识地对石头施加一种力，这个力不断地使石头偏离直线。如果我们改变这个力、石头的质量或

---

[1] 这里翻译人员并不保证以下内容适用于各国电车的具体详情。

绳子的长度，就会发现石头的运动在任何时候都符合 Newton 第二定律。第三条定律要求有一种力量与我们的手对石头施加的力量相反。如果我们问这个力，则得到的答案大家都很熟悉，那就是石头通过离心力作用在手上，这个离心力与我们施加在石头上的力确实相等，方向相反。这种表达方式可以接受吗? 我们现在所说的离心力，除了石头的惯性之外，还有什么别的东西吗? "

我们用 "不" 来回答这个问题。事实上，根据我们的定义式 (3)，离心力与石头的惯性是相同的。但我们对石头施加的力，也就是对绳子施加的力，与我们对手施加的拉力相反。Hertz 进一步指出，"我们被迫得出结论，离心力作为一种力的分类是不合适的; 它的名字，就像生命力的名字一样，被认为是前世传下来的遗产; 从有用的角度来看，保留这个名字更容易找借口，而不是为它辩护。" 关于这一点，我们想说的是，离心力这个名称不需要任何理由，因为它和更一般的惯性力一样，有一个明确的定义。

顺便说一句，正是这种所谓的力概念缺乏明晰性，促使 Hertz 进行了一次有趣但不是很有成效的尝试，去构建完全没有力概念的力学 (查阅 §1)。

现在我们来谈谈 d′Alembert 的成就 (数学家、哲学家、天文学家、物理学家、百科全书家，*Traité de Dynamique*, 1758 年)。

如果质量点 k 是任意机械系统的一部分，受到外力 $\boldsymbol{F}$ 的作用，则必须将式 (2) 改为

$$\boldsymbol{F}_k^* + \boldsymbol{F}_k + \sum_i \boldsymbol{R}_{ik} = 0 \tag{4}$$

这里 $\boldsymbol{R}_{ik}$ 是质量点 i 连接到 k，对 k 施加的力。

根据 §8 的一般假设，把 $\boldsymbol{R}_{ik}$ 放在一起，在符合 (这里是内部) 约束的任意虚位移中不做功，因此，所有 $\boldsymbol{F}^* + \boldsymbol{F}$ 之和的虚功也是零，即

$$\sum_k (\boldsymbol{F}_k^* + \boldsymbol{F}_k) \cdot \delta \boldsymbol{s}_k = 0 \tag{5}$$

现在回顾虚功的原理，我们可以这样来表示式 (5): 系统的惯性力与作用于系统的力处于平衡状态。不需要知道它们的相互作用。

这就是 d′Alembert 原理最简单、最自然的形式。为了得到这个原理的另一个有趣的公式，让我们看看这个量

$$\boldsymbol{F}_k + \boldsymbol{F}_k^* = \boldsymbol{F}_k - \dot{\boldsymbol{p}}_k$$

正是力 $\boldsymbol{F}_k$ 的那部分不能转化为点 k 的运动。我们可以把这部分全部称为 "失去的力"，因此可以通过表述系统失去的力处于平衡状态来重新构造式 (5)。在教科书中广泛使用的 d′Alembert 原理的一种表述是用 Cartesian 坐标表示的，我们称

F_k 的分量为 $X_k, Y_k, Z_k, \delta s_k$ 分量为 $\delta x_k, \delta y_k, \delta z_k$。此外，我们规定所涉及的质量 m_k 是恒定的。对于由 n 个质量点组成的系统，式 (5) 可以代换为

$$\sum_{k=1}^{n} \left[(X_k - m_k \ddot{x}_k)\,\delta x_k + (Y_k - m_k \ddot{y}_k)\,\delta y_k + (Z_k - m_k \ddot{z}_k)\,\delta z_k \right] = 0 \qquad (6)$$

这里要求 $\delta x_k, \delta y_k, \delta z_k$ 与系统的约束条件兼容，我们需要立刻考虑非完整约束的一般情况，存在式 (7.4) 类型的关系；如果我们用 Cartesian 坐标代替式 (7.4) 的一般坐标 q，这些关系就成为

$$\sum_{\mu=1}^{n} \left[F_\mu (x_1 \cdots z_n)\,\delta x_\mu + G_\mu (x_1 \cdots z_n)\,\delta y_\mu + H_\mu (x_1 \cdots z_n)\,\delta z_\mu \right] = 0 \qquad (6a)$$

如果 f 是无穷小运动的自由度的数目，则 $\delta x, \delta y, \delta z$ 必须有 $3n - f$ 的关系，在完整约束的情况下，F_μ, G_μ, H_μ 是导数，同样是 x_μ, y_μ, z_μ 的函数。

我们要强调的是，不要在笨拙的表述 (6)、(6a) 中寻找 d'Alembert 原理的真正内容。式 (5) 或等价于它的平衡表述不仅更容易使用，而且由于它的不变形式，也更自然。

§11　d'Alembert 原理在最简单问题中的应用

1. 刚体绕固定轴的转动

这里我们处理的是一个单自由度，即转角 ϕ。我们设 $\dot{\phi} = \omega$ 为角速度，$\ddot{\phi} = \dot{\omega}$ 为角加速度。目前我们对轴的支承不感兴趣。

我们假设任意作用力 $\boldsymbol{F}$ 作用于物体上。根据式 (9.7)，它们的虚功由它们绕转轴转动的力矩之和给出，即

$$\delta W = \boldsymbol{L} \cdot \delta \boldsymbol{\phi} = L_a \delta \phi \qquad (1)$$

L_a 是 P 绕 a 轴的力矩之和，我们还想知道惯性力 $\boldsymbol{F}^*$ 所做的功。为了达到这个目的，我们将物体细分为质量单元 $\mathrm{d}m$。考虑到式 (10.3) 作用于 $\mathrm{d}m$ 上垂直于路径的惯性力为离心力 $\mathrm{d}m\dfrac{v^2}{r} = \mathrm{d}m\omega v$(在圆周运动中曲率半径 ρ 等于距离 r 到转轴的距离，因此每个质量元素的速度 v 变成 $r\omega$，它沿路径的加速度 $\dot{v}$ 是 $r \cdot \dot{\omega}$)。但是离心力不做功。另外，沿着路径方向惯性力是

$$-\mathrm{d}m\dot{v} = -\mathrm{d}mr\dot{\omega}$$

因此惯性力的总虚功是

$$\sum (-\mathrm{d}m\dot{v})\delta s = \sum -\mathrm{d}mr\dot{\omega}r\delta\phi = -\delta\phi\dot{\omega}\int r^2\mathrm{d}m = -\delta\phi\dot{\omega}I \tag{2}$$

这里

$$I = \int r^2\mathrm{d}m \tag{3}$$

是物体的转动惯量。I 的大小是 ML^2，因此在绝对系统中单位是 $\mathrm{g\cdot cm^2}$，在引力系统中单位是 $\mathrm{g\cdot cm^2\cdot s^2}$。

由于式 (1) 和式 (2)，d′Alembert 原理有以下形式

$$\delta\phi\left(L_a - I\dot{\omega}\right) = 0$$

这样我们就得到了转动的基本方程

$$I\dot{\omega} = L_a \tag{4}$$

我们把这个方程和一个自由度的平移运动的基本方程比较一下，比如说在 x 方向上，

$$m\ddot{x} = F_x$$

我们看到，在旋转运动中，I 代替了 m，同样的替换也适用于动能的表达式。刚体转动动能为

$$E_{\mathrm{kin}} = T = \int \frac{\mathrm{d}m}{2}v^2 = \int \frac{\mathrm{d}m}{2}r^2\omega^2 = \frac{\omega^2}{2}\int r^2\mathrm{d}m = \frac{\omega^2}{2}I \tag{5}$$

与质点力学的基本表达式完全一致

$$E_{\mathrm{kin}} = T = \frac{\dot{x}^2}{2}m \tag{5a}$$

对于绕固定轴转动的刚体，I 与时间无关。然而，在关节灵活的机械装置和生物中，它有其特有的变化方式。在 §13 中，我们将看到，所有的体育活动，特别是器械体操，主要是基于人体改变转动惯量的能力。

关于刚体的转动惯量如何依赖于旋转轴的位置的问题，可以参考 §22。

最后，我们将讨论动能与基本运动方程的关系。正如在质量恒定的情况下，我们可以从质点力学的动能定律得到运动方程 $m\ddot{x} = F_x$，即

$$\frac{\mathrm{d}T}{\mathrm{d}t} = \frac{\mathrm{d}W}{\mathrm{d}t} \quad 及 \quad \mathrm{d}W = F_x\mathrm{d}x$$

在 I 为常数的情况下，我们得到转动方程 (4)。我们只需要利用式 (5)，则有

$$\frac{\mathrm{d}T}{\mathrm{d}t} = \frac{\mathrm{d}W}{\mathrm{d}t} \quad 及 \quad \mathrm{d}W = L_a \mathrm{d}\phi [式(9.7)]$$

转动惯量也出现在转动物体的动量或角动量的表达式中。如果我们设 M 是物体的角动量，则有

$$M = \sum \mathrm{d}mvr = \omega \sum \mathrm{d}mr^2 = \omega I \tag{6}$$

2. 转动和平动耦合

想想矿井里的煤筐，或者电梯。承载电梯的电缆缠绕在滚筒上，由一个力 P 驱动。设 r 为滚筒半径，所发生的两个虚位移关系为 (图 13)

$$\delta z = r\delta\phi \tag{7}$$

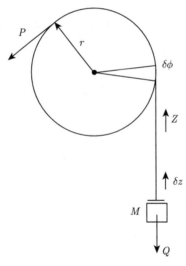

图 13   平动与转动的耦合形式运动 (提升机、煤筐)

d'Alembert 原理要求

$$(-Q - M\ddot{z})\delta z + (rP - I\dot{\omega})\delta\phi = 0 \tag{7a}$$

方便地 "折算" 滚筒的质量，比如说，到滚筒的边缘等, 用 "简化质量" 代替 I，定义为

$$I = M_{\mathrm{red}} r^2 \tag{8}$$

根据式 (7)，可以重写式 (7a) 为

$$(P - Q - M\ddot{z} - M_{\mathrm{red}}r\dot{\omega})\delta z = 0$$

由 $r\omega = \dot{z}, r\dot{\omega} = \ddot{z}$，我们得到运动方程

$$(M + M_{\mathrm{red}})\ddot{z} = P - Q \tag{9}$$

因此，转鼓的惯性质量相当于在电梯的质量上加了一项 M_{red}。

3. 球面在斜面上滚动

在这里，我们再次处理的是平动 (沿斜面向下的运动) 和转动 (围绕一个通过与图 14 中纸张平面垂直的球体中心的轴) 的耦合，这种情况下有效的重力分量是 $P = Mg\sin\alpha$。图 14 中所示的静摩擦 F 不适用于 d′Alembert 原理，因为它作用于瞬间静止的接触点，纯滚动运动的条件为

$$\dot{z} = r\omega \quad \text{或者} \quad \text{虚拟运动写为} \delta z = r\delta\phi \tag{10}$$

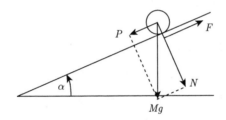

图 14 在直线平面上的球体。静摩擦 F 引起纯滚动，但不适用于 d′Alembert 原理

由 d′Alembert 原理，有

$$\delta z(Mg\sin\alpha - M\ddot{z}) + \delta\phi(-I\dot{\omega}) = 0 \tag{11}$$

I 的计算是一个积分问题。我们无须证明，就可以说半轴长分别为 a、b、c 的匀质椭球绕 c 轴的转动惯量为 (同理适用于绕 a 和 b 轴的转动惯量)。

$$I_c = \frac{M}{5}\left(a^2 + b^2\right) \tag{12}$$

作为一个特例，我们得到了球面的转动惯量

$$I = \frac{2}{5}Mr^2 \tag{12a}$$

就像在式 (8) 中，我们引入一个质量折算到距离 r，它由式 (12a) 变成

$$M_{\mathrm{red}} = \frac{2}{5}M \tag{12b}$$

如果我们把式 (11) 代入式 (10)，就很容易得到

$$\ddot{z} = \frac{5}{7}g\sin\alpha \tag{13}$$

系数 5/7 表示在斜面上的 "坠落" 是如何被球体的角加速度和由此增加的惯性所延迟的。

而从式 (3.13) 可以发现自由下落的末速度为

$$v = (2gh)^{\frac{1}{2}}, \quad h = \text{下落的高度}$$

现在式 (13) 给出了最终速度

$$v = \left(2 \cdot \frac{5}{7}gh\right)^{\frac{1}{2}}$$

这种差别是由于现在的重力势能不仅转换成下降的动能，而且也转换成滚动球的转动能量。

4. 被导向规定轨迹的质量体

如果我们假设导轨是无摩擦的，那么 d'Alembert 原理应用于这里的一个自由度 (沿导轨的位移) 就可以简单地说明这一点

$$\delta s\left(F_s^* + F_s\right) = 0$$

也就是根据式 (5.8)

$$m\dot{v}_s = m|\dot{v}| = F_s \tag{14}$$

力 $\boldsymbol{F}$ 的方向是任意的。$\boldsymbol{F}$ 的分量 F_n 垂直于导轨，在向心力方向上可以取正的，必须加上一个作用 R_n(在同一方向上计算为正)，才能给出离心力 C 的平衡，即

$$R_n + F_n = C = m\frac{v^2}{\rho} \tag{15}$$

一般来说，特别是当引导运动是由一种实体装置实现的，如轨道，我们也不得不考虑作用力的切向分量 R_s，即摩擦力。如果我们将摩擦力沿 δs 负方向上的摩擦力为正，则式 (14) 将扩展为

$$m\dot{v} = F_s - R_s \tag{16}$$

而 R_n 由式 (15) 确定，式 (16) 中的 R_s 仍然是 "静态和动态不确定的"，只能从实验中确定，在 §14 中，我们将讨论如何进行这样的实验。

§12 第一类 Lagrange 方程

让我们考虑一个由离散质量点 $m_1, m_2, \cdots, m_n$ 组成的系统，它们通过 r 完整约束相互连接

$$F_1 = 0, F_2 = 0, \cdots, F_r = 0 \tag{1}$$

自由度的个数是 $f = 3n - r$。我们在 Cartesian 坐标系下运算，并利用 d'Alembert 原理的式 (10.6)，为了用一种更方便的方式写出笨拙的和，我们将坐标 $x_1, y_1, z_1, \cdots, x_n, y_n, z_n$ 连续编号为

$$x_1, x_2, x_3, x_4, \cdots, x_{3n-1}, x_{3n}$$

同样地处理力的分量为 X，Y，Z。属于 x_k, X_k 的质量用 m_k 表示，显然 m_k 在 3 组中是相等的。式 (10.6) 变为

$$\sum_{k=1}^{3n} (X_k - m_k \ddot{x}_k) \delta x_k = 0 \tag{2}$$

根据约束 (1) 的 r 个条件，δx_k 受到约束为

$$\delta F_i = 0, \quad i = 1, 2, \cdots, r \tag{3}$$

也可以写成

$$\sum_{k=1}^{3n} \frac{\partial F_i}{\partial x_k} \delta x_k = 0, \quad i = 1, 2, \cdots, r \tag{4}$$

我们将每个 δF_i 乘以一个任意的数值因子 λ_i(Lagrange 乘子)，并将其加到 d'Alembert 式 (2) 中，得到

$$\sum_{k=1}^{3n} \left(X_k - m_k \ddot{x}_k + \sum_{i=1}^{r} \lambda_i \frac{\partial F_i}{\partial x_k} \right) \delta x_k = 0 \tag{5}$$

$3n$ 个位移 δx 中只有 f 个是相互独立的，剩下的 r 个是这些独立量的函数。让这些 r 个位移由 $\delta x_1, \delta x_2, \cdots, \delta x_r$ 表示，现在我们正好有 r 个值 $\lambda_1, \lambda_2, \cdots, \lambda_r$ 可

以随意处理。我们选择它们是为了得到

$$X_k - m_k \ddot{x}_k + \sum_{i=1}^{r} \lambda_i \frac{\partial F_i}{\partial x_k} = 0, \quad k = 1, 2, \cdots, r \tag{6}$$

式 (5) 在确定数值 λ_i 后，可化简为

$$\sum_{k=r+1}^{3n} \left(X_k - m_k \ddot{x}_k + \sum_{i=1}^{r} \lambda_i \frac{\partial F_i}{\partial x_k} \right) \delta x_k = 0 \tag{7}$$

这里 δx_k 是完全独立的，确实存在 $f = 3n - r$。例如，如果我们选择

$$\delta x_{r+v} \neq 0; \delta x_{r+1} = \delta x_{r+2} = \cdots = \delta x_{r+v-1} = \delta x_{r+v+1} = \cdots = \delta x_{3n} = 0 \tag{8}$$

我们看到，δx_{r+v} 因子会消失。让 v 遍历所有值 1，2，$\cdots$，f，我们得出结论：括号中的所有表达式都必须为 0。

$$X_k - m_k \ddot{x}_k + \sum_{i=1}^{r} \lambda_i \frac{\partial F_t}{\partial x_k} = 0, \quad k = r+1, r+2, \cdots, 3n$$

和式 (6) 一起构成了 $3n$ 个微分方程

$$m_k \ddot{x}_k = X_k + \sum_{i=1}^{i=r} \lambda_i \frac{\partial F_i}{\partial x_k}, \quad k = 1, 2, \cdots, 3n \tag{9}$$

上式叫作第一类 Lagrange 方程。当然，m_k 在 3 组中是相等的，即 $m_1 = m_2 = m_3$，因为我们处理的是同一个质量点 m_1，有三个坐标 $x_1 = x_1, x_2 = y_1, x_3 = z_1$。到目前为止，我们假设条件 (1) 是完整的。我们可以很容易地说服自己，只要稍微修改一下，上述的所有方法都可以应用到非完整约束的情况中。唯一的区别是式 (4) 中的因子 $\dfrac{\partial F_i}{\partial x_k}$ 必须用坐标 F_{ik} 的一般函数代替，它不能以函数偏导数的形式表示。

　　如果我们对式 (9) 做个替换，可以得到非完整系统的第一类 Lagrange 方程，

$$m_k \ddot{x}_k = X_k + \sum_{i=1}^{i=r} \lambda_i F_{ik} \tag{9a}$$

让我们通过假设条件 (1) 随时间变化来做一个更有趣的推广，那么 F_i 不仅明确地依赖于 x_k，而且也依赖于 t。我们现在必须要求在形成式 (4) 时，时间是恒定

的，这个规定不仅是允许的，而且是合理的，因为我们的虚位移与时间的流逝无关。式 (9) 的推导不受此要求的影响。但我们得到了一个关于能量方程形式的重要结论：如果我们想在时间无关约束的情况下推导这个方程，需按照如下步骤：用式 (9) 乘以 dx_k，然后对 k 求和，在左边我们得到

$$\mathrm{d}t \sum m_k \dot{x}_k \ddot{x}_k = \mathrm{d}t \frac{\mathrm{d}}{\mathrm{d}t} \sum \frac{m_k}{2} \dot{x}_k^2 = \mathrm{d}t \frac{\mathrm{d}T}{\mathrm{d}t} = \mathrm{d}T \tag{9b}$$

右边的第一项给出了施加的力在时间 $\mathrm{d}t$ 内做的功。

$$\sum \mathrm{d}x_k X_k = \mathrm{d}W \tag{9c}$$

右边的第二项消失了，有

$$\sum_{i=1}^{r} \lambda_i \sum_{k=1}^{3n} \frac{\partial F_i}{\partial x_k} \mathrm{d}x_k = \sum_{i=1}^{r} \lambda_i \mathrm{d}F_i = 0 \tag{9d}$$

由于 F_i 只依赖于 x_k，所以 $F_i = 0$ 意味着

$$\mathrm{d}F_i = \sum \frac{\partial F_i}{\partial x_k} \mathrm{d}x_k = 0 \tag{9e}$$

从式 (9b)、式 (9c) 我们有

$$\mathrm{d}T = \mathrm{d}W \tag{10}$$

如果 F_i 也依赖于 t，就不再是这样了。那么式 (9d)、式 (9e) 中的零将分别被替换为

$$-\sum_{i=1}^{r} \lambda_i \frac{\partial F_i}{\partial t} \mathrm{d}t \quad \text{和} \quad -\frac{\partial F_i}{\partial t} \mathrm{d}t$$

对于依赖时间的约束，能量方程为

$$\mathrm{d}T = \mathrm{d}W - \mathrm{d}t \sum_{i=1}^{r} \lambda_i \frac{\partial F_i}{\partial t} \tag{10a}$$

这意味着依赖于时间的约束对系统做功。为了使这个原则更具体，让我们想象一下网球拍。如果球拍保持固定，它以不变的能量反射球；反之，如果它向球的方向后退或挥杆，它就会从球身上带走能量或给予球能量。

在非完整系统中，出现在式 (9a) 中的 F_{ik} 对 t 的显式依赖关系与形式为式 (10) 的能量方程是相容的。然而，如果非完整约束具有这种形式

$$\sum F_{ik} \mathrm{d}x_k + G_i \mathrm{d}t = 0$$

代替式 (7.4)，则需要将 G_i 添加到式 (10) 中，它的形式类似于式 (10a)，即

$$dT = dW - dt \sum_{i=1}^{r} \lambda_i G_i \tag{10b}$$

第 3 章我们将从球摆的例子中了解到，λ_i 可以看成是系统对完整或非完整约束所施加的约束的反映。在这里，我们还将看到，λ 的确定不能通过任意选取的 r 个 Lagrange 方程来实现，尽管这是我们推导时所允许的假设。相反，λ 必须从所有 $3n$ 个 Lagrange 方程中确定。需要强调的是，Lagrange 乘子方法不仅在第一类 Lagrange 方程中起着重要作用，而且在更一般的类型方程中也起着重要作用 (查阅第六章的 §34)。Lagrange 乘子除了在力学中使用外，在极大极小的基本理论中也遇到过。

§13　动量方程和角动量方程

我们推导了离散质量点系统的这些方程，这些离散质量点系统可以作为一个整体在空间中平移和旋转。然而，通过一个限制过程，它们同样可以很好地应用于一个自由运动的刚体或一个运动不受外部约束的任意机械系统。

我们把作用的力分为外力和内力。这种分类没有说明力的起源，因此与 §8 关于作用力和反作用力的分类不相同。我们现在的区分是严格地根据系统本身是否满足作用和反作用定律的标准。在第一种情况下，我们说的是内力，在第二种情况下，我们说的是外力。例如，太阳系的内力是作用力，因为它们是引力，而推动火车前进的外力是一种反作用力 (我们将在 §14 看到)，即滚动的车轮的静摩擦。

我们称作用在点 k 的外力为 $\boldsymbol{F}_k$，内力称为 $\boldsymbol{F}_{ik}$，提醒我们它们作用于系统中包含的两点之间，因此在系统中满足 Newton 第三定律

$$\boldsymbol{F}_{ik} = -\boldsymbol{F}_{ki} \tag{1}$$

1. 动量方程

现在让我们利用式 (10.5) 形式中的 d'Alembert 原理，用符合定义的 $\boldsymbol{F}_k + \sum_i \boldsymbol{F}_{ik}$ 替换 $\boldsymbol{F}_k$，$-\dot{\boldsymbol{p}}_k$ 替换 $\boldsymbol{F}_k^*$，并使所有的 δs_k 彼此相等。因此，我们将相同的虚位移传递给系统的所有的质量点，因为式 (1) 一旦对 i 和 k 求和，$\boldsymbol{F}_{ik}$ 就被略去，得到

$$\delta s \cdot \left(\sum_k \boldsymbol{F}_k - \sum_k \dot{\boldsymbol{p}}_k \right) = 0 \tag{2}$$

我们用一根横杆来表示对 k 的和。从式 (2) 我们得出结论

$$\dot{\boldsymbol{p}} = \overline{\boldsymbol{F}} \tag{3}$$

$\overline{\boldsymbol{p}}$ 是系统的总动量，等于单个动量的矢量和。我们定义质量速度为 $\boldsymbol{V}$，则有

$$M\boldsymbol{V} = \overline{mv} = \overline{\boldsymbol{p}}, \quad M = \overline{m}$$

代替式 (3) 有

$$M\dot{\boldsymbol{V}} = \overline{\boldsymbol{F}} \tag{3a}$$

现在我们选择一个任意但不动的参考点 O。我们测量系统中各点到点 O 的距离 r_k，并用以下方程定义质心相对于 O 的位置 $\boldsymbol{R}$，

$$M\boldsymbol{R} = \overline{m\boldsymbol{r}} \tag{3b}$$

式 (3a)、式 (3b) 的内容可以总结为：自由移动的机械系统的质心运动像一个质点，其质量等于系统总质量 M，并受到作用于系统的所有外力的合力 $\overline{\boldsymbol{F}}$ 的作用。

2. 角动量方程

假设系统通过点 O 的任意轴虚旋转 $\delta\boldsymbol{\phi}$，这时系统各点 m_k 的位移 $\delta\boldsymbol{s}_k$ 是不相等的，有

$$\delta\boldsymbol{s}_k = \delta\boldsymbol{\phi} \times \boldsymbol{r}_k \tag{4}$$

为了证明这一点，让我们看图 15。$\delta\boldsymbol{\phi}$ 是沿着旋转轴画出的矢量，同时是绕着旋转轴画出的曲线箭头，这符合右手螺旋的规律。根据矢量积的定义，$\delta\boldsymbol{s}_k$ 的大小为

$$\delta s_k = \delta\phi \, |\boldsymbol{r}_k| \sin\alpha = \delta\phi\rho_k$$

所讨论的旋转也必须如此。式 (4) 同样正确地给出了 $\delta\boldsymbol{s}_k$ 的方向和意义。$\delta\boldsymbol{s}_k$ 垂直于图纸平面，进入纸张。

我们在式 (10.5) 中介绍了式 (4)，在动量方程中同时替换 $\boldsymbol{F}^*$ 和 $\boldsymbol{F}$，可得

$$\sum_k \left[\left(\boldsymbol{F}_k + \sum_i \boldsymbol{F}_{ik} - \dot{\boldsymbol{p}}_k \right) \cdot (\delta\boldsymbol{\phi} \times \boldsymbol{r}_k) \right] = 0 \tag{5}$$

接下来我们利用初等矢量代数的规则

$$\boldsymbol{A} \cdot \boldsymbol{B} \times \boldsymbol{C} = \boldsymbol{B} \cdot \boldsymbol{C} \times \boldsymbol{A} = \boldsymbol{C} \cdot \boldsymbol{A} \times \boldsymbol{B} \tag{6}$$

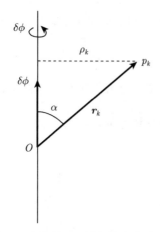

图 15   虚旋转 $\delta\phi$ 引起的虚位移 δs

它说的是由任意三个矢量 A、B、C 组成的平行六面体的体积与它的三个边标记的循环排列无关。

替换式 (5)，可以写为

$$\delta\phi \cdot \left[\sum_k (r_k \times F_k) + \sum_i \sum_k (r_k \times F_{ik}) - \sum_k (r_k \times \dot{p}_k) \right] = 0 \qquad (7)$$

这样就切断了 $\delta\phi$ 与 r 之间的联系，因此，如果 $\delta\phi$ 是任意的，则括号 [ ] 中的因子本身必须为零。为了更简单地写出这个因子，我们引入以下符号：

$$\text{如式 (5.12) 中，} \quad L_k = r_k \times F_k, \overline{L} = \sum L_k \qquad (7a)$$

$$\text{如式 (5.14) 中，} \quad M_k = r_k \times p_k, r_k \times \dot{p}_k = \frac{\mathrm{d}}{\mathrm{d}t}(r_k \times p_k) = \dot{M}_k \qquad (7b)$$

$$\overline{M} = \sum M_k, \quad \dot{\overline{M}} = \sum \dot{M}_k \qquad (7c)$$

因此，$\overline{L}$ 是关于参考点 O 的所有外力矩的矢量和；$\overline{M}$ 是系统中所有质量点关于同一参考点的角动量的矢量和，或者，更简单地说是系统关于 O 的总角动量。

此外，由图 16 可知，在式 (7) 的双和中，所有项成对消去，即

$$r_k \times F_{ik} + r_i \times F_{ki} = 0 \qquad (8)$$

我们可以看到，在第三定律表达式中式 (1) 本质上是内力的定义。从式 (8) 可以得出式 (7) 中的双倍的和消失了。回顾式 (7a)、式 (7b)、式 (7c)，我们从式 (7) 得出结论

$$\dot{\overline{M}} = \overline{L} \qquad (9)$$

这个方程与式 (3) 精确对应。它说明了系统总角动量的时间变化率等于外力的合力矩，如式 (3) 所述，系统总动量的时间变化率等于所有外力的合力。

这两个定律分别称为角动量和 (线性) 动量方程 (或原理)。以前，德国文献中习惯将基本方程 (9) 称为面积原理 (Flächensatz)。这个名字起源于 Kepler 问题。我们发现，在一颗行星的情况下，面积速度与角动量成正比，角动量的方向与行星的轨道平面垂直。这不再是行星多体问题的情况，取而代之的是

$$\overline{M} = \sum 2m_k \frac{\mathrm{d}\boldsymbol{A}_k}{\mathrm{d}t} \qquad (10)$$

因此，不仅不同的行星质量作为因素出现，而且与行星相对应的各个面速度也必须以矢量的方式相加。众所周知，对于一个完整的行星系，因此产生的面速度是用不变平面 (垂直于 $\overline{M}$ 的平面) 来定义的。它是不变的，因为在一个行星系中没有外力，所以 $\boldsymbol{L} = 0$，根据式 (9)，

$$\overline{M} = 常矢量 \qquad (10a)$$

一般来说，当 $\overline{L} = 0$ 时，我们得到了角动量守恒的特殊原理。面速度的概念更难以想象，因此对于无限多质点 (如刚体) 组成的系统就不那么有用了，因此应该放弃 Flächensatz 这个术语，以供一般使用。

3. 用坐标法证明

现在，我们将用另一种方法，即分解为 Cartesian 坐标的方法，来概述我们的原则的证明，因为这些坐标的使用是如此广泛，并且深受早期文献的青睐，所以我们希望在某种程度上遵从这种用法。

我们从以下方程开始

$$m_k \ddot{x}_k = X_k + \sum_i X_{ik}$$
$$m_k \ddot{y}_k = Y_k + \sum_i Y_{ik} \qquad (11)$$

这是用通俗易懂的形式写的。第一个方程对 k 求和，由 $X_{ik} = -X_{ki}$，可得到动量方程的 x 分量

$$\frac{\mathrm{d}^2}{\mathrm{d}t^2} \sum_k m_k x_k = \sum_k X_k \qquad (12)$$

第一个方程乘以 $-y_k$，第二个方程乘以 x_k，得到它们的和

$$\sum_k m_k \left(x_k \ddot{y}_k - y_k \ddot{x}_k\right) = \sum_k \left(x_k Y_k - y_k X_k\right) + \cdots \tag{13}$$

我们把没有写下来的项 ik 和 ki 成对组合在一起，从而得出内力 $i \to k$ 和 $k \to i$ 的方向。然后，我们得到

$$x_k Y_{ki} - y_k X_{ki} + x_i Y_{ik} - y_i X_{ik} = \frac{|F_{ik}|}{r_{ik}}[x_k(y_i - y_k) - y_k(x_i - x_k) + x_i(y_k - y_i) - y_i(x_k - x_i)]$$

化简可知这等于零，与图 16 一致。借助于式 (5.17a)，式 (13) 的右侧可化简为

$$\sum_k L_{kz} = \bar{L}_z$$

基于式 (5.14b)，式 (13) 的左边为

$$\frac{\mathrm{d}}{\mathrm{d}t}\sum_k m_k \left(x_k \dot{y}_k - y_k \dot{x}_k\right) = \sum_k \dot{M}_{kz} = \dot{\bar{M}}_z \tag{13a}$$

式 (13) 和角动量方程 (9) 的 z 分量是相同的。

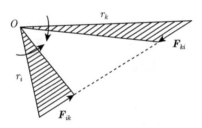

图 16　内力力矩成对抵消

4. 举例

在线性动量和角动量的原理之间存在着深刻的区别，我们将借助于没有外力作用于系统的特殊情况来解释这一点。

根据式 (3a)，在这种情况下，质心的速度保持恒定; 作为因子出现的总质量 M 是常数，甚至对于有内部运动的系统也是如此。如果质心最初是静止的，它将保持静止。内力不能将运动传递给质心，即使在具有柔性关节的机构或活体中也是如此。为了移动一个人的质心，他必须能够推动一个支撑物，因此，一个外力是必要的。很明显，在没有外力的情况下 $\bar{L} = 0$，因此式 (9) 服从

$$\overline{M} = 常矢量 \tag{14}$$

如果动量一开始是零，即使对于有内部运动的系统，它仍然是零。然而，不能由此得出系统的角位置是永久守恒的结论。相反，这个角度的位置可以在内力的帮助下自由改变，而不需要对某些外部物体的推力。

一个例子是猫，它总是设法站起来，这是通过适当地旋转前肢和反向旋转后肢来实现的。在 1894 年出版的《巴黎学院审计报告》(*Comptes Rendus of the Paris Academy*) 第 714 页的快速曝光照片就说明了这一点。

这个过程的基本要点可以很方便地通过一个实验得出。这种凳子由一个水平的圆盘组成，圆盘绕垂直轴旋转时产生的摩擦尽可能小。实验者坐在圆盘上，最初是静止的:

$$M_0 = 0$$

他向前抬起右臂，描述了一个向后旋转的动作。在这个过程中，"扫出的区域" 必须通过身体其余部分的反旋转来补偿，包括凳子的盘。更准确地说，由运动臂的动量 M_1 和圆盘的动量 M_2，有

$$M_2 = -M_1$$

实验对象现在垂下手臂，这不会引起 M 的改变，现在身体的初始位置恢复了，这个过程可以重复。每一次重复都发生相同的反向旋转 M_2。重复 n 次后，受测者注意到他面对的方向与最初的方向相反。相对于质心的位置，角的位置不受初始静止状态的影响。可以让实验对象用右手握住重物来加强这种效果。因此，可以说 "扫出的面积" 是成倍增加的，因此反向旋转也明显增加。

让我们再做两个实验: 受试者站在凳子上，手臂下垂，给他一个角动量 M_0，他现在侧向举起手臂 (如果需要的话，他的手上有重量)，旋转突然减小；相反，我们可以让这个人伸开双臂旋转，然后他会垂下胳膊，通常会因为旋转而从凳子上掉下来，特别是当使用重物时，旋转会突然显著增加。

在上述两种情况下，由式 (11.6) 得 $M_0 = M_1$，因此 $I_0\omega_0 = I_1\omega_1$。然而，在第一种情况下，我们有

$$I_0 \ll I_1, \quad \text{然后} \quad \omega_1 \ll \omega_0$$

而在第二种情况中

$$I_0 \gg I_1, \quad \text{所以} \quad \omega_1 \gg \omega_0$$

角动量守恒下惯性矩的可变性被广泛应用于所有运动项目中，尤其在单杠运动中。例如，考虑一下 "正向上升"。在获得摆动的初始动作中，物体被拉伸，转动惯量大，角速度适中。表演者向前摆动过程中，在接近最高点时，他收起自己腿，减少对杆的惯性矩，他的角速度变大。他的重心摆到杆上，表演者到达杆的

正上方位置。注意，由于杆很细，反作用力有一个小的杠杆臂，所以用手抓住杆所产生的反作用力不会对角动量产生任何明显的影响。

同样的原则也适用于 "转圈"(向后的臀部圈，膝盖圈等)。体操、滑冰和滑雪在某种程度上是实验力学和理论力学的实践性课程。

5. 船舶发动机质量平衡

最后我们考虑一个大尺度的例子，即平衡船舶发动机往复式质量的 Schlick 方法。

19 世纪末，在向现代快船过渡的时期，造船业经历了一场危机。由于技术上的原因，螺旋桨轴的转速固定在每分钟 100 左右，而船体必须吸收活塞发动机的惯性效应，也以同样的节奏变化。随着船舶的长度越来越长，船舶的 "适当频率" 不断降低，以至于这种频率接近惯性效应的节奏。让我们用 "共振" 一词来预测一种现象，我们将在第 3 章中详细讨论这一现象。这个词源于声学，声学中共振现象是最直接的，也是最早被研究的。

由于缺乏空间，快速蒸汽机的蒸汽汽缸必须垂直布置。我们假设，为了使事情更具体，我们正在处理的是四个活塞 (图 17)，它们都连接到同一个曲轴上，沿着图中的 z 方向。我们将看到，对于较少数量的活塞，即使达到一级质量平衡 (在此我们将加以限制) 也是不可能的。根据图 17 所示的坐标选择，惯性力沿 x 轴方向运动，它们只产生关于 y 轴的矩。惯性效应必须被船体的反应所吸收，从而引起有节奏的反振动。

这是 Otto Schlick 领事在他发明之初捐赠给慕尼黑的德国博物馆的模型。在这里，船的船体被理想化地看成一根细长的梁，它由代表水浮力的螺旋弹簧悬挂起来，使船能够摆动。当横梁携带的发动机模型处于运动状态时，横梁开始有轻微的振幅振动。当发动机转速增加时，转动频率越接近梁的固有频率，梁的振动越大 (图 18)。巨大的振动幅度会对船舶的安全造成灾难性的影响，也会对乘客的健康造成影响。质量平衡的思想是使船舶发动机的往复式质量的惯性力和力矩相互抵消，以保护船体免受它们的有害影响。

如果我们立即从加速度过渡到位置坐标，惯性力的平衡都在 x 方向上，需要如下条件：

$$\sum M_k x_k = 0 \tag{15}$$

质量 M_k 不仅包括活塞和活塞杆的质量，而且大致上还包括连杆和曲轴偏心部分的质量。

同样重要的是惯性力力矩的平衡。上面提到，图 17 表明只有 y 轴上的力矩在这里起作用。再次，我们立即从加速度传递到位置坐标，这是允许的，因为杠杆臂，即图 17 中的 a 是恒定的。我们要求

$$\sum M_k a_k x_k = 0 \qquad (16)$$

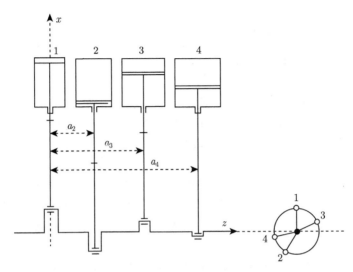

图 17 垂直排列的四缸活塞发动机的 Schliok 质量平衡。右下角的图显示了四个曲柄销钉相对的位置

图 18 自由振动梁的固有频率作为船舶基频的模型

现在我们用曲柄销坐标 ϕ_k 表示活塞坐标 x_k。由图 9 和式 (9.6),我们得到一阶近似

$$x_k + r_k \cos \phi_k = 常数 \qquad (17)$$

这里的一阶近似[①]意味着,我们到达无限长连杆的极限,也就是 $r/l \to 0$。就像式 (9.5) 和式 (9.6) 一样,我们不进行包含 r/I 一次方的二阶计算。由于所有活塞都工作在同一轴上,因此除了相移 α_k 在时间上保持常量外,ϕ_k 彼此相等,

$$\phi_k = \phi_1 + \alpha_k \qquad (18)$$

其中 $\alpha_1 = 0$,α_2、α_3、α_4 可以任意选择。由于式 (17) 和式 (18),条件 (15) 和 (16) 的可变部分及我们关注的,给出

$$\sum M_k r_k \cos(\phi_k + \alpha_k) = 0, \quad \sum M_k r_k \alpha_k \cos(\phi_k + \alpha_k) = 0 \qquad (19)$$

① 这个近似把质量平衡定义为一阶 (也就是所谓的 "主要力和主要力偶的平衡")。因为我们想把自己限制在后者,所以我们不需要进行二阶近似。

如果展开三角函数，我们可以看到，ϕ_1 为任意值时，$\cos\phi_1$ 和 $\sin\phi_1$ 的因子必须分别为零。然后我们得到了参数 α_k 和 a_k 之间的四个方程

$$\sum M_k r_k \cos\alpha_k = 0, \quad \sum M_k r_k \sin\alpha_k = 0$$

$$\sum M_k r_k a_k \cos\alpha_k = 0, \quad \sum M_k r_k a_k \sin\alpha_k = 0 \tag{20}$$

M_k 和 r_k 是由建筑来固定的。我们所能处理的量是三相位移 α_2、α_3、α_4 和两个杠杆臂比率 $\alpha_2 : \alpha_3 : \alpha_4[\alpha$ 的绝对值不在式 (20) 中]，因此总共有五个参数，它们允许在满足式 (20) 条件方面有一定的选择自由。这种自由反过来又可以避免技术上不受欢迎的解决方案。结果表明，在四缸发动机中，质量平衡可以达到一级平衡。如上所述，它还表明，由于缺少足够的参数，在汽缸数量较少的发动机中，它是无法奏效的。Schlick 质量平衡法的外部特征是四缸发动机的活塞不是等距的，它们的曲柄销彼此之间的排列角度也不是相等的，后一特征如图 17 的右下角所示。

在汉堡–美洲航航运公司的第一批现代汽船上，Schlick 的方法证明了它的价值：它消除了共振的危险。然而，在造船实践中，它的重要性只是暂时的，因为活塞发动机很快就被没有往复质量的涡轮机所取代。然而，即使在今天，质量平衡在汽车和飞机发动机以及潜艇的柴油发动机中也很重要。

6. 闭系统中可行积分数的一般规则

如果一个机械系统没有外力而只有内部的力作用于它，那么它就是封闭的[①]。在这种情况下，线性动量和角动量方程就成了守恒定律。动量守恒引入了 $2 \cdot 3$ 个常数，角动量守恒引入了 3 个积分常数[②]。能量方程产生了一个额外的常数，因此我们有一个总数为

$$2 \cdot 3 + 3 + 1 = 10 \tag{21}$$

的运动方程的积分。

这就是三维的情况。在二维的情况下，比如天文学中的两体问题，我们只有角动量的一个分量 (垂直于包含两体轨迹的平面)，因此我们得到连同能量的积分为

$$2 \cdot 2 + 1 + 1 = 6 \tag{22}$$

个普遍可行的积分。

---

① 当然，每个系统都是封闭的，如果一个系统足够大的话，也就是说，一个系统包含了外力的来源。
② 由质心描述的直线方程产生的 $2 \cdot 3$ 个常数，以及三个面积速度常数。

在一维情况下，这个数字明显地减少为

$$2 \cdot 1 + 0 + 1 = 3 \tag{23}$$

对 n 维的一般表达式为

$$n + 1 + \frac{1}{2}n(n + 1) \tag{24}$$

澄清这一表达式的最佳方法是诉诸相对论的概念: 我们把 $n = 3$ 加上时间作为第四坐标。然后，我们必须形成由式 (2.19) 通过对系统的所有质点求和得到的四维矢量动量。相对论力学的基本方程告诉我们，对于一个封闭系统，这个四维矢量保持不变；顺便说一下，它的时间分量，除了一个 $-ic$ 因子和一个附加常数外，等于动能。这样得到的四个积分 (动量和能量守恒) 在式 (24) 中用 $n + 1$ 项表示。表达式的第二项是一次两个轴结合形成矩的结果。显然，两个空间轴的组合可以得到一般意义上的角动量方程。另外，将时间轴与其中一个空间轴相结合，就得到质心运动的第二次积分，它表示运动的直线性。

根据式 (2.19)，如果我们用一个横杠来表示所有质量点的总和，如 §13 所示，并从一开始就用 1 替换 $(1 - \beta^2)^{1/2}$，可计算出

$$x_k p_4 - x_4 p_k = \mathrm{ic} \left(\overline{m_k x_k} - t \overline{m_k \dot{x}_k} \right), \quad k = 1, 2, 3$$

根据角动量守恒原理，这个量必须等于一个常数，我们可以称之为 $\mathrm{ic} A_k$。在三维矢量表示法中，用式 (3a)、式 (3b) 的符号表示

$$\boldsymbol{R} - t\boldsymbol{V} = \boldsymbol{A} \tag{25}$$

如果 $\boldsymbol{A}$ 和 $\boldsymbol{V}$ 恒定，这意味着质心确实以匀速直线运动。以上应足以解释式 (24) 的起源；四维时空对称性的使用使其更加清晰。

最后，我们希望对有关天文学领域的式 (21) 和式 (22) 的列举做一个评论。著名的三体问题需要它的完全积分，即确定它的 3·3 坐标和 3·3 速度分量

$$2 \cdot 3 \cdot 3 = 18 \tag{26}$$

第一个积分。如式 (25) 所示，每一项都给出了位置和速度坐标之间的关系，其中包含一个积分常数。但式 (26) 与式 (21) 的比较表明，对于完全积分，我们缺少 8 个积分。除此之外，从 Lagrange 到庞加莱这些伟大的数学家的不懈努力表明，这些缺失的积分不能用代数形式得到。H.Bruns 对此给出了确凿的证据。

对于两体问题 (平面的本质)，类似的列举只需要

$$2 \cdot 2 \cdot 2 = 8$$

而不是 $2 \cdot 3 \cdot 3 = 18$ 个积分常数作为它的完全积分。因此，对于二维问题，除了根据式 (22) 在所有情况下都可用的那些常数外，只需要两个常数。事实上，从式 (6.4) 到式 (6.5) 的过渡可以看出，这两个积分都有相应的任意常数，因此，可以精确地解决二体问题; 三体问题一般是不可解的，只能用解析近似方法来求解。只有在关于运动类型的非常特殊的假设下，我们才能够在 §32 中以封闭形式找到后一个问题的解。

§14　摩 擦 定 律

正如 §11 的小节 4 中强调的那样，质量沿规定的路径运动时，会产生一个沿路径方向的反力分量，这个分量不能从一般的力学原理得到，必须通过实验来确定。除了其他研究者的一些初步工作之外，这一确定首次于 1785 年通过当时非常准确的 Coulomb 的著名实验完成。我们记得，它的名字永远与静电学和静磁学的基本定律联系在一起。

用 Coulomb 的方法可以区分:

(a) 静摩擦;

(b) 动摩擦或滑动摩擦。

1. 静摩擦

考虑一个物体静止在水平面上 (图 19), 如果我们对物体施加平行于水平面的逐渐增加的拉力 P, 开始时不会发生运动。因此，我们必须假定摩擦力 F 与拉力 P 相平衡。如果 P 超过一个非常确定的极限，就会发生加速度。

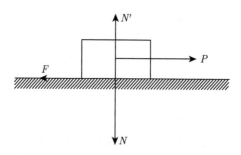

图 19　平面支撑的静摩擦

根据 Coulomb(和他的前辈们) 的说法，这个极限与法向压力 N 成正比，在水平支承的情况下，法向压力 N 等于物体的重量 G。我们有

$$F_{\max} = \mu_0 N \tag{1}$$

μ_0 为静摩擦系数，它取决于两种接触材料表面的性质和状态。如果这两种材料是一样的，μ_0 就特别大 (渗透性)。

借助于

$$\mu_0 = \tan\phi \tag{2}$$

我们可以引入一个角，它可以被认为是 "摩擦锥" 的顶角。只要 F 和 N 的合力落在这个锥内，就不会发生运动，参考图 20。当它们的合成物位于圆锥的表面或圆锥的外部时，运动就发生了。

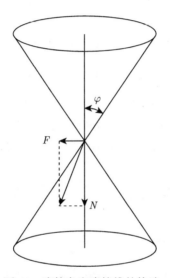

图 20   摩擦角和摩擦锥的构造

摩擦角的意义可以通过斜面实验来说明 (图 21)，这些实验可以追溯到 Galileo 时代。我们直接写出，不做进一步解释

$$N = G\cos\alpha, \quad P = G\sin\alpha = -F \tag{3}$$

由

$$F < F_{\max} = \mu_0 N = N\tan\varphi$$

因此，我们获得了静止的条件

$$G\sin\alpha < \tan\phi\cos\alpha \cdot G$$

所以

$$\tan\alpha < \tan\phi$$

或

$$\alpha < \phi$$

只要 $\alpha < \phi$，物体在斜面上就保持静止状态。因此，摩擦角是开始滑动的平面的倾斜度。

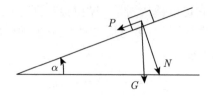

图 21　斜面上的平衡

下面是一个不那么简单的例子。斜臂以一定角度 $\frac{\pi}{2} - \alpha$ 安装在垂直轴上。这只斜臂上有一个可移动的套筒或珠子 (图 22)，如果轴不旋转，珠子就处于静止或运动状态，取决于 $\alpha < \phi$ 或 $\alpha > \phi$。如果现在轴是旋转的，那么离心力 $mr\omega^2$ 以矢量的方式叠加到重力 mg 上，从图中可以看出由这两者产生的法向力 N 和沿导向杆的拉力 P:

$$N = m\left(g\cos\alpha + r\omega^2\sin\alpha\right), \quad P = \pm m\left(g\sin\alpha - r\omega^2\cos\alpha\right)$$

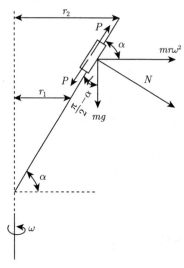

图 22　斜旋转杆上可移动的套筒或珠子，平衡状态下的摩擦

前面的 $\pm$ 表示我们计算向上和向下的拉力，这样我们就可以考虑珠子向下和向上的滑动。从式 (1) 和式 (2) 中得到的珠处于平衡状态的条件

$$\pm \left(g\sin\alpha - r\omega^2\cos\alpha\right) < \tan\phi\left(g\cos\alpha + r\omega^2\sin\alpha\right)$$

我们现在用 "=" 符号代替 "<" 符号，从而得到 "仅滑动" 的条件，即平衡的极限。通过三角变换，我们对这两种情况进行单独计算

$$+ \text{号下滑} \quad g\sin(\alpha + \phi) = r_2\omega^2\cos(\alpha + \phi)$$

$$- \text{号上滑} \quad g\sin(\alpha - \phi) = r_1\omega^2\cos(\alpha - \phi)$$

或合并在一起

$$\left.\begin{matrix} r_1 \\ r_2 \end{matrix}\right\} = \frac{g}{\omega^2}\tan(\alpha \mp \phi)$$

因此摩擦力发生在一个有限的区间

$$r_1 < r < r_2$$

在 r 的区间内珠子处于平衡状态。

对于 $\alpha > \phi$(当 $\omega \to 0$ 时珠子滑下) 两个 r 都是正的；ω 越小，两者之间的间隔越大。对于 $\alpha < \phi$(当 $\omega \to 0$ 时珠子处于静摩擦下的平衡状态)，$r_1 = 0$(根据方程，甚至可能是负的) 且只有 r_2 是正的，随着 ω 的增加，r_2 也趋于零。

2. 滑动摩擦

这里适用摩擦定律

$$F = \mu N \tag{4}$$

滑动摩擦系数 μ 大致与速度无关[①]，并且像 μ_0 一样，是取决于材料的性质和表面的条件的一个常数。一般地

$$\mu < \mu_0 \tag{5}$$

如果物体滑动的路径是直线的，N 等于重力 (或垂直于路径的分量)；如果路径是弯曲的，根据式 (11.15)，我们必须加上离心力的作用。

我们用一个极其原始的实验来说明式 (5)，然而，这个实验的结果是非常令人惊讶的。

我们把一根平滑的甘蔗或手杖放在右手和左手的食指上，保持一定的距离。从图 11a 来看，力的分布是

$$A = \frac{b}{a+b}G, \quad B = \frac{a}{a+b}G$$

---

① 铁路运行经验 (车轮与制动器之间的滑动摩擦) 表明在高速 v 时，系数 μ 随速度 v 的减小而单调减小。

现在让两个手指互相靠近, 右手和左手手指交替滑动, 直到手指相遇。它们在杆上的什么地方相遇?

最初让 $A > B$。因此, 滑动从 B 开始, B 不仅在 $a = b$ 时保持运动, 而且还滑动到 $b_1 < a$ 的点, 此时 B 的滑动摩擦力等于 A 的静摩擦力。一般来说有

$$F_{B,sl} = \mu a \frac{G}{a+b}, \quad F_{A,st} = \mu_0 b \frac{G}{a+b}$$

让这两个表达式相等及 $b = b_1$, 我们得到

$$\mu a = \mu_0 b_1, \quad \frac{a}{b_1} = \frac{\mu_0}{\mu} > 1$$

在这一瞬间, 木棒必须开始向 A 移动。摩擦力 $F_{A,st}$ 立即降至 $F_{A,sl} < F_{A,st}$, 所以在 b_1 中, 摩擦力 $F_{B,sl}$ 超过了在 A 中的滑动摩擦力, 即 B 停止了, 并且 $F_{B,sl}$ 变为 $F_{B,st}$。

这个过程现在在每个转折点重复进行。因此, A 和 B 以几何级数 (每次商 $\frac{\mu_0}{\mu}$ 都出现) 趋近于 $a = b = 0$ 杆的质心处。在最后的状态中, 棍子在并列的手指上保持平衡。

现在我们回到静摩擦, 它在纯滚动运动中起着决定性的作用。这听起来似乎有些矛盾, 但正是静摩擦推动火车前进 (汽车也是如此; 滑地上的行人, 也像智者一样, 只靠静摩擦推动自己前进)。蒸汽压力是一种内力, 因此不可能使火车头的质心运动。要做到这一点, 需要外力。这个外力是轨道和车轮之间的反作用力, 也就是静摩擦。

考虑机车的一个从动轮 (图 23)。发动机通过连杆向车轮传递扭矩 L, 它的主要作用是给予轮子旋转加速度。这与纯滚动的条件不相容, 见式 (11.10),

$$\dot{z} = r\omega \tag{6}$$

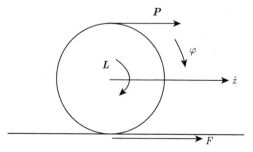

图 23　机车中轮轨之间的相互作用。在纯滚动的情况下, 静摩擦提供了列车的驱动力

设 M 为列车每个驱动轮的质量，R 为运动阻力 (空气阻力、轴承中的摩擦损失等)，I 为车轮的转动惯量，F 为静摩擦力。运动方程变成

$$Mz\ddot{} = F - R$$
$$I\ddot{\phi} = L - Fr \tag{7}$$

静摩擦 F 不能先验确定，但可以由前面的方程得到。我们先把 F 从方程中消去

$$M\ddot{z} = F - R$$
$$M_{\text{red}}\ddot{z} = P - F \tag{8}$$

与式 (7) 是等价的。P 为力矩 L 对应的外周力，M_{red} 如式 (11.8) 所示，为惯性矩 I 对应的折合质量，即

$$L = Pr, \quad I = M_{\text{red}}r^2$$

由式 (8) 可得

$$(M + M_{\text{red}})\ddot{z} = P - R \tag{9}$$

同时，根据式 (8) 的第 1 式，有

$$F = R + \frac{M}{M + M_{\text{red}}}(P - R) = \frac{MP + M_{\text{red}}R}{M + M_{\text{red}}} \tag{10}$$

根据 d'Alembert 原理可以直接推导出式 (9)。式 (8) 的第一式包含了我们对静摩擦 F 是列车运行驱动力的定量证明。在匀速运动的情况下

$$R = F$$

如式 (8) 的第 2 式所示，由蒸汽压力产生的外周力 P 仅仅发挥了导轨静摩擦的作用。

另一个证据是，随着火车的速度越来越快，或者每列火车的载货量越来越大，机车的重量也越来越重。这种情况直接指向 Coulomb 摩擦定律 (1)，即可用的静摩擦极限与法向压力 N 成正比。众所周知的事实是，当轨道太光滑时 (因为冰，或者，举例来说，来自被碾过的迁徙毛毛虫的润滑)，静摩擦失效和滑动发生，这指向式 (1) 中的另一个因素 μ_0，正如所强调的，它取决于轨道表面的状态。当导轨过于光滑时，必须人为增加因子 μ_0，砂光机就是用来增加摩擦因子的。

第 3 章 振 动 问 题

接下来要进行的研究不会教给我们任何关于力学原理的新知识。然而，振动过程对于物理学和工程学的意义是如此之大，以致把它们分开来处理被认为是必不可少的。

§15 单 摆

振动的物体是一个质量为 m 的质点，通过长度为 l 的无质量刚性杆附着在定点 O 上，l 称为单摆的摆长。我们可以忽略悬挂点的摩擦力和空气阻力，因此唯一起作用的力是重力，在 ϕ 增大的方向上，分量为 $-mg\sin\phi$(图 24)。由沿任意路径受力运动的一般运动方程 (11.14)，以及 $v = l\dot{\phi}$(圆形路径)，可得精确方程

$$ml\frac{\mathrm{d}^2\phi}{\mathrm{d}t^2} = -mg\sin\phi \tag{1}$$

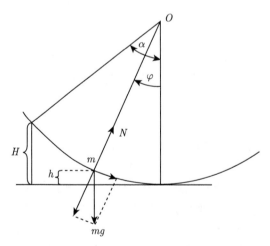

图 24 单摆：沿运动方向的重力分量

对于足够小的振动，$\phi \ll 1$，我们可以取 $\sin\phi = \phi$。引入缩写

$$\frac{g}{l} = \omega^2 \tag{2}$$

得到线性单摆方程

$$\frac{\mathrm{d}^2\phi}{\mathrm{d}t^2} + \omega^2\phi = 0 \tag{3}$$

这就是式 (3.4) 中所讨论的 "简谐振动" 的微分方程。除了因变量的名称外，它与式 (3.23) 相同。式 (3.22) 中定义的圆频率 ω 现在由上面的式 (2) 给出。因此，我们有

$$\omega = \frac{2\pi}{T} = \left(\frac{g}{l}\right)^{1/2}, \quad T = 2\pi\left(\frac{l}{g}\right)^{1/2} \tag{4}$$

注意，T 与质量 m 无关，m 已经在式 (1) 中被去掉了。因此，如果摆长 l 相同，不同的质量具有相同的周期。T 是一个完整的周期，涵盖了一个完整的来回摆动。有时这段时间的一半被指定为振动的周期。因此，我们说的 "秒摆" 是 $\frac{1}{2}T$ 等于 1 s。其长度由式 (4) 计算为

$$l = \frac{g}{\pi^2} \cong 1 \text{ m}$$

在式 (3) 有效的程度上，振动的周期也与摆动的振幅无关，也就是说，小摆振动是等时的。

式 (3) 的通解为

$$\phi = a\sin\omega t + b\cos\omega t$$

如果我们指定在 $t = 0$ 时 $\phi = 0$，而且在 $t = \frac{T}{4}$ 时 $\phi = \alpha$，必须令 $b = 0$ 和 $a = \alpha$，这样

$$\phi = \alpha\sin\omega t \tag{5}$$

式中，α 为 ϕ 的振幅，即以角度 (弧度) 为单位测量的质点的最大位移。

对于有限偏转，由于适用于这种情况的式 (1) 的非线性，等时性被破坏了。为了对式 (1) 进行积分，我们在左右两边乘以 $\frac{\mathrm{d}\phi}{\mathrm{d}t}$，这相当于从运动方程过渡到能量方程。积分后得到

$$\left(\frac{\mathrm{d}\phi}{\mathrm{d}t}\right)^2 = 2\omega^2\cos\phi + C \tag{6}$$

C 由 $\phi = \alpha$ 时 $\frac{\mathrm{d}\phi}{\mathrm{d}t} = 0$ 的条件决定，即

$$C = -2\omega^2\cos\alpha$$

我们也可以直接从能量方程出发。根据图 24 中 H 的含义，我们可以得到

$$\frac{m}{2}l^2\left(\frac{\mathrm{d}\phi}{\mathrm{d}t}\right)^2 + mgh = mgH \tag{6a}$$

其中

$$\begin{cases} h = l(1 - \cos\phi) \\ H = l(1 - \cos\alpha) \end{cases}$$

显然与式 (6) 相同。现在考虑以下等式

$$\cos\phi - \cos\alpha = 2\left(\sin^2\frac{\alpha}{2} - \sin^2\frac{\phi}{2}\right)$$

代入式 (6) 得到

$$\frac{\mathrm{d}\left(\dfrac{\phi}{2}\right)}{\left(\sin^2\dfrac{\alpha}{2} - \sin^2\dfrac{\phi}{2}\right)^{\frac{1}{2}}} = \omega\mathrm{d}t \tag{7}$$

或

$$\int_0^{\frac{\phi}{2}} \frac{\mathrm{d}\left(\dfrac{\phi}{2}\right)}{\left(\sin^2\dfrac{\alpha}{2} - \sin^2\dfrac{\phi}{2}\right)^{\frac{1}{2}}} = \omega t \tag{8}$$

这样，我们就得到了第一类椭圆积分。为了解释这个名词，我们必须顺便说一下 "椭圆的求长"，即椭圆的弧长的测量。我们用椭圆方程的参数形式：

$$\begin{cases} x = a\sin v \\ y = b\cos v \end{cases}$$

据此计算

$$\mathrm{d}s^2 = \mathrm{d}x^2 + \mathrm{d}y^2 = \left(a^2\cos^2 v + b^2\sin^2 v\right)\mathrm{d}v^2$$

$$\mathrm{d}s = \left[a^2 - \left(a^2 - b^2\right)\sin^2 v\right]^{\frac{1}{2}}\mathrm{d}v$$

现在代入

$$k^2 = +\frac{a^2 - b^2}{a^2}\,(< 1, 因为 a > b)$$

求出在短轴端点 $v = 0$ 和椭圆上任意点 v 之间的椭圆的长度

$$s = a \int_0^v \left(1 - k^2 \sin^2 v\right)^{\frac{1}{2}} \mathrm{d}v \tag{9}$$

这是"第二类椭圆积分"。

从函数论的观点来看，第一类椭圆积分是两者中较简单的一种。在 Lagrange 标准形式中就是这样

$$\int_0^v \frac{\mathrm{d}v}{\left(1 - k^2 \sin^2 v\right)^{\frac{1}{2}}}$$

我们将通过变换把积分式 (8) 写成这种形式

$$\sin \frac{\phi}{2} = \sin \frac{\alpha}{2} \cdot \sin v$$

$$\left(\sin^2 \frac{\alpha}{2} - \sin^2 \frac{\phi}{2}\right)^2 = \sin \frac{\alpha}{2} \cos v \tag{10}$$

$$\frac{\mathrm{d}\left(\dfrac{\phi}{2}\right)}{\left(\sin^2 \dfrac{\alpha}{2} - \sin^2 \dfrac{\phi}{2}\right)^{\frac{1}{2}}} = \frac{\mathrm{d}v}{\cos \dfrac{\phi}{2}} = \frac{\mathrm{d}v}{\left(1 - k^2 \sin^2 v\right)^{\frac{1}{2}}}$$

这里"模"k 代表

$$k = \sin \frac{1}{2}\alpha \tag{11}$$

如果我们想计算周期 T，必须代入式 (8)，

$$t = \frac{T}{4} \quad \text{和} \quad \phi = \alpha$$

所以，根据式 (10)，$v = \pi/2$。这样就得到了所谓的"第一类完全积分"，用字母 K 表示：

$$K = \int_0^{\frac{\pi}{2}} \frac{\mathrm{d}v}{\left(1 - k^2 \sin^2 v\right)^{\frac{1}{2}}} \tag{12}$$

ω 由式 (2) 定义，然后我们从式 (8) 得到周期

$$T = 4K \left(\frac{l}{g}\right)^{\frac{1}{2}} \tag{13}$$

从式 (12) 我们可以直接读出

$K = \dfrac{\pi}{2}(k \to 0)$，即根据式 (11)，对应足够小的振幅 α；

$K = \infty(k \to 1)$，即根据式 (11)，$\alpha = \pi, 180°$ 时摆动至直立位置。

在第一种情况下，我们得到了以前的式 (4)，这是可以预料的。在后一种情况下，对这个表达式的偏离达到极限。

一般而言，对式 (12) 进行二项式展开和逐项积分可得到

$$K = \frac{\pi}{2} \left(1 + \frac{k^2}{4} + \frac{9k^4}{64} + \cdots \right)$$

T 的对应表达式为

$$T = 2\pi \left(\frac{l}{g} \right)^{\frac{1}{2}} \left(1 + \frac{1}{4} \sin^2 \frac{\alpha}{2} + \frac{9}{64} \sin^4 \frac{\alpha}{2} + \cdots \right) \tag{14}$$

它以定量的方式给出了有限挠度的等时性偏差。

天文钟的钟摆结构简单，其幅度小于 $a \leqslant 1\dfrac{1}{2}^{°}$。对于它们来说，式 (14) 括号中的第一个修正项大约是 $1/20000$。

§16　复　合　摆

这个问题本质上是一个刚体绕固定轴旋转的问题，已经在 §11 的小节 1 中讨论过了，与之不同的是，外力现在被指定为重力。设 s 是重心 G 到固定轴 O 的距离 (我们在这里故意使用 "重心" 这个词，尽管从式 (3.12) 看，它与质心重合)。此外，设 ϕ 为直线 OG 与垂线的夹角。作用在质量 dm 的各个元素上的重力的总力矩 L 是很明显的。

$$L = -mgs \sin \phi \tag{1}$$

式中，m 为总质量。由式 (11.4) 可知，运动方程为

$$I\ddot{\phi} = -mgs \sin \phi \tag{2}$$

与单摆的运动方程 (15.1) 比较可知，等效单摆，即与复摆具有相同振动周期，摆长 l 为

$$l = \frac{I}{ms} \tag{3}$$

我们用所谓的回转半径 a 来代替 I，定义为

$$I = ma^2 \tag{4}$$

因此，回转半径就是到摆的悬吊点 O 的距离，在这一点上，我们必须集中总质量 m，才能得到实际质量分布的惯量 I。注意: 在式 (11.8) 中，我们引入了一个 "简化质量"，用于初始未知质量 M_{red} 被放置在距离 r 处。这里，相对而言，质量 m 是给定的，我们要找的是这个质量所在的距离 a。

比较式 (3) 和式 (4) 表明 a 是 s 和 l 的几何表达:

$$a^2 = ls \tag{5}$$

现在让我们沿着摆的中心线 OG 从 O 到 l 的等效摆长，这样得到的点 P 称为振动中心 (Huygens 命名)。图 25 给出了 O、G 和 P 的相对位置，我们可以得到 s、a 和 l 的关系图。

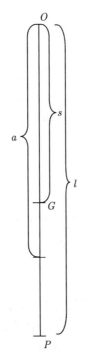

图 25   一个复摆的悬浮点 O、重心 G 和振动中心 P。回转半径 a 是等效摆长 l 和到重心距离 s 的几何平均值

我们现在要求 O 和 P 的角色是可以互换的。到目前为止，O 是悬浮点，P 是振动中心。我们现在把 P 当作悬点，则 O 是振动的中心，这就是可逆摆的原理。

表 2 给出了到目前为止使用的符号。

表 2

悬浮点	振动中心	等效摆长	转动惯量	回转半径	质心距离
O	P	l	I	a	s
P	O'	l_P	I_P	a_P	$l - s$

我们认为

$$l_P = l, \text{ 即 } O' = O$$

证明: 将式 (3) 和式 (4) 改写成相应的新符号, 计算 l_P。我们有

$$l_P = \frac{I_P}{m(l-s)} = \frac{a_P^2}{l-s} \tag{6}$$

现在根据本节补充部分的式 (10) 有

$$a_P^2 = l(l-s) \tag{6a}$$

所以式 (6) 的最后一个量确实等于 l。

　　钟摆用于测定地球表面上或地表下不同点的重力加速度 g。由于在实际中没有单摆, 而且在复摆中, 转动惯量不能精确地计算出来 (不仅因为摆锤的复杂形状, 还因为可能存在内部的不均匀性), 我们不得不借助可逆性摆的实验方法来确定等效摆长。我们可以想象图 25 的钟摆有两个刀锋作为支撑点, 一个在 O, 另一个在 P, P 的边沿朝上, 两者的截面都在图的平面上。P 处的刀口可以用一根千分尺螺丝上下移动。给定一个足够长的观测周期, 可以非常精确地计算出振动的次数来, 因此可以非常精确地确定 O 和 P 左右振动周期时间的相等或不相等, 必要时还可以用千分尺螺钉加以校正。

　　可逆摆的原理是一种普遍的互反关系的第一个例证, 这种关系在物理学的所有分支中都有出现。这种关系的另一个例子是声学和电动力学中源点和场点 (Aufpunkt) 的互换性。

补充: 惯性矩的定理

　　我们知道平行轴定理, 它表示质量为 m 的物体通过任意点 O 绕轴转动的惯量等于它绕平行轴通过质心 G 和 ms^2 的惯量矩之和, s 是 G 到质心 O 的距离。

　　如果 y 是所讨论的轴的方向, x 是从 O 到 G 的方向, 那么某个质量元 $\mathrm{d}m$ 从轴到 O 的距离 r 一定是

$$r^2 = x^2 + z^2$$

这里 x 是从 O 开始测量的。如果相反, 则 x 是从 G 开始测量的, 如图 25 所示, $OG = s$, 我们有

$$r^2 = (x+s)^2 + z^2 = x^2 + z^2 + 2xs + s^2$$

如果对所有 $\mathrm{d}m$ 求和，就得到

$$I = I_G + 2s \int x\mathrm{d}m + ms^2 \tag{7}$$

如果平面 $x = 0$ 通过质心，中间项就消失了 (式 (13.3b))。如果是这样的话

$$I = I_G + ms^2 \tag{8}$$

如上断言。

因此，由图 25 可知

$$I_P = I_G + m(l - s)^2 \tag{8a}$$

但是从式 (8) 和式 (8a) 可得

$$I_P - I = ml^2 - 2mls$$

根据式 (4)，写为

$$a_P^2 - a^2 = l^2 - 2ls \tag{9}$$

或者，由于式 (5)，有

$$a_P^2 = l^2 - ls = l(l - s) \tag{10}$$

这是式 (6a) 中使用的关系式。

§17　圆滚摆 (摆线摆)

这个钟摆是由 Christian Huygens[①]发明的，他是史上最具创造力的钟表匠。这个摆的目的是消除普通单摆的等时性的不足。这是通过使质量点在摆线上而不是在圆弧上移动来实现的。稍后我们将看到这个运动在实践中是如何实现的。

普通摆线的参数表示为

$$\begin{aligned} x &= a(\phi - \sin\phi) \\ y &= a(1 - \cos\phi) \end{aligned} \tag{1}$$

参数 ϕ 是在水平 x 轴上滚动的半径为 a 的轮从其初始位置转向的角度。普通摆线是由车轮外围的一点产生的 (图 26)。

---

① 摆钟论，巴黎 (1673)，《选集》，第十八卷，海牙 (1934)。

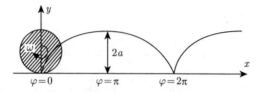

图 26   通过滚动轮外围点产生公共摆线，旋转角度为 φ

对于我们的摆，需要一个摆线，它的尖端在顶部而不是在底部 (参看图 27)；这是通过让车轮滚动在 x 轴的下方而产生的。这样的曲线的 x 是式 (1) 中给出的，而它的 y 是由 $2a$ 减去式 (1) 中给出的 y 得到的

$$
\begin{aligned}
x &= a(\phi - \sin\phi) \\
y &= a(1 + \cos\phi)
\end{aligned}
\tag{2}
$$

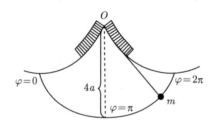

图 27   Huygens 等时摆线摆

重力 mg 沿着轨迹切线的分量 (在我们的例子中是摆线) 是

$$
F_s = -mg\cos(y, s) = -mg\frac{\mathrm{d}y}{\mathrm{d}s}
$$

因此，由一般关系式 (11.14) 得

$$
m\dot{v} = -mg\frac{\mathrm{d}y}{\mathrm{d}s}
\tag{3}
$$

这里，就像在圆摆的例子中，质量 m 在左右两边抵消了。式 (2) 的微分给出

$$
\mathrm{d}x = a(1 - \cos\phi)\mathrm{d}\phi, \quad \mathrm{d}y = -a\sin\phi\,\mathrm{d}\phi
$$

$$
\mathrm{d}s^2 = a^2(2 - 2\cos\phi)\mathrm{d}\phi^2, \quad \mathrm{d}s = 2a\sin\frac{\phi}{2}\mathrm{d}\phi
$$

因此，在我们的例子中

$$
v = \frac{\mathrm{d}s}{\mathrm{d}t} = 2a\sin\frac{\phi}{2}\frac{\mathrm{d}\phi}{\mathrm{d}t} = -4a\frac{\mathrm{d}}{\mathrm{d}t}\cos\frac{\phi}{2}
\tag{4}
$$

和

$$\frac{\mathrm{d}y}{\mathrm{d}s} = -\frac{1}{2}\frac{\sin\phi}{\sin(\phi/2)} = -\cos\frac{\phi}{2} \tag{5}$$

将式 (4) 和式 (5) 代入式 (3)，得到

$$\frac{\mathrm{d}^2}{\mathrm{d}t^2}\cos\frac{\phi}{2} = -\frac{g}{4a}\cos\frac{\phi}{2} \tag{6}$$

这个方程与单摆方程 (即式 (15.3)) 的不同之处在于，因变量现在是 $\cos\dfrac{\phi}{2}$，而不是 ϕ。当然，这对式 (6) 的积分没有影响。因此，前面的式 (15.4) 保持不变，即

$$T = 2\pi\left(\frac{l}{g}\right)^{\frac{1}{2}}, \quad l = 4a \tag{7}$$

后者是因为在式 (6) 中 $4a$ 取代了前面的 l。

式 (15.3) 仅描述单摆的小位移，由精确关系式 (15.1) 通过近似得到。另外，由其积分得到的式 (6) 和式 (7) 对于任意振幅的振动是精确的。于是，摆线摆是严格等时的，它的周期时间与振动的振幅完全无关[①]。

至于所使用的方法,我们注意到在式 (6) 中,质点的运动不是用它的 Cartesian 坐标来表示的，也不是用与摆线曲线有直接关系的某个参数来表示的，而是用产生摆线的车轮的旋转角度 ϕ 的一半来表示的。我们看到这个参数，虽然只是与摆线间接相连，却提供了解决这个问题最简单的方法。对它的介绍使我们初步了解了第 6 章中的一般 Lagrange 方法，使我们能够在运动方程中引入任意参数作为因变量。

和 Huygens 发现摆线摆的等时性一样，值得注意的是，他实际上实现了摆线上的摆锤的无摩擦运动。他利用了一条摆线的渐屈线是另一条摆线的规律，等于生成了一个 (摆)。因此，如果我们在图 27 的点 O 上系上一串长度为 $l = 4a$ 的线，其中两条上摆线弧形成一个尖端，如果这条线被拉紧使它靠在摆线的右边 (或者向左偏转的左边)，弦的端点 P 表示下摆线弧，对摆锤沿下摆线的导向产生影响。用这种方法产生的摩擦力和单摆沿圆弧运动产生的摩擦力一样小。

实际上 Huygens 的想法已经在钟摆的建造实践中被抛弃了；根据 Bessel 等的研究，在钟摆的上端安装一个弹簧就足够了——通常是一个短的弹性板。如果适当地选择板的长度和振动的质量，就可以得到充分的等时性。

[①] 摆线也可以称为等时线 (摆线的摆动是彼此同步的)；它也被称为最速降线 (因为它回答了这个问题，"在受恒定重力作用的情况下，一个质量沿什么曲线滑动才能在最短的时间内穿越两个给定点之间的距离？"事实证明质量在摆线上花费的时间比在直线上或任何其他连接相同点的曲线上花费的时间要少)，最速降线问题之所以更加引人注目是因为变分法的原理就是由此产生的。

§18 球 面 摆

我们要求摆以这样一种方式悬挂，使质量点 m 能够在一个半径为 l(摆的长度) 的球面上自由移动，然后它受到约束条件

$$F = \frac{1}{2}\left(\dot{x}^2 + y^2 + z^2 - l^2\right) = 0 \tag{1}$$

的约束。为了方便，把因子 $1/2$ 加进去了。

这里约束条件的个数为 1, $X_1 = X_2 = 0$, $X_3 = -mg$, 因此, 第一类 Lagrange 方程 (12.9) 为

$$m\ddot{x} = \lambda x$$
$$m\ddot{y} = \lambda y \tag{2}$$
$$m\ddot{z} = -mg + \lambda z$$

鉴于式 (13.13) 和式 (13.13a), 从式 (2) 的前两个方程中消去 λ, 得到了关于 z 轴的角动量的守恒性, 或者, 面积速度的守恒

$$x\frac{\mathrm{d}y}{\mathrm{d}t} - y\frac{\mathrm{d}x}{\mathrm{d}t} = 2\frac{\mathrm{d}S}{\mathrm{d}t} = C \quad (S = \text{扫出的区域}) \tag{3}$$

另外, 如果我们将 Lagrange 方程 (2) 乘以 $\dot{x}$、$\dot{y}$、$\dot{z}$, 就得到能量方程, 因为条件式 (1) 与 t 无关 (参见第 12 节)。增加换算

$$m(\dot{x}\ddot{x} + \dot{y}\ddot{y} + \dot{z}\ddot{z}) = -mg\dot{z} + \lambda(x\dot{x} + y\dot{y} + z\dot{z}) \tag{4}$$

但是由式 (1) 可得

$$\frac{\mathrm{d}F}{\mathrm{d}t} = x\dot{x} + y\dot{y} + z\dot{z} = 0$$

另外, 显然有

$$\dot{x}\ddot{x} + \dot{y}\ddot{y} + \dot{z}\ddot{z} = \frac{1}{2}\frac{\mathrm{d}}{\mathrm{d}t}(\dot{x}^2 + \dot{y}^2 + \dot{z}^2) = \frac{1}{2}\frac{\mathrm{d}v^2}{\mathrm{d}t}$$

积分式 (4) 则得到

$$\frac{m}{2}v^2 = -mgz + \text{常数} \tag{5}$$

我们应该写出以下形式:

$$T + V = E, \quad V = mgz \tag{5a}$$

最后分别将 Lagrange 方程乘以 x、y、z。借助式 (1)，我们可以计算 λ，

$$\lambda l^2 - mgz = m(x\ddot{x} + y\ddot{y} + z\ddot{z})$$

或

$$\lambda l = mg\frac{z}{l} + m\left(\frac{x}{l}\ddot{x} + \frac{y}{l}\ddot{y} + \frac{z}{l}\ddot{z}\right) \tag{6}$$

球面点 x、y、z 的法线方向是余弦 $\dfrac{x}{l}$、$\dfrac{y}{l}$、$\dfrac{z}{l}$，所以除了符号，右边的第二项正是惯性力 F_n^*，垂直于球面；同样，右边的第一项，除了符号，是重力的分量 F_n，方向相同。根据 d'Alembert 的理论，这两者的和必须由球体表面的作用 R_n 来平衡，或者，从物理上讲，由钟摆悬架的张力来平衡。因此，式 (6) 的意义可以用这个方程简单地概括出来

$$\lambda l = -(F_n + F_n^*) = R_n \tag{7}$$

我们注意到，带有一个因子 l，λ 是条件 (1) 施加在运动上的约束，这个约束作用于垂直于运动的方向。相应的表述在更一般的情况下也成立，其中有几个约束条件，就有几个 Lagrange 乘子。

为了对式 (5) 进行第二次积分，我们选用球坐标为

$$x = l\cos\phi\sin\theta$$

$$y = l\sin\phi\sin\theta$$

$$z = l\cos\theta$$

有

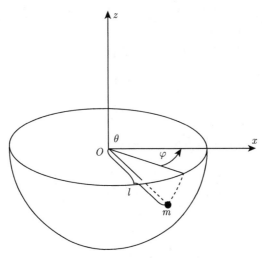

图 28　质量为 m 的质点的球摆在重力作用下沿半径为 l 的球体表面的运动

$$\dot{x} = l\dot{\theta}\cos\phi\cos\theta - l\dot{\phi}\sin\phi\sin\theta$$

$$\dot{y} = l\dot{\theta}\sin\phi\cos\theta + l\dot{\phi}\cos\phi\sin\theta$$

$$\dot{z} = -l\dot{\theta}\sin\theta$$

角动量守恒方程 (3) 变成

$$2\frac{\mathrm{d}S}{\mathrm{d}t} = x\dot{y} - y\dot{x} = l^2\sin^2\theta\cdot\dot{\phi} = C \tag{8}$$

由能量方程 (5a)

$$\frac{ml^2}{2}\left(\dot{\theta}^2 + \sin^2\theta\dot{\phi}^2\right) + mgl\cos\theta = E \tag{9}$$

变量的进一步变化

$$u = \cos\theta, \quad \dot{\theta} = -\frac{1}{(1-u^2)^{\frac{1}{2}}}\frac{\mathrm{d}u}{\mathrm{d}t}$$

式 (8) 变换为

$$\dot{\phi} = \frac{C}{l^2\left(1-u^2\right)} \tag{10}$$

式 (9) 变换为

$$\left(\frac{\mathrm{d}u}{\mathrm{d}t}\right)^2 = U(u) = \frac{2}{ml^2}(E - mglu)\left(1-u^2\right) - \frac{C^2}{l^4} \tag{11}$$

因为 t 与 u 的关系，我们得到 t 与 u 的函数关系

$$t = \int \frac{\mathrm{d}u}{U^{\frac{1}{2}}} \tag{12}$$

由式 (10) 和式 (11)，式 (10) 可以写成积分形式

$$\frac{\mathrm{d}\phi}{\mathrm{d}u} = \dot{\phi}\cdot\frac{\mathrm{d}t}{\mathrm{d}u} = \frac{C}{l^2\left(1-u^2\right)}\frac{1}{U^{\frac{1}{2}}}$$

由此可得

$$\phi = \frac{C}{l^2}\int\frac{\mathrm{d}u}{1-u^2}\cdot\frac{1}{U^{\frac{1}{2}}} \tag{13}$$

U 是 $u = \cos\theta$ 的三次函数。$U^{\frac{1}{2}}$ 只有在 $U > 0$ 时才是实数,如果方程的常数对应一个实际的物理问题,在下面区间内必须有两个值 $u = u_2 < u = u_1$ 成立:

$$-1 < u < +1$$

两者之间 U 为正 (图 29)。

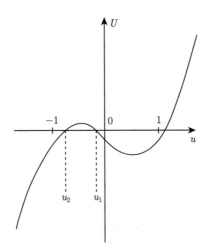

图 29 $U(u)$ 的三次曲线及其与横坐标 $u = u_1$ 和 $u = u_2$ 的交点,$u_2 < u_1 < 0$ 表示轨迹位于下半球

$u_1 = \cos\theta_1$ 和 $u_2 = \cos\theta_2$ 是质量点来回振动的两个纬度。如果式 (12) 或式 (13) 的积分达到 u 的这些极限之一,不仅积分的方向,$U^{\frac{1}{2}}$ 也必须改变符号,以使积分保持实数和正数。在两个连续的转折点之间,整个振动周期的四分之一将消逝,即

$$\frac{T}{4} = \int_{u_2}^{u_1} \frac{\mathrm{d}u}{U^{\frac{1}{2}}} \tag{14}$$

请注意,现在的振动不再像钟摆在平面上运动那样在空间中具有周期性,而是被一个缓慢的进动所修正。在一个完整的周期 T 中,质量前进 (或后退) 的进动角度 $\Delta\phi$ 由式 (13) 计算为

$$2\pi + \Delta\phi = \frac{4C}{l^2} \int_{u_2}^{u_1} \frac{\mathrm{d}u}{(1 - u^2)\,U^{\frac{1}{2}}} \tag{15}$$

这个进动在图 30 中得到了说明,摘自 A. G. Webster 的《质点动力学》,Leipzig, Teubner(1912),第 51 页。

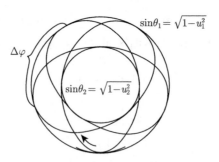

图 30 "鸟瞰图" 中球形摆线的轨迹, 旋进角为 $\Delta\phi$。从 θ_1 到 θ_2 回到 θ_1 的通道对应一个半周期, $\Delta\phi$ 因此进入了一个完整的循环

积分式 (12) 是第一类椭圆积分, 就像单摆的积分式 (15.8) 一样。这是一个通用的名称, 适用于所有的积分, 其被积函数的积分变量在分母中包含一个三次或四次多项式的平方根。通过引入变换 $u = \sin\phi/2$, 可以看出式 (15.8) 的积分变量在本节中变成了 u, 若进一步令 $a = \sin\alpha/2$, 式 (15.8) 变为

$$\int \frac{\mathrm{d}u}{\left[(a^2 - u^2)\,(1 - u^2)\right]^{\frac{1}{2}}}$$

特别地, T 的表达式是式 (14), 与式 (15.12) 一样, 是第一类完全积分。另外, 分母中有两个因子 $(1 \pm u)$ 和 $U^{\frac{1}{2}}$ 的积分方程 (13) 是 "第三种椭圆积分", 而式 (15) 也是 "第三种完全椭圆积分"。

问题 III.1 表明, 对于无限小振动, 表示球摆运动的方程是基本方程, 进动角为 $\Delta\phi \to 0$。

§19 各种类型的振动: 自由和强迫 阻尼和无阻尼振动

自由的无阻尼的振动已在 §3 的小节 4 中讨论过, 我们称之为谐振。在这一点上, 我们首先考虑无阻尼和强迫振动。

我们取它们的微分方程

$$m\ddot{x} + kx = c\sin\omega t \tag{1}$$

这里 $\omega = \dfrac{2\pi}{T}$ 是驱动力的圆频率。

在这里已对微分方程中因变量 x 进行线性化, 无论如何, 对于小的振动 (参考单摆), 这是允许的。这句话同样适用于本节和 §20 中的其他示例。

像式 (3.19) 一样，恢复力为 $-kx$；式 (1) 中的 c 为引起质点振动的驱动力的振幅。

由于增加了右边的项，式 (1) 是一个非齐次线性微分方程。方程的左边，当设为 0 时则给出了相关的齐次微分方程，如前面提到的式 (3.23)。

给出了非齐次微分方程的一个特解

$$x = C \sin \omega t$$

C 必须满足方程

$$C \left(k \quad m\omega^2 \right) = c$$

如果以式 (3.20) 为模型，则

$$\omega_0 = \left(\frac{k}{m} \right)^{1/2} \tag{2}$$

我们得

$$C = \frac{c/m}{\omega_0^2 - \omega^2} \tag{3}$$

式 (1) 的通解由此特解和相应齐次方程的通解构成:

$$x = C \sin \omega t + A \cos \omega_0 t + B \sin \omega_0 t \tag{4}$$

对于 $\omega = \omega_0$，第一项的振幅 C 随 ω 的增加而增大，直至无穷大；然后它跳到负无穷，随着 $\omega \to \infty$ 的增大，它以绝对值缓慢地向 0 趋近。

实际上，当 C 为负时振幅不改变符号，因为根据定义振幅是正的。因此，我们继续用 $|C|$ 来定义振幅，并将发生的符号变化放入正弦因子中，在正弦因子中，它表现为相位变化 $\delta = \pm \pi$。

上述情况如图 3l(a)、(b) 所示，其中 $|C|$ 和 δ 被绘制为 ω 的函数。

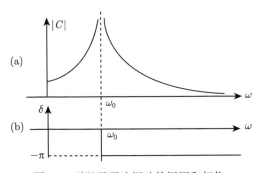

图 31 无阻尼强迫振动的振幅和相位

　　在图 31(b) 中，我们不能预先决定 $\omega > \omega_0$ 的相位是否超前或滞后，即我们是取 $\delta = +\pi$ 还是 $\delta = -\pi$。然而，我们将预期并考虑无阻尼振动作为阻尼振动的一种限制情况 (见下文)。这使我们决定用 $-\pi$，这样式 (4) 的第一项可以写得更详细一些，

$$x = \frac{c/m}{\omega^2 - \omega_0^2} \sin(\omega t - \pi), \quad \omega > \omega_0 \tag{4a}$$

$\omega = \omega_0$ 的振幅变得无穷大的事实说明了自由振动和强迫振动之间的共振现象，这是一个在所有物理中都起着重要作用的现象。式 (3) 和式 (4a) 中分母的消失导致无限振幅，称为 "共振分母"。可以直观地看出，振动系统的固有频率越接近驱动力的固有频率，系统就越能遵循驱动力的固有频率。

　　偶然地，我们必须记住，当我们推断出共振的无限振幅时，是犯了总的外推法的错误，因为在几乎所有情况下，我们的线性微分方程只适用于无穷小的振动。

　　到目前为止，我们已经把所有的注意力都集中在式 (4) 中右边元素的第一项上，其他两项由初始条件决定。令

$$t = 0时， \quad x = 0, \dot{x} = 0$$

由式 (4) 知

$$A = 0, \omega C + \omega_0 B = 0, \quad 所以 \quad B = -\frac{\omega}{\omega_0} C$$

得

$$x = C \left(\sin \omega t - \frac{\omega}{\omega_0} \sin \omega_0 t \right) \tag{5}$$

我们通过考虑两个频率 ω 和 ω_0 近共振的特殊情况，使这个方程的内容更清楚。

　　我们令

$$\omega = \omega_0 + \Delta\omega$$

展开为

$$\sin \omega t - \frac{\omega}{\omega_0} \sin \omega_0 t = \sin \omega_0 t + t\Delta\omega \cos \omega_0 t - \sin \omega_0 t - \frac{\Delta\omega}{\omega_0} \sin \omega_0 t$$

由式 (5) 得

$$x = C\Delta\omega \left(t \cos \omega_0 t - \frac{1}{\omega_0} \sin \omega_0 t \right)$$

由于式 (3)，在极限 $\Delta\omega = 0$ 中

$$x = \frac{c}{2m\omega_0^2}(\sin\omega_0 t - \omega_0 t \cos\omega_0 t) \tag{6}$$

其振动类型，如图 32 所示，不再像自由振动那样具有周期性。事实上，t 作为长期项出现在式 (6) 中 (即不再仅仅出现在三角函数的参数中)。对于 $t \longrightarrow \infty$，在 $\omega = \omega_0$ 的情况下，振幅接近 $C = \infty$ 值，如图 31 所示。

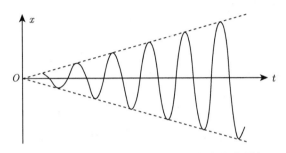

图 32 自由振动和强迫振动的共振 (振幅长期增加)

接下来我们讨论自由的阻尼振动。

微分方程如下：

$$m\ddot{x} + kx = -\omega\dot{x} \tag{7}$$

右边的摩擦项与速度成正比，这一假设在缓慢、层流 (= 非湍流) 的流体力学 (如空气阻力) 中得到了证明。

式 (7) 是齐次线性微分方程。之前我们说过

$$\frac{k}{m} = \omega_0^2, \quad \omega_0 = \text{无阻尼固有频率} \tag{7a}$$

我们也方便地改变符号

$$\frac{\omega}{m} = 2\rho, \quad \rho > 0$$

式 (7) 的形式如下：

$$\ddot{x} + 2\rho\dot{x} + \omega_0^2 x = 0 \tag{8}$$

式 (3.23) 中描述的方法现在证明了它的全部价值。在这里，我们将

$$x = Ce^{\lambda t} \tag{8a}$$

代入式 (8) 中，从而得到 λ 的特征方程

$$\lambda^2 + 2\rho\lambda + \omega_0^2 = 0$$

有两个根

$$\lambda = -\rho \pm \left(-\omega_0^2 + \rho^2\right)^{\frac{1}{2}} = \left\{ \begin{array}{l} \lambda_1 \\ \lambda_2 \end{array} \right.$$

因此，式 (8a) 必须推广为

$$x = C_1 e^{\lambda_1 t} + C_2 e^{\lambda_2 t} \tag{8b}$$

我们现在区分两种情况: (1) $\rho < \omega_0$; (2) $\rho > \omega_0$。

第一种情况通常是在实践中普遍存在的，运动是振幅衰减的周期振动。第二种情况是强阻尼或 "非周期" 阻尼。在这两种情况下，我们都要通过施加初始条件来确定运动。例如，$t = 0$ 时 $x = 0$，由式 (8b) 得 $C_2 = -C_1$。

(1) $\rho < \omega_0$。

$$\lambda = -\rho \pm \mathrm{i} \left(\omega_0^2 - \rho^2\right)^{\frac{1}{2}}$$
$$x = 2C_1' e^{-\rho t} \sin \left(\omega_0^2 - \rho^2\right)^{\frac{1}{2}} t$$

对于小的 ρ 周期时间

$$T = \frac{2\pi}{\left(\omega_0^2 - \rho^2\right)^{1/2}}$$

与无阻尼振动的差别不大。$e^{-\rho t}$ 为阻尼因子，ρT 为对数衰减量。

(2) $\rho > \omega_0$。λ_1 和 λ_2 是实数，我们得到

$$x = 2C_1 e^{-\rho t} \sinh \left(\rho^2 - \omega_0^2\right)^{1/2} t$$

这里 sinh 是双曲正弦。

最后我们将讨论一种振动类型，即阻尼、强迫振动，它包括了迄今为止考虑的所有振动类型。

我们把它们的微分方程写成如下形式:

$$m\ddot{x} + w\dot{x} + kx = c\sin\omega t$$

或者，用式 (7a)、式 (7b) 中定义的缩写

$$\ddot{x} + 2\rho\dot{x} + \omega_0^2 x = \frac{c}{2mi} \left(e^{\mathrm{i}\omega t} - e^{-\mathrm{i}\omega t}\right) \tag{9}$$

对于齐次方程的一般积分式 (8b)，我们现在必须加上一个特解，把它写成如下形式：

$$x = |C|\sin(\omega t + \delta) = \frac{|C|}{2\mathrm{i}}\left[\mathrm{e}^{\mathrm{i}(\omega t+\delta)} - \mathrm{e}^{-\mathrm{i}(\omega t+\delta)}\right]$$

让我们将它引入式 (9) 中。比较 $\mathrm{e}^{\pm\mathrm{i}\omega t}$ 左右的因子，得到

$$|C|\left(-\omega^2 + 2\mathrm{i}\rho\omega + \omega_0^2\right)\mathrm{e}^{\mathrm{i}\delta} = \frac{c}{m}$$

$$|C|\left(-\omega^2 - 2\mathrm{i}\rho\omega + \omega_0^2\right)\mathrm{e}^{-\mathrm{i}\delta} = \frac{c}{m}$$

这两个关系式分别相乘和相除得到

$$|C|^2 = \left(\frac{c}{m}\right)^2 \frac{1}{\left(\omega_0^2 - \omega^2\right)^2 + 4\rho^2\omega^2}$$

$$\mathrm{e}^{2\mathrm{i}\delta} = \frac{\omega_0^2 - \omega^2 - 2\mathrm{i}\rho\omega}{\omega_0^2 - \omega^2 + 2\mathrm{i}\rho\omega}$$

相应地

$$|C| = \frac{c}{m}\frac{1}{\left[\left(\omega_0^2-\omega^2\right)^2+4\rho^2\omega^2\right]^{\frac{1}{2}}} \tag{10}$$

$$\tan\delta = \frac{1}{\mathrm{i}}\frac{\mathrm{e}^{2\mathrm{i}\delta}-1}{\mathrm{e}^{2\mathrm{i}\delta}+1} = -\frac{2\rho\omega}{\omega_0^2-\omega^2} \tag{11}$$

图 33 中将 ω 的两个函数的图与图 31(a)、(b) 进行比较。

图 33 显示，由于阻尼的作用，我们原来的无限共振极大值被降低到一个有限值 (顺便注意，该极大值不再出现在精确的点 $\omega = \omega_0$，而是出现在一个较小的点 ω；见问题 III.2)。

图 33 还表明，随着 ω 的增加，δ 从 $\omega = 0$ 处的 0 值到负值；对于 $\omega = \omega_0$，它正好等于 $-\frac{1}{2}\pi$，并且随着 $\omega \to \infty$ 趋近于 $-\pi$。因此，当我们处理无阻尼情况时，已经证明了 $\pm\pi$ 之间的任意选择 (在图 31 中)。事实上，我们现在看到，振动的相位总是滞后于驱动力的相位。关于强迫振动的其他例子见问题 III.3 和 III.4。

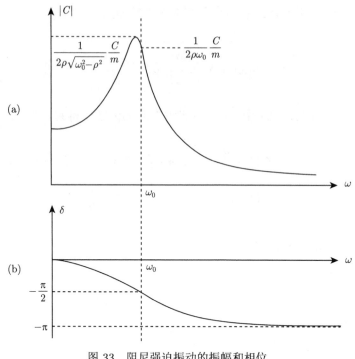

$$\frac{1}{2\rho\sqrt{\omega_0^2-\rho^2}}\frac{C}{m}$$

$$\frac{1}{2\rho\omega_0}\frac{C}{m}$$

图 33　阻尼强迫振动的振幅和相位

§20　谐　　振

　　到目前为止所考虑的振动类型都是关于一个质量点的。我们现在要处理的振动类型涉及两个能够振动的质量，这两个质量相互之间是弱耦合的。多年来，交感振动在电测量中一直很重要。这里提到了一次电路和二次电路，后者通常与前者 "感应" 耦合。一次电路振动 ("被激励")，因此二次电路也同样振动，如果谐振盛行，这种振动尤其强烈。事实上，无线电中广泛使用的 "双调谐耦合级" 是由一个初级电路和一个调谐到前者的次级电路组成。在这里，我们当然要把自己限制在耦合的机械振动上，它经常被用作电气振动的模型。

　　所谓的 "耦合摆" 提供了交感振动的一个典型的例子。在共振的情况下，这是两个同样长、同样重的钟摆。我们可以把它们最简单地想象成在同一个平面上振动，它们的耦合可以通过如图 34 所示的螺旋弹簧来实现。如果弹簧对两个摆的相对运动产生了轻微的阻力，我们就称之为弱耦合；在弹簧张力较大的情况下，我们称之为强耦合。我们假设摆的耦合是弱的。如果摆的长度或重量不是完全相等，我们就说它们 "走调" 或 "失谐"。

　　我们首先描述在共振情况下观察到的现象。

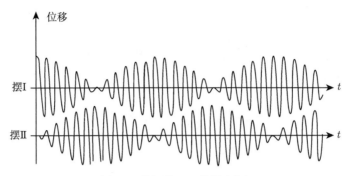

图 34 共振情况下的耦合摆

让第一个摆被激发，第二个摆一开始是静止的。在图 35 中，我们画了一幅由此产生的振动图。

每个钟摆的振动都被调制。能量在一个摆和另一个摆之间交替，当一个摆以最大振幅振动时，另一个摆处于静止状态。

相反，如果 (图 35) 两个钟摆同时运动，强度相等，方向相同 (图 35(a)) 或方向相反 (图 35(b))，就没有能量交换。我们这两个振动模态称为两自由度耦合系统的简正振动模态。我们有一个一般的规律，即 n 个自由度的振动系统有 n 个固有振动模态。

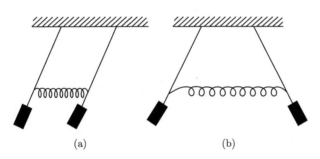

(a)   (b)

图 35 共振中耦合摆的两种正态振动

另外，如果摆失调，能量交换肯定会发生，但这种交换具有这样一种性质，即最初被激发的摆具有最小的振幅，不同于零。只有最初处于静止状态的钟摆才会在运动过程中再次达到静止状态。因此，两个钟摆的"共振"被不完美的调谐所打破。

现在我们简述完全共振的理论，作出最简单的假设：我们忽略所有的阻尼，对于足够小的位移，允许用振子最低点的切线近似表示圆形轨迹。设 x_1 为摆 I 的振幅，x_2 为摆 II 的振幅，称 k 为"耦合系数"，即单位长度伸长引起的弹簧张力除以其中一个摆的质量。该问题的联立微分方程为

$$\ddot{x}_1 + \omega_0^2 x_1 = -k\left(x_1 - x_2\right)$$
$$\ddot{x}_2 + \omega_0^2 x_2 = -k\left(x_2 - x_1\right) \tag{1}$$

如果我们在式 (1) 中引入下式:

$$z_1 = x_1 - x_2, \quad z_2 = x_1 + x_2 \tag{2}$$

用减法和加法可以得到两个方程:

$$\ddot{z}_1 + \omega_0^2 z_1 = -2kz_1 \quad \text{或} \quad \ddot{z}_1 + \left(\omega_0^2 + 2k\right) z_1 = 0$$
$$\ddot{z}_2 + \omega_0^2 z_2 = 0 \tag{3}$$

相应的频率分别为

$$\text{对于} z_1 : \omega = \left(\omega_0^2 + 2k\right)^{\frac{1}{2}} \cong \omega_0 + \frac{k}{\omega_0}$$
$$\text{对于} z_2 : \omega' = \omega_0 \tag{4}$$

式 (3) 的通解为

$$z_1 = a_1 \cos \omega t + b_1 \sin \omega t$$
$$z_2 = a_2 \cos \omega' t + b_2 \sin \omega' t \tag{5}$$

在 $t = 0$ 时, 令

$$x_2 = \dot{x}_2 = 0, \quad \dot{x}_1 = 0, \quad x_1 = C \tag{6}$$

给出

$$\dot{z}_1 = \dot{z}_2 = 0, \quad z_1 = z_2 = C \tag{7}$$

得到

$$b_1 = b_2 = 0, \quad a_1 = a_2 = C \tag{8}$$

所以

$$z_1 = C \cos \omega t, \quad z_2 = C \cos \omega' t$$

最终

$$x_1 = \frac{z_2 + z_1}{2} = C \cos \frac{\omega' - \omega}{2} t \cdot \cos \frac{\omega' + \omega}{2} t$$
$$x_2 = \frac{z_2 - z_1}{2} = -C \sin \frac{\omega' - \omega}{2} t \cdot \sin \frac{\omega' + \omega}{2} t \tag{9}$$

弱耦合时，根据式 (4) 有 $\dfrac{\omega - \omega'}{2} \cong \dfrac{k}{2\omega_0} \ll 1$，式 (9) 中的第一个因子随时间缓慢变化，也正是这种情况决定了图 34 所示的振动中的节拍。

如果两个摆不协调，即 $l_1 \neq l_2$ 或/和 $m_1 \neq m_2$，这个理论就不那么简单了。设 c 为弹簧因单位伸长而产生的张力，我们现在代入

$$\omega_1^2 = \frac{g}{l_1}, \quad \omega_2^2 = \frac{g}{l_2}, \quad k_1 = \frac{c}{m_1}, \quad k_2 = \frac{c}{m_2}$$

替换式 (1)，得到初始方程

$$\begin{aligned} \ddot{x}_1 + \omega_1^2 x_1 &= -k_1 \left(x_1 - x_2\right) \\ \ddot{x}_2 + \omega_2^2 x_2 &= -k_2 \left(x_2 - x_1\right) \end{aligned} \tag{10}$$

这里同样有两种正常模态，可由式 (3.24) 中所述方法的扩展得到 (在式 (1) 中，我们能够使用一种特别适合那种情况的、更简便的方法，这种方法一般情况下不通用)。我们代入

$$x_1 = A\mathrm{e}^{\mathrm{i}\lambda t}, \quad x_2 = B\mathrm{e}^{\mathrm{i}\lambda t} \tag{11}$$

由式 (10) 得到两个特征方程

$$\begin{aligned} A\left(\omega_1^2 - \lambda^2 + k_1\right) &= k_1 B \\ B\left(\omega_2^2 - \lambda^2 + k_2\right) &= k_2 A \end{aligned} \tag{12}$$

由式 (12) 得到的所谓久期方程[①]，是关于 λ^2 的二次方，因为

$$\frac{B}{A} = \frac{\omega_1^2 - \lambda^2 + k_1}{k_1} = \frac{k_2}{\omega_2^2 - \lambda^2 + k_2} \tag{13}$$

所以

$$\left[\lambda^2 - \left(\omega_1^2 + k_1\right)\right]\left[\lambda^2 - \left(\omega_2^2 + k_2\right)\right] = k_1 k_2 \tag{14}$$

对于小的 k_1、k_2，式 (14) 有两个近似根

$$\lambda^2 = \begin{cases} \omega_1^2 + k_1 + \dfrac{k_1 k_2}{\omega_1^2 - \omega_2^2} \\[3mm] \omega_2^2 + k_2 + \dfrac{k_1 k_2}{\omega_2^2 - \omega_1^2} \end{cases} \tag{15}$$

---

① 这个词起源于天体力学的摄动理论。

我们用 ω^2 和 ω'^2 来表示特征方程的这两个根，并利用线性微分方程解的叠加原理，用与式 (3.24b) 相同的方法推广了暂定解式 (11)。将通解写成以下形式：

$$x_1 = a\cos\omega t + b\sin\omega t + a'\cos\omega't + b'\sin\omega't$$
$$x_2 = \gamma a\cos\omega t + \gamma b\sin\omega t + \gamma'a'\cos\omega't + \gamma'b'\sin\omega't$$

(16)

这里，γ 和 γ' 是 B/A 的特定值，分别是由 $\lambda^2 = \omega^2$ 和 $\lambda^2 = \omega'^2$ 产生。

让我们再一次把 $t = 0$ 时的初始条件设为

$$x_2 = 0, \quad \dot{x}_2 = 0, \quad \dot{x}_1 = 0, \quad x_1 = C$$

结果为

$$\gamma a + \gamma'a' = 0, \quad \gamma\omega b + \gamma'\omega'b' = 0$$
$$\omega b + \omega'b' = 0, \quad a + a' = C$$

(17)

可得

$$b = b' = 0$$

和

$$a = \frac{\gamma'}{\gamma' - \gamma}C, \quad a' = \frac{\gamma}{\gamma - \gamma'}C$$

如果把这些值代入式 (16)，有

$$x_1 = \frac{C}{\gamma' - \gamma}\left(\gamma'\cos\omega t - \gamma\cos\omega't\right)$$
$$x_2 = \frac{C}{\gamma' - \gamma}\gamma\gamma'\left(\cos\omega t - \cos\omega't\right)$$

(18)

在 x_2 的方程中，我们可以进行式 (9) 中的三角变换，得到

$$x_2 = \frac{2\gamma\gamma'}{\gamma - \gamma'}C\sin\frac{\omega' - \omega}{2}t \cdot \sin\frac{\omega' + \omega}{2}t$$

(19)

我们看到第二个钟摆仍然在这个时刻静止

$$\frac{\omega' - \omega}{2}t = n\pi$$

但第一个钟摆却不是这样。当 x_2 的振幅达到最大值时 [参见式 (18) 的第一式和图 36] 第一个摆保持有限振幅。不完美的调谐导致能量的不完全转移。

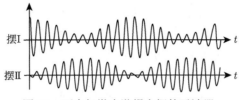

图 36 两个轻微失谐耦合摆的示波器

如果我们想把上述理论应用于电学现象，就必须把它扩展到包括钟摆的阻尼。阻尼在 Ohmic 电阻中有其电气模拟 (我们的加速度项对应于自感，恢复力对应于电容效应)。此外，在分析耦合电路中的电振动时，除了引入 "位置耦合" 外，还需要引入 "加速度和速度耦合"，$[k$ 乘以 $\pm(x_2 - x_1)]$ 是在我们的力学问题中唯一考虑到的耦合类型。

在问题 III.5 中，我们将研究一种实验上方便布置的运动，在这种布置中，摆以双股悬挂在一根挠性导线上，并不是在它们的静止位置的平面上，而是在垂直于静止位置的平面上摆动。

一个有趣的安排是，两个耦合的钟摆，可以说是在同一个物体中实现的，那就是一个摆动的螺旋弹簧[①]。

这样的弹簧 (图 37) 不仅能够沿其 (y) 轴振动，而且能够绕该 (x) 轴旋转振

图 37 螺旋弹簧的扭转和挠度振动

[①] 关于细节，读者可以参考 Wuellner-Festschrift,Teubner (1905)：Lissajous 图形和振动螺旋弹簧的共振效应；它们在确定泊松比中的应用。

动。对于有限位移，这两种运动之间的耦合是由弹簧本身产生的。因为如果弹簧被垂直向下拉，就会受到侧向力；弹簧试图沿着导线的方向缩回以展开自己。另外，如果弹簧卷起来，它会沿着 y 轴缩短自己。换句话说，如果激发 y 方向的振动，就会诱发 x 方向的振动，反之亦然 (注: 对于材料上的弹性应力，y 振动为扭转振动，x 振动为挠度振动。有关本系列的详细信息，请参阅本系列的第二卷)。

利用可调质量 Z，可以使垂直振动和水平振动达到精确或近似的共振。如果两个振动中的一个被激发，就会发生图 34 或图 36 所示的振幅交换。

§21　双　　摆

正如 §20 的开始，我们将首先描述所涉及的经验现象。

我们在一个重摆 (例如一个枝形吊灯) 上悬挂一个具有相同振动周期的轻摆 (图 38)。让我们给重摆一个突然的冲击，轻摆将开始剧烈的运动，它突然下降并在短时间内回归静止。在这一瞬间，我们可以感觉到，原来实际上是静止不动的重摆，现在开始明显地摆动起来。然而，这种摆动很快就停止了，因此，在它的转动中，轻摆又开始以相当大的活力运动，以此类推。

如前所述，我们要求两个悬挂物的质量 M 和 m 不相等，但有相等的长度，即 L 和 l 近似相等。令

$$\frac{m}{M} = \mu \ll 1$$

我们把重摆的位移 X 及轻摆的位移 x 当作小的量，这样就可以再一次用它们的切线来近似表示圆弧。因此，我们还必须保持角 ϕ 和 ψ 够小 (如图 38 所示，ψ 属于相对位移 $x - X$)，因此可得

$$\sin\phi = \phi = \frac{X}{L}, \quad \sin\psi = \psi = \frac{x - X}{l},$$
$$\sin(\psi - \phi) = \psi - \phi = \frac{x - X}{l} - \frac{X}{L} \tag{1}$$
$$\cos\phi = \cos\psi = \cos(\phi - \psi) = 1$$

上摆不仅受到重力的作用，而且受到下摆的作用；弦张力[①]$S \approx mg\cos\psi$ 对 M 运动有一个切向分量 $-mg\cos\psi\sin(\phi - \psi)$。这样我们就得到了运动方程

[①] 在目前的基本处理中，我们必须引入这个张力 S 作为一个描述性的辅助量；以后用一般 Lagrange 方法分析同一问题时，这一步骤就显得多余了。为了确定 S，我们推理如下：轻弹体悬浮时的张力与重力和惯性力 (离心力) 处于平衡状态；后者是二阶小的量，因此可以忽略。然后我们有如上所述的 $S = mg\cos\psi$。

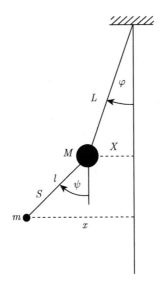

图 38　双摆的原理图

$$M\ddot{X} = -M\frac{g}{L}X + mg\left(\frac{x-X}{l} - \frac{X}{L}\right)$$
$$m\ddot{x} = -m\frac{g}{l}(x-X) \tag{2}$$

或者更适当的形式

$$\ddot{X} + \left(\frac{g}{L} + \mu\frac{g}{l} + \mu\frac{g}{L}\right)X = \mu\frac{g}{l}x$$
$$\ddot{x} + \frac{g}{l}x = \frac{g}{l}X \tag{3}$$

从现在起，令 $L = l$，并引入

$$\omega_0^2 = \frac{g}{l} \tag{4}$$

我们的式 (3) 变为

$$\ddot{X} + \omega_0^2(1+2\mu)X = \mu\omega_0^2 x$$
$$\ddot{x} + \omega_0^2 x = \omega_0^2 X \tag{5}$$

这些运动方程表明，上摆与下摆之间存在 μ 倍的弱耦合，反之亦然。

为了积分式 (5)，我们使用类似于式 (20.11) 的替换，

$$x = Ae^{i\lambda t}, \quad X = Be^{i\lambda t} \tag{6}$$

从式 (5) 可得

$$A \left(\omega_0^2 - \lambda^2 \right) = B\omega_0^2$$
$$B \left[\omega_0^2 (1 + 2\mu) - \lambda^2 \right] = A\mu\omega_0^2 \tag{7}$$

如果让从两个方程得到的 B/A 的两个值相等, 就由此得到了 λ^2 的二次方程:

$$\left(\lambda^2 - \omega_0^2 \right)^2 + 2\mu\omega_0^2 \left(\omega_0^2 - \lambda^2 \right) = \mu\omega_0^4 \tag{8}$$

它的两个根为 $\lambda^2 = \omega^2$ 和 $\lambda^2 = \omega'^2$, 省略 μ 的高次幂很容易得到它们的近似值

$$\left. \begin{array}{c} \omega \\ \omega' \end{array} \right\} = \omega_0 \left(1 \pm \frac{1}{2}\mu^{\frac{1}{2}} \right) \tag{9}$$

式 (5) 的通解为

$$x = a \cos \omega t + b \sin \omega t + a' \cos \omega' t + b' \sin \omega' t$$
$$X = \gamma a \cos \omega t + \gamma b \sin \omega t + \gamma' a' \cos \omega' t + \gamma' b' \sin \omega' t \tag{10}$$

在 §20 中, 这里 γ 和 γ' 分别是 $\lambda^2 = \omega^2$ 和 $\lambda^2 = \omega'^2$ 由式 (7) 得到的 B/A 的值, 即

$$\gamma = -\mu^{\frac{1}{2}}, \quad \gamma' = +\mu^{\frac{1}{2}}, \quad \text{因此} \quad \gamma' - \gamma = 2\mu^{\frac{1}{2}} \tag{11}$$

设 $t = 0$ 时系统的初始条件为

$$x = 0, \quad \dot{x} = 0, \quad X = 0, \quad \dot{X} = C \tag{12}$$

于是有

$$\left. \begin{array}{c} a + a' = 0 \\ \gamma a + \gamma' a' = 0 \end{array} \right\} a = a' = 0$$

$$\left. \begin{array}{c} \omega b + \omega' b' = 0 \\ \gamma \omega b + \gamma' \omega' b' = C \end{array} \right\} b = \frac{C}{\omega \left(\gamma - \gamma' \right)}, \quad b' = \frac{C}{\omega' \left(\gamma' - \gamma \right)}$$

这样, 我们得到最后的结果

$$x = \frac{C}{\gamma - \gamma'} \left(\frac{\sin \omega t}{\omega} - \frac{\sin \omega' t}{\omega'} \right)$$
$$X = \frac{C}{\gamma - \gamma'} \left(\frac{\gamma}{\omega} \sin \omega t - \frac{\gamma'}{\omega'} \sin \omega' t \right) \tag{13}$$

让我们从这些过渡到速度 $\dot{x}$ 和 $\dot{X}$, 考虑到式 (11), 我们最后得到

$$
\begin{aligned}
\dot{x} &= \frac{C}{2\mu^{\frac{1}{2}}} \left(\cos\omega' t - \cos\omega t\right) \\
\dot{X} &= \frac{C}{2} \left(\cos\omega' t + \cos\omega t\right)
\end{aligned}
\tag{14}
$$

在相同的相位下, 上重悬挂物的速度比下轻悬挂物的速度小 $\mu^{\frac{1}{2}}$; 还要注意式 (14) 满足我们的初始条件 (12), 位移本身也是如此。就像速度一样, 由于 ω 和 ω' 的值很接近, 它们也受到拍率的影响。这种调制可以通过将式 (13) 和式 (14) 以类似式 (20.9) 的形式明确地表示出来。

我们用一个问题来结束这一章, 这个问题也属于耦合振动的一类, 并且导致与上面处理的振动非常相似。然而, 类似于 §19 中强迫振动的方法[1], 我们将利用一种更简单的数学方法, 这样就只需要处理一个微分方程的积分而不是两个联立方程组的积分。

让我们用一根光滑的钉子把怀表挂起来, 这样, 表就完全自由地挂着, 并且把摩擦力减到最小。通过手指或一块布的轻柔接触, 就可以使表进入完全静止的状态。当释放时, 计时器立即开始移动, 在垂直静止位置上进行不断增加的振动, 这些振动达到最大值, 然后再次逐渐减小到零, 之后这个过程重复进行。

在表的这些振动中, 明显出现一种与平衡轮的节律相对抗的运动, 这是角动量守恒原理的一种体现。另一方面, 振幅的波动是由表在引力场中的自由摆动与平衡轮激发的受迫振动之间的干涉引起的。

我们将遵循 §13 的小节 2, 因此, 设 M 为系统总运动的角动量。我们把它分解成钟摆运动 (p) 和摆轮振动 (b),

$$
M = M_p + M_b
\tag{15}
$$

M_p 是关于悬点 O(钉) 的角动量, M_b 是关于摆轮中心 B 的角动量。后者是允许的, 因为纯粹的角动量 (即由系统质心保持不变的运动引起的角动量) 就像一个力偶 (参见第 119 页), 在它的平面上任意移动[2], 事实上, 由于平衡轮关于 B 对称, 平衡的惯性作用由一个纯动量力矩组成。设 ω 为摆轮的圆频率, 它是由平衡弹簧的刚度决定的。设 ω_0 为无扰动 (即摆振动) 的固有圆频率。根据式 (11.6) 和

---

[1] 可以相当普遍地说, 在一个系统中, 由外力激发的强迫振动等效于与第二个系统耦合, 而在第二个系统上, 第一个系统没有反应。在即将描述的情形中, 钟摆摆动对摆轮的反作用当然是微乎其微的。

[2] 这是由于一个系统关于给定轴的角动量可以通过其质心分解为系统关于平行轴的角动量与质心 (包含系统的总质量) 关于给定轴的角动量之和的直接结果。在我们的情况下, 由于手表整体的振动, 平衡轮质心的角动量包含在 M_{pend} 中, 因此后向消失。

式 (16.4) 我们有

$$M_p = I\dot{\phi}, \quad I = m_p a^2 \tag{16}$$

m_p 是表的总质量，a 是由 O 测量的旋转半径。我们假定摆轮为正弦振动，因此用 $\phi_b = \alpha \sin \omega t$ 来描述，B 是角 ϕ_b 的顶点。此时，平衡轮的角动量为

$$M_b = m_b \omega b^2 \alpha \cos \omega t \tag{17}$$

其中，m_b 是平衡轮的质量，它的回转半径 b 是从 B 测量的。

在复摆 [式 (16.1)] 中，外力的力矩为

$$L = -m_p gs\phi \tag{18}$$

和往常一样，我们对小 ϕ 做了近似。这里 s 是表重心到 O 的距离，ϕ 是在 O 处由垂线和穿过重心的一条线形成的角度。现在我们应用式 (13.9)，在其中使用式 (15)、式 (16)、式 (17) 和式 (18) 给出的值，得到运动方程

$$\ddot{\phi} + \frac{gs}{a^2}\phi = \frac{m_b}{m_p}\left(\frac{b}{a}\right)^2 \alpha\omega^2 \sin \omega t \tag{19}$$

对我们的系统而言，这个方程所代表的振动类型，正是在 §19 中被视为无阻尼受迫振动的那种。我们有

$$\frac{gs}{a^2} = \omega_0^2$$

我们回忆一下，这里 ω_0 是摆运动的固有频率。让我们简化一下

$$c = \frac{m_b}{m_p}\left(\frac{b}{a}\right)^2 \alpha\omega^2 \ll 1$$

式 (19) 变为

$$\ddot{\phi} + \omega_0^2\phi = c\sin \omega t \tag{20}$$

$t = 0$ 时，满足初始条件 $\phi = 0, \dot{\phi} = 0$ 的解为

$$\phi = \frac{c}{\omega_0^2 - \omega^2}\left(\sin \omega t - \frac{\omega}{\omega_0}\sin \omega_0 t\right) \tag{21}$$

常数 c 是如此之小 (因子 m_b/m_p)，以至于只有当关系 $\omega_0 = \omega$ 近似，即外摆振动与摆轮内部振动之间存在近似共振时，摆动才有可见的幅度。令人惊讶的是，这种共振在不太小的怀表中或多或少是可以实现的 (女士手表不适合)。

式 (21) 进一步表明调幅与接近谐振 $\omega_0 \to \omega$ 密切相关。节拍的周期 T 由需求决定：

$$\omega T = \omega_0 T \pm 2\pi \tag{22}$$

由此有

$$T = \frac{2\pi}{|\omega - \omega_0|} \tag{22a}$$

它可以通过计算两个节拍节点之间的摆振次数来非常准确地确定，从而提供了一种方便而精确的共振度测量方法。我们可以回顾图 32，它表示与式 (20) 相同的微分方程。然而，我们必须记住，在这个图中，我们假设了完全共振，即 $T = \infty$。

如果把手表放在一边一段时间，就会发现它的节拍已经停止了。其原因显然是摩擦力 (悬浮点和空气中的摩擦力)，我们一直在忽略这一点。这种摩擦减弱了自由摆振动对手表运动的影响，只了解了由于摆轮运动而引起的强迫振动，即后一种作用。例如图 33 的振幅由于摩擦而有所降低。我们可以推论如下：一开始，受迫振动是充分存在的，而自由摆 $\phi = \dot{\phi} = 0$。的确，手表最初的静止状态可以解释为冲量正好抵消了摆轮的振动。这种冲量的作用由于摩擦而逐渐耗尽，因此只剩下平衡轮所引起的强迫振动。

手表的例子首次出现在 1904 年的《电子技术杂质》(*Elektrotechnische Zeits-chrift*) 文献中，与同步电机的 "摆动" 现象有关，当时是及时且令人惊讶的。两台同步交流发电机为同一条电力线并联供电，当谐振发生时，它们的运动和电流都会出现不受欢迎的波动。它们极大地放大了我们手表的节拍，放大了我们刚才分析过的耦合振动中的耦合和共振现象。

第 4 章　刚　　体

§22　刚体运动学

在 §7 的开始，我们已经看到，刚体有六个自由度。我们将把它们细分为三个平移和三个旋转。

让我们考虑物体处于两种不同的位置："初始位置"和"最终位置"。我们选择物体的任意一点作为"参考点" O，得到一个以它为球心的 (比如单位半径) 球。在这个球体上，我们标记两个点 A 和 B。一旦将三个点 OAB 从初始位置旋转到最终位置，刚体的所有其他点也同样到达了它们的最终位置。

首先，我们使点 O 从它的初始位置 O_1 运动到最终位置 O_2。我们用平行位移或平移的方法来实现这一点，在这种运动中，物体的每一点都受到相同的直线位移 $O_1 \to O_2$。这样我们就描述了平移的三个自由度。

以 O_1 为球心的球 K_1 和相应的以 O_2 为球心的球 K_2 是一致的。一般来说，用 K_1 上的 A_1、B_1 和 K_2 上的 A_2、B_2 来描述点 A、B 的位置是不成立的。我们将证明围绕点 $O_1 = O_2$ 有一个确定的旋转，它将把点 A_1、B_1 移到 A_2、B_2。旋转的轴和角度定义了添加到平移自由度中三个旋转自由度。

为了构造旋转轴，即坐标轴与单位球面相交的点 Ω，我们用大圆的弧线将 A_1 与 A_2、B_1 与 B_2 连接起来。在这些弧的中心 A' 和 B' 处，我们建立了它们垂直的平分线，其交点为 Ω。我们用 Ω 表示旋转的角度，

$$\Omega = \sphericalangle A_1 \Omega A_2 = \sphericalangle B_1 \Omega B_2 \tag{1}$$

这两个角的相等源于图 39 中阴影球面三角形 $A_1\Omega B_1$ 和 $A_2\Omega B_2$ 的全等，它们的三个对应边彼此相等。由此可见，图 39 中用 γ 表示的两个角相等。如果我们从总角 $A_1\Omega B_2$ 中减去这两个角中的一个，就得到式 (1) 的右边或中间的项。这个方程表明，同样的旋转 Ω 不仅把点 A_1 转到 A_2，而且把点 B_1 转到 B_2。

到目前为止，平移的幅度和方向在很大范围内仍然是任意的[①]，因为我们可以自由选择参考点 O。另外，转动的幅度和轴与参考点的选择无关。让我们用一个新的参考点 O' 来代替 O。对于给定的刚体的总位移，与 O' 和 O 相关的平移之

[①] 由 §23 中补充的内容我们应该知道，特别地，我们可以使平移的方向与旋转轴平行，我们就说"螺旋位移"。

差还是平移。然而，后一种平移并不影响点 A、B 在球 K_2 和 K_2 上的位置。由此可以看出，图 39 的构造对目前的情况保持不变，不仅产生了与前面相同的旋转角度 Ω，而且还产生了一个通过参考点 O' 并与前面的轴平行的旋转轴。

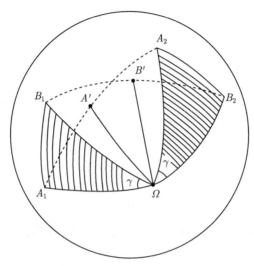

图 39　确定刚体绕固定点 O 旋转的旋转轴点 Ω 示意图。这个图还说明了如何求出两个有限旋转的合成

比刚体的有限位移更重要的是它的无限小的位移，它们连续不断地累积，从而产生有限的运动。因此，我们假定平动的大小 O_1O_2 和旋转角度 Ω 是任意小的。使它们除以相应的小的时间间隔 Δt，然后得到平移速度 $\boldsymbol{u}$ 和旋转角速度 $\boldsymbol{\omega}$：

$$\boldsymbol{u} = \frac{\overrightarrow{O_1O_2}}{\Delta t}, \qquad \boldsymbol{\omega} = \frac{\boldsymbol{\Omega}}{\Delta t} \tag{2}$$

和前面一样，角速度与参考点 O 的选择无关，而 $\boldsymbol{u}$ 取决于参考点的选择。$\boldsymbol{\omega}$ 是一个矢量，它不仅表示角速度的大小，而且表示角速度旋转的方向。

我们可以很容易地证明 $\boldsymbol{\omega}$ 确实具有矢量特征。在图 15 和式 (13.4) 中讨论虚旋转时，我们导出了关系式

$$\delta \boldsymbol{s} = \delta \boldsymbol{\phi} \times \boldsymbol{r} \tag{3}$$

如果我们现在从虚拟旋转 $\delta \boldsymbol{\phi}$ 过渡到角速度 $\boldsymbol{\omega} = \dfrac{\mathrm{d}\boldsymbol{\phi}}{\mathrm{d}t}$，从旋转引起的虚拟位移 $\delta \boldsymbol{s}$ 过渡到速度 $\boldsymbol{w} = \dfrac{\mathrm{d}\boldsymbol{s}}{\mathrm{d}t}$，由式 (3) 可得

$$\boldsymbol{w} = \boldsymbol{\omega} \times \boldsymbol{r} \tag{4}$$

如图 15 所示，r 为从旋转轴上的参考点 O 到点 P 的矢径，其速度待定。

现在考虑两个连续无限小旋转 $\omega_1 dt$ 和 $\omega_2 dt$ 对刚体上点 P 运动的总影响，参考点 O 是轴 ω_1 和轴 ω_2 共有的，我们有

$$\omega_1 = \omega_1 \times r, \quad \omega_2 = \omega_2 \times r, \quad \omega_1 + \omega_2 = (\omega_1 + \omega_2) \times r \tag{4a}$$

在最后一个方程中，左边的项是由 ω_1 和 ω_2 得到的速度 ω_r。与式 (4) 比较表明

$$\omega_r = \omega_1 + \omega_2 \tag{5}$$

合角速度等于两个旋转 $\omega_1 dt$ 和 $\omega_2 dt$ 对刚体的影响。我们得出的结论是角速度像矢量一样相加。就矢量而言，它们的加法顺序是无关紧要的，也就是说，它们的加法是可交换的，即

$$\omega_1 + \omega_2 = \omega_2 + \omega_1 \tag{6}$$

这两个规律对有限旋转不成立。它们的构成并不遵循简单的矢量代数规则，而是遵循 Hamilton 发明的四元代数规则。此外，两个有限旋转的效果取决于它们的顺序；两个这样的旋转不能交换。

在这一点上，讨论极矢量和轴矢量之间的区别是很方便的。

极矢量的例子有速度、加速度、力、矢径等。它们可以用带有箭头的有向线段表示。在坐标系的旋转中，它们的直角分量像坐标本身一样变换，即按照行列式为 +1 的正交变换形式变换。在通过原点的坐标系的逆变换中，x, y, z 分别被 $-x, -y, -z$ 替换，使变换的行列式 -1，极矢量的分量改变符号。

角速度、角加速度、力矩和角动量都是轴矢量的例子。根据它们的性质，可由一个轴来表示，在这个轴上，旋转的方向和幅度被表示出来 (例如，由一个弯曲的箭头和一个数字表示)。相反，如果用在轴上的相应大小的箭头来表示它们，就必须对这个箭头方向任意做出约定，例如，右螺旋规则。在坐标系的纯旋转中，轴矢量的正交分量像其相关箭头的分量一样变换，即正交地变换；然而，在通过原点的一个坐标反转中，这些正交分量的符号不变。在这种变换中，右螺旋规则必须用左螺旋规则代替，这与通过原点的反转将右手坐标系转化为左手坐标系的事实是一致的。

两个极矢量的矢量积是一个轴矢量 (例如，力矩)。轴矢量和极矢量的矢量积是极矢量 (例如，式 (4) 中的速度 w)。读者可以很容易地通过检查这些乘积在坐标变换下的特性来验证[①]。

---

① 从现在起，我们将简单地讨论扭矩 L 和角速度 ω，读者应该记住，我们的意思是使轴矢量分别代表扭矩和角速度。另外，当我们说力矩的平面和角速度的平面时，指的是垂直于轴矢量 L 和 ω 的平面。

在这一题外话之后，我们回到刚体的运动学上来。它的每个点的运动由式 (2) 中与平移有关的速度 $\boldsymbol{u}$ 和式 (4) 中与旋转有关的速度 $\boldsymbol{\omega}$ 组成。刚体任意一点的速度 $\boldsymbol{v}$ 为

$$v = u + \omega \times r \tag{7}$$

参考点 O 的选择完全由我们决定，我们有

$$v = u \tag{7a}$$

在许多情况下，把 O 放在质心 G 处是有利的。这一点很明显，例如，如果我们想计算物体的动能，

$$T = \int \frac{\mathrm{d}m}{2} v^2 \tag{8}$$

为此，由式 (7) 得

$$v^2 = u^2 + (\boldsymbol{\omega} \times \boldsymbol{r})^2 + 2\boldsymbol{u} \cdot (\boldsymbol{\omega} \times \boldsymbol{r}) \tag{8a}$$

相应地把 T 分成三部分，

$$T = T_{\mathrm{transl}} + T_{\mathrm{rot}} + T_{\mathrm{m}} \tag{9}$$

其中 T_{m} 是由平移和旋转组合所决定的 "混合" 能量。

因为 $\boldsymbol{u}$ 对所有点 $\mathrm{d}m$ 的值都是一样的，显然有

$$T_{\mathrm{transl}} = \frac{u^2}{2} \int \mathrm{d}m = \frac{m}{2} u^2 \tag{10}$$

为了计算 T_{m}，我们进行变换

$$T_{\mathrm{m}} = \int \boldsymbol{u} \cdot \boldsymbol{\omega} \times \boldsymbol{r} \mathrm{d}m = \boldsymbol{u} \cdot \boldsymbol{\omega} \times \int \boldsymbol{r} \mathrm{d}m = m\boldsymbol{u} \cdot \boldsymbol{\omega} \times \boldsymbol{R} \tag{11}$$

同式 (13.3b) 中一样，$\boldsymbol{R}$ 是从 O 到质心 G 的有向线段，

$$\boldsymbol{R} = \frac{1}{m} \int \boldsymbol{r} \mathrm{d}m \tag{11a}$$

如果我们现在让 O 和 G 重合，则有 $\boldsymbol{R} = 0$，从式 (11) 中得

$$T_{\mathrm{m}} = 0 \tag{11b}$$

动能 T 就变成 T_{transl} 和 T_{rot} 的和。注意，顺便说一下，物体围绕一个固定点旋转，如果选择这个固定点作为参考点 O，不仅 T_{m}，而且 T_{transl} 也会消失 (这是因为在这两种情况下 $u = 0$)，因此

$$T = T_{\text{rot}} \tag{11c}$$

现在我们把注意力集中在转动对动能的贡献上。如果我们对 $\boldsymbol{\omega} \times \boldsymbol{r}$ 的分量求平方，就得到式 (8a) 右式中的中间项

$$2T_{\text{rot}} = \omega_x^2 \int \left(y^2 + z^2\right)\mathrm{d}m + \omega_y^2 \int \left(z^2 + x^2\right)\mathrm{d}m + \omega_z^2 \int \left(x^2 + y^2\right)\mathrm{d}m$$

$$- 2\omega_y\omega_z \int yz\mathrm{d}m - 2\omega_z\omega_x \int zx\mathrm{d}m - 2\omega_x\omega_y \int xy\mathrm{d}m \tag{12}$$

利用符号

$$I_{xx} = \int \left(y^2 + z^2\right)\mathrm{d}m \cdots$$

$$I_{xy} = \int xy\mathrm{d}m \cdots \tag{12a}$$

有

$$2T_{\text{rot}} = I_{xx}w_x^2 + I_{yy}w_y^2 + I_{zz}w_z^2 - 2I_{yz}w_yw_z - 2I_{zx}w_zw_x - 2I_{xy}\omega_x w_y \tag{12b}$$

根据式 (11.3) 中的定义，I_{xx} 是分布质量绕 x 轴的转动惯量；对应的 I_{yy} 和 I_{zz} 也有相应的意义，我们称 I_{xy}、I_{yz}、I_{zx} 为惯性积 (有时称为离心矩)。不引起混淆的情况下，我们也可以将 $I_{xx}, \cdots$ 缩写为 $I_x, \cdots$。

根据式 (11.5)，让式 (12) 左边的项等于 $I\omega^2$，应用缩写

$$\frac{\omega_x}{\omega} = \alpha, \quad \frac{\omega_y}{\omega} = \beta, \quad \frac{\omega_z}{\omega} = \gamma \tag{13}$$

得

$$I = I_{xx}\alpha^2 + I_{yy}\beta^2 + I_{zz}\gamma^2 - 2I_{yz}\beta\gamma - 2I_{zx}\gamma\alpha - 2I_{xy}\alpha\beta \tag{13a}$$

α, β, γ 是矢量 $\boldsymbol{\omega}$ 的方向余弦，它的轴位于刚体中的任意位置。由式 (13a) 可知，只要给出六个数值 I_{ik}，关于任何轴的转动惯量就完全确定了。

6 个分量 I_{ik} 组成的一个量被称为张量，或者更准确地说是一个对称张量。这个名字源于弹性理论，在弹性理论中，应力和应变张量起着核心作用。一般来说，

张量可以写成方阵，在我们的例子中就是

$$I_{ik} = \begin{pmatrix} I_{xx} & -I_{xy} & -I_{xz} \\ -I_{yx} & I_{yy} & -I_{yz} \\ -I_{zx} & -I_{zy} & I_{zz} \end{pmatrix} \tag{13b}$$

这里 $I_{xy} = I_{yx}, \cdots$。

从基本的观点来看，张量数学不如矢量数学那么具体和容易理解。矢量是用线段表示的，而张量的几何表示则必须借助于二次曲面。在我们的例子中，这个张量曲面是这样得到的：我们取

$$\alpha = \frac{\xi}{\rho}, \ \beta = \frac{\eta}{\rho}, \ \gamma = \frac{\zeta}{\rho} \tag{14}$$

其中，ξ、η、ζ 可视为 Cartesian 坐标，$\rho = \left(\xi^2 + \eta^2 + \zeta^2\right)^{\frac{1}{2}}$ 为从点 O 开始的矢径。现在我们设 ρ 等于 $I^{-\frac{1}{2}}$，这样沿着通过 O 的每一个轴使用 $I^{\frac{1}{2}}$ 的倒数，而非 I(否则我们就无法获得二次曲面)。以这种方式，式 (13a) 可得

$$1 = I_{xx}\xi^2 + I_{yy}\eta^2 + I_{zz}\zeta^2 - 2I_{yz}\eta\zeta - 2I_{zx}\zeta\xi - 2I_{xy}\xi\eta \tag{15}$$

除了可能的简并，这是椭圆方程，因为有限质量分布 I 通常大于零。用式 (15) 表示的曲面称为惯量椭球。

如果对坐标进行变换，使它们与椭球的主轴重合，就可以得到这种形式的方程

$$1 = I_1\xi_1^2 + I_2\xi_2^2 + I_3\xi_3^2 \tag{15a}$$

这里 I_1、I_2、I_3 是三个主惯性矩，主轴的惯性积消失，这可以看成是主轴的一种定义。张量式 (13b) 可简化为对角线形式。在一个不同于主轴坐标系的坐标系中描述张量时，必须在其中加上主轴的三个方向参数，这样我们又得到了描述一个对称张量的六个量。

每个质量分布的对称面当然也是一个惯量椭球的对称面。具有旋转对称的质量分布有一个回旋型的惯量椭球，也就是说，除了沿着"图形轴"的主轴外，它还具有无限多个其他的"赤道"主轴。以两类陀螺为例：一个是圆锥形的玩具，另一个有飞轮的形状，通常用于演示 (图 40(a)、(b))。在第一类中，绕物体对称轴的转动惯量是最小的，因此相应的主轴比赤道轴长 (根据关系式 $\rho = I^{-\frac{1}{2}}$)，惯量椭球为扁长的椭球体。在第二类中，绕图形轴的转动惯量最大，因此，由于同样的原因，对应的主轴比赤道轴小，惯量椭球是一个扁平的椭球体。

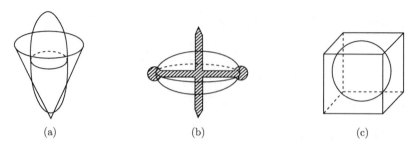

图 40   (a) 玩具陀螺的惯量椭球；(b) 飞轮陀螺的惯量椭球；(c) 一个球形陀螺的例子

顺便说一句，惯量椭球变为回旋椭球，不仅是因为质量分布具有旋转对称性，而且当两个以上的对称面通过一个轴时也是如此，例如正方形或六角形棱柱。

类似地，椭球退变为球，不仅在球对称分布的情况下，还可以在像立方体分布的情况下，例如，因为这里有更多的对称面，与张量曲面的椭球形状不一致。在这种情况下，我们称之为 "球形陀螺"。对于球形陀螺 (参见图 40(c)) 中，任何轴都是主轴。

§23   刚体静力学

这门学科构成了整个结构力学领域的理论基础，涉及诸如桥梁、桁架、拱等结构问题，因此，在机械工程的书籍中，以分析和图解的方式对它进行了最详细的阐述。在此，我们将只讨论该学科的一般特征。

1. 平衡条件

像所有的平衡问题一样，这些问题也受虚功原理的制约。由于这个原理可以看作是 d'Alembert 原理的特例，其中惯性力为零，我们现在的分析可以直接参照 §13 的线性动量和角动量原理，实际上，这里所使用的虚位移 (平移和旋转) 显然与刚体的内部连接是相容的，并且对应于 §22 所考虑的刚体一般运动的两个组成部分。

通过删除式 (13.3) 和式 (13.9) 中的惯性力，得到了刚体平衡的一般条件

$$\sum \boldsymbol{F}_k = 0, \qquad \sum \boldsymbol{L}_k = 0 \tag{1}$$

$\boldsymbol{F}_k$ 是作用于刚体上任意点 P_k 处的外力。式 (1) 的第一个方程要求我们消除力矢量，以任意顺序消除，不考虑它们的作用点，并检查产生的力多边形。根据式 (1)，为了达到平衡，力多边形必须是闭合的。

$\boldsymbol{L}_k$ 是 $\boldsymbol{F}_k$ 中关于参考点 O 的力矩，点 O 的选择是任意的，但对于所有 $\boldsymbol{F}_k$ 来说必须是相同的。式 (1) 的第二个方程要求我们用它们的 (轴) 矢量表示替换这

些 $\boldsymbol{L}_k$ ，并当所有这些矢量相加时检查力矩多边形。根据式 (1) 的第二个方程，为了达到平衡，力矩多边形也必须是闭合的。

类似于式 (13.12) 和式 (13.13)，可以将式 (1) 中的两个矢量方程转化为以下六个分量方程：

$$\sum X_k = \sum Y_k = \sum Z_k = 0$$

$$\sum (y_k Z_k - z_k Y_k) = \sum (z_k X_k - x_k Z_k) = \sum (x_k Y_k - y_k X_k) = 0 \tag{2}$$

它们表示矢量式 (1) 在坐标轴上的投影；x_k、y_k 与 z_k 是作用点的坐标，是从原点 O 开始测量的。

2. 力系的等效性　力系的简化

如果外力 (或力矩) 不平衡，我们可以问是否存在具有这种性质的单个力 (或单个力矩)，刚体在其单独作用下的运动方式与在给定的力 (或力矩) 作用下的运动方式相同。

无论如何，如果刚体受到一个本身不足以达到平衡状态的力系的作用，提出这个问题对于确定施加在刚体上的力是有用的 (尽管总的来说还不够充分)。

只需通过在 "开放" 的多边形 $\boldsymbol{F}_1, \boldsymbol{F}_2, \cdots, \boldsymbol{F}_n$ 中沿着多边形的方向绘制($\boldsymbol{F}_{n+1}$)，在相反的方向上 ($\boldsymbol{F}_r$，合力) 绘制闭合线段 (图 41)，这样做什么都没有改变。现在我们有一个封闭的力多边形 $\boldsymbol{F}_1, \cdots, \boldsymbol{F}_{n+1}$ 和一个单一的力 $\boldsymbol{F}_r$，两者结合在一起，等效于力的 "开放" 多边形 $\boldsymbol{F}_1, \cdots, \boldsymbol{F}_n$。然而，力 $\boldsymbol{F}_1, \cdots, \boldsymbol{F}_{n+1}$ 由于处于平衡状态，可以被忽略, 因此，单个力 $\boldsymbol{F}_r$ 与给定的力系 $\boldsymbol{F}_1, \cdots, \boldsymbol{F}_n$ 等效。数学上

$$\boldsymbol{F}_r = \sum_{k=1}^{n} \boldsymbol{F}_k \tag{3}$$

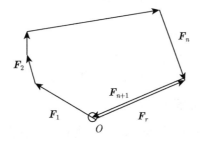

图 41　一个力的 "开放" 多边形构造合力

同样的推理过程也可以用一个"开放"的力矩多边形来进行。这样就得到一个合力力矩 L_r，它等效于给定的力矩系 $L_1, L_2, \cdots, L_n$，即

$$L_r = \sum_{k=1}^{n} L_k \tag{4}$$

顺便提一下，没有什么可以阻止我们使单力 F_r 作用于同一点 O，这一点在计算力矩 L_k 时作为参考点。这种选择如图 41 所示。

3. 参考点的变化

式 (3) 显示了 F_r 与参考点 O 的选择无关。如果 F_r' 是与另一个参考点 O' 相关的合力，则有

$$F_r' = F_r \tag{5}$$

另外，由式 (4) 可以得到 L_r' 对应的表达

$$L_r' = \sum_{k=1}^{n} L_k', \quad L_k' = r_k' \times F_k \tag{6}$$

r_k' 是从 O' 到 F_k 的作用点 P_k 的矢径。设 a 是从 O' 到 O 的矢量距离，那么

$$r_k' = a + r_k, \qquad L_k' = a \times F_k + r_k \times F_k = a \times F_k + L_k \tag{6a}$$

因此有

$$L_r' = \sum_{k=1}^{n} a \times F_k + \sum_{k=1}^{n} L_k = a \times \sum_{k=1}^{n} F_k + L_r \tag{6b}$$

但是考虑到式 (3)，则有

$$a \times \sum_{k=1}^{n} F_k = a \times F_r$$

因此可得

$$L_r' = L_r + a \times F_r \tag{7}$$

4. 运动学与静力学比较

就式 (22.2) 而言，在运动学中 ω 与参考点的选择无关，而 u 取决于参考点的选择。由此可知

$$\boldsymbol{\omega}' = \boldsymbol{\omega} \tag{8}$$

由式 (22.7) 知 $\boldsymbol{v} = \boldsymbol{u}'$ 和 $\boldsymbol{r} = \boldsymbol{a}$,

$$\boldsymbol{u}' = \boldsymbol{u} + \boldsymbol{\omega} \times \boldsymbol{a} \tag{9}$$

在不考虑相应矢量积中因子的顺序的情况下,其结构与式 (7) 相同。如果我们也考虑式 (5) 和式 (8),就得到静力学和运动学之间显著的关系,可以用如下形式表示:

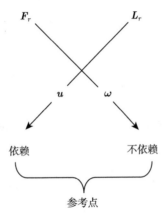

这种横向互易性也存在于我们将要讨论的力偶和转动偶的概念之间。

力偶 (或 "偶"),是初级静力学中的一个基本元素。我们都知道,一对力偶是由两个大小相等、方向相反、相互平行的力 $\pm\boldsymbol{F}$ 所组成,它们的作用线相距有限的距离,即 l。如果我们基于小节 2 对这一对力偶进行简化,得

$$\boldsymbol{F}_r = 0, \quad \boldsymbol{L}_r = \boldsymbol{L}, \quad |\boldsymbol{L}| = |\boldsymbol{F}|l \tag{10}$$

这里矢量 $\boldsymbol{L}$ 指向垂直于两个力所在平面的方向。然而,之前的 $\boldsymbol{L}_r$,可以说依赖参考点 O,现在的 $\boldsymbol{L}$ 对于所有的参考点都是一样的,可以完全自由地在空间中移动;也就是说,两对给定的力偶可以矢量相加以产生第三对力偶;位于平行平面上的两对大小相等、方向相反的力矩相互抵消,等等。

让我们通过定义一个转动偶来继续说明横向互易性。转动偶,即两个大小相等且方向相反的转动速度 $\pm\boldsymbol{\omega}$,它们的轴彼此平行,距离为 l。根据式 (22.5) 加法法则,对转动偶进行化简得到合成的转动速度 $\omega_r = 0$。转动偶产生了一个垂直于两个旋转轴所在平面的纯平移,很容易发现平动速度的大小是 $|\boldsymbol{u}| = \omega l$。使用互易性对式 (10) 的类比是完备的。而之前的 $\boldsymbol{u}$ 取决于参考点 O 的选择,$\boldsymbol{u}$ 是独

立于 O 的，可以以任何方式在空间中平行于自身进行平移。由此可以得出两个任意位置的转动偶可以像它们的平移速度 u 一样进行矢量相加；位于平行平面上的两对大小相等而方向相反的力矩 $\pm\omega l$ 相互抵消，等等。

补充：扭转和螺型位移

由式 (7) 可知，L_r 依赖于参考点。因此，我们试图以一种让 L_r 和 F_r 平行的方式来选择这一点。然后我们得到一个特别简单的 "扭转" 力系图，也就是说，一个力和这个力产生的力矩，或等效地，位于垂直于这个力的平面上的力偶。如果我们的初始参考点是 O，那么扭转所需的 O' 位置如下所示：在式 (7) 中，我们将 L_r 分解为平行于 F_r 的 L_p 和垂直于它的 L_n，并从下面方程中确定 a，

$$L_n = -a \times F_r \tag{11}$$

根据扭转的定义，对于参考点 O'，从式 (5) 和式 (7) 我们得到

$$F_r' = F_r, \qquad L_r' = L_p \| F_r$$

式 (11) 指出，为了达到这个目的，参考点 O 必须移位一定距离

$$a = -\frac{|L_n|}{|F_r|}$$

与 F_r 和 L_n 正交。

与前面讨论完全相同的方法可推出螺型位移。从式 (9) 开始，将 u 分解为平行于 ω 的 u_p 和垂直于它的 u_n。螺旋所需参考点的位移 a 由该方程确定

$$u_n = -\omega \times a \tag{12}$$

对于参考点 O'，从式 (8) 和式 (9) 中我们得到

$$\omega' = \omega, \qquad u' = u_p \| \omega \tag{13}$$

这实际上代表了螺型位移。式 (12) 要求参考点 O 必须在垂直于 ω 和 u_n 的方向上移动一定距离。

尽管扭转和螺型位移的概念可能很吸引人，但在处理涉及旋转的具体问题时，它没有太大的实用价值。出于这个原因，将它们作为补充内容列出来。

§24　刚体的线动量和角动量，以及它们与线速度和角速度的关系

让我们设想给刚体赋予一个平移动量 (线性动量，冲量) 和一个转动动量 (动量矩，冲量矩)，前者用字母 $\boldsymbol{p}$ 表示，后者用字母 $\boldsymbol{M}$ 表示。

$\boldsymbol{p}$ 是所有线性动量 $\mathrm{d}\boldsymbol{p} = \boldsymbol{v}\mathrm{d}m$ 的总和，即

$$p = \int \mathrm{d}p = \int v \mathrm{d}m \tag{1}$$

由式 (22.7) 得

$$p = u \int \mathrm{d}m + \omega \times \int r \mathrm{d}m$$

或者，引入从 O 到质心的矢径 $\boldsymbol{R}$，参考 (22.11a)，

$$p = mu + m\omega \times R \tag{2}$$

尤其是，如果选择 $O = G$，则有 $\boldsymbol{R} = 0$ 和

$$p = mu \tag{3}$$

另外，刚体的角动量 $\boldsymbol{M}$ 是由所有线性动量的元素组成的，这些元素都是关于共同参考点 O 的。因此，我们有

$$M = \int r \times \mathrm{d}p = \int \mathrm{d}m(r \times v) \tag{4}$$

其中，由于式 (22.7) 和式 (22.11a)，则有

$$M = \int \mathrm{d}m(r \times u) + \int \mathrm{d}m\, r \times (\omega \times r) = mR \times u + \int \mathrm{d}m\, r \times (\omega \times r) \tag{5}$$

右边的第一项在 $O = G$ 和 $\boldsymbol{u} = 0$ 时都消失了，所以在这两种情况下

$$M = \int \mathrm{d}m\, r \times (\omega \times r) \tag{6}$$

为了计算这个积分，我们要提醒读者，关于三重叉乘的矢量法则，对任意三个矢量 $\boldsymbol{A}$、$\boldsymbol{B}$、$\boldsymbol{C}$ 都有效，

$$A \times (B \times C) = B(A \cdot C) - C(A \cdot B) \tag{7}$$

由此可见

$$\boldsymbol{r} \times (\boldsymbol{\omega} \times \boldsymbol{r}) = \boldsymbol{\omega} r^2 - \boldsymbol{r}(\boldsymbol{\omega} \cdot \boldsymbol{r})$$

因此，以 x 分量为例，

$$M_x = \int [\boldsymbol{r} \times (\boldsymbol{\omega} \times \boldsymbol{r})]_x \mathrm{d}m$$

$$= \omega_x \int (x^2 + y^2 + z^2)\,\mathrm{d}m - \omega_x \int x^2 \mathrm{d}m - \omega_y \int xy\mathrm{d}m - \omega_z \int xz\mathrm{d}m \quad (8)$$

通过引入式 (22.12a) 中的力矩和惯性积，可以将式 (6) 写成

$$M_x = I_{xx}\omega_x - I_{xy}\omega_y - I_{xz}\omega_z$$

$$M_y = -I_{yx}\omega_x + I_{yy}\omega_y - I_{yz}\omega_z \quad (9)$$

$$M_z = -I_{zx}\omega_x - I_{zy}\omega_y + I_{zz}\omega_z$$

由此，我们得到了动力学矢量 $\boldsymbol{M}$ 和运动学矢量 $\boldsymbol{\omega}$ 之间的线性关系，这个关系是通过式 (22.13b) 的张量 $\boldsymbol{I}$ 得到的。因此，我们说 $\boldsymbol{M}$ 是 $\boldsymbol{\omega}$ 的 "线性矢量函数"。这种线性矢量函数在张量演算的各个方面，特别是在弹性力学理论中，都起着重要的作用。

如果我们用式 (22.12b) 表示旋转动能，则式 (9) 可表示成有启发性的形式。对此我们有

$$M_i = \frac{\partial T_{\mathrm{rot}}}{\partial \omega_i}, \qquad i = x, y, z \quad (10)$$

注意，这个表达式不仅对式 (9) 中假定的 $O = G$ 或 $\boldsymbol{u} = 0$ 的情况有效，而且对 $\boldsymbol{u} \neq 0$ 和任意位置的 O 也有效。因为在更一般的情况下，只需要加上式 (22.11) 的 T_{m}，即可完成式 (22.12b) 的 T_{rot}。所以这一项

$$\frac{\partial T_{\mathrm{m}}}{\partial \omega_i} = m(\boldsymbol{R} \times \boldsymbol{u})_i$$

将被加在式 (10) 的右边。但当 O 和 G 不重合时，对 $\boldsymbol{M}$ 来说，式 (5) 右边出现的是同一项。最后，因为总动能 T 与 $T_{\mathrm{rot}} + T_{\mathrm{m}}$ 的区别仅在于与 ω 无关的 T_{transl} 项 [参见式 (22.9) 和 (22.10)]，我们可以将式 (10) 概括为对 O 的任意位置都有效的形式

$$M_i = \frac{\partial T}{\partial \omega_i}, \qquad i = x, y, z \quad (10a)$$

对角动量 M 的论述也适用于线性动量 p。在这里，我们考虑 $O \neq G$ 的一般情况，由式 (22.9)、(22.10) 及 (22.11) 得

$$\frac{\partial T}{\partial u_i} = m u_i + m(\boldsymbol{\omega} \times \boldsymbol{R})_i$$

与式 (2) 中 p 一致。因此，与式 (10a) 相对应的方程为

$$p_i = \frac{\partial T}{\partial u_i}, \qquad i = x, y, z \tag{11}$$

式 (10a) 和式 (11) 是关于任意机械系统的动量和速度空间之间更一般关系的特殊情况。第 6 章 §36 将证明这一点，这里我们只关心式 (10) 的几何意义，它将引出著名的 Poinsot 几何构造。Poinsot 方法告诉我们如何根据给定的旋转轴找到角动量 M 轴的位置。这种方法和前面的方程一样，也就是说，它不局限于刚体的情况，而适用于任何涉及对称张量的情况；可以用一个二阶张量曲面来表示这个张量，并要求这个张量给出线性矢量函数。

Poinsot 构造过程如下：从惯量椭球的中心 O 出发，我们放置角速度矢量 $\boldsymbol{\omega}$，并在与 $\boldsymbol{\omega}$ 相交的地方构造出椭球的切平面。从 O 到切平面的垂线表示 M 的方向。作为证明，我们只需要回忆一下，对于任意曲面 $f(\xi, \eta, \zeta) = $ 常数，垂直于切平面的方向余弦正比于

$$\frac{\partial f}{\partial \xi}, \frac{\partial f}{\partial \eta}, \frac{\partial f}{\partial \zeta} \tag{12}$$

在我们的例子中，$f(\xi, \eta, \zeta) = $ 常数为惯量椭球的方程 (22.15)，其对 ξ, η, ζ 的导数确实正比于式 (9) 中 M 的分量。

我们也可以将 Poinsot 构造解释为式 (10) 的直接几何表达式，因为惯量椭球本质上与 $T_{\mathrm{rot}} = $ 常数等值面相同。

图 42(a)、(b) 代表了对称惯量椭球的情况，其中 $\boldsymbol{\omega}$、M 与对称轴 ("图形轴") $\boldsymbol{f}$ 共面，所以切平面可以表示为这个平面上椭圆截面的切线。

在回转的长椭球中 (即椭球体)，如图 42(b) 所示，M、轴 $\boldsymbol{f}$ 位于 $\boldsymbol{\omega}$ 的相对两侧；在图 42(a) 的扁椭球中，M 位于 $\boldsymbol{f}$ 和 $\boldsymbol{\omega}$ 之间。三轴不相等的椭球的情况是一个比较困难的图形问题。

最后，我们强调，本节讨论的关系式基本上只是 Newton 定义的表达式，动量由速度和物质的数量共同产生的量，延伸到了刚体。我们现在的关系式比单个质点的动量和速度之间的关系式要复杂得多的原因是，在质点力学中，"物质的数量"，即质量，是一个标量，而在刚体的情况下，取代它的惯性矩是一个张量。

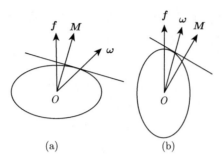

图 42　在惯量椭球退化为 (a) 扁椭球和 (b) 长椭球的两种情况下，角速度 $\boldsymbol{\omega}$ 和角动量 $\boldsymbol{M}$ 的相对位置的 Poinsot 构造图

§25　刚体动力学，以及其运动形式的概述

让我们先考虑在空间中自由运动的刚体。我们选择它的质心作为参考点，把所有作用在物体上的力简化为作用在这一点上的力，与 §23 的方法一致，我们只需处理合力 $\boldsymbol{F}$ 和合力力矩 $\boldsymbol{L}$。运动方程就是 §13 中的动量方程和动量矩方程，它们是

$$\dot{\boldsymbol{p}} = \boldsymbol{F} \tag{1}$$

$$\dot{\boldsymbol{M}} = \boldsymbol{L} \tag{2}$$

刚体只有六个自由度，这两个矢量方程就足以完整地描述刚体的运动状态了。

当 $\boldsymbol{F}$ 和角速度无关，$\boldsymbol{L}$ 和平动速度无关时，可以分别处理式 (1) 和 (2)。例如，在弹道学中，情况并非如此。如果是这样的话，式 (1) 就变成了一个纯质点力学的问题，式 (2) 就变成了一个围绕固定点旋转的问题，或者，为了简洁起见，我们将其说成是一个 "旋转陀螺问题"。

在这一点上，我们主要感兴趣的是后者。根据上述参考点的选择，我们可以忽略的重力，它对质心的力矩为零。此外，如果我们忽略空气阻力、摩擦力等因素，就会遇到无外力作用下陀螺旋转的问题。因此，Cardan 悬架中的陀螺仪 (图 47) 是一个没有外力的陀螺，与飞轮的质量相比我们可以忽略框架的质量，这在通常的结构中是近似有效的。否则，我们将面临一个相当复杂的数学问题。

我们将讨论围绕质心以外的固定点的旋转。如前面 §22 所述，可取的方法是将这个固定点作为参考点 O，引入作用于它的引力力矩 $\boldsymbol{L}$。那种情况是重陀螺，在小节 4 和 5 中将专门讨论这个问题。

我们把不受外力作用的陀螺的完整分析推迟到下一节，我们将熟悉 Euler 方程所提供的工具。对于重陀螺的完整分析——在完全可以的程度上——推迟到 §35，在那里，我们将掌握广义 Lagrange 方程的更强大的方法。

对于无外力作用下的陀螺，式 (2) 满足 $\dot{M} = 0$。这可以立即进行积分得到

$$M = 常数 \tag{3}$$

无外力作用时，陀螺的角动量在大小和空间方向上都是恒定的。这一说法与 Galileo 的惯性定律完全相似，但一般来说，它不能像在其他情况下那样简单地得到速度和空间位置的表达式。

1. 无外力作用下的球形陀螺

只有在球形惯量椭球的情况下，有 $M = I\omega$，其中 $M = 常数$，才能导致 $\omega = 常数$。旋转轴与角动量的固定轴重合。物体的每一点，无论其外部形状如何 (例如，参见图 40(c))，都匀速地描绘了一个围绕该轴的圆。

2. 无外力作用下的对称陀螺

这里，只有当 M 的方向与其中一个主轴重合时，即与物体的轴线或赤道轴重合时，才会发生简单的旋转运动。对称陀螺在无外力作用下运动的一般形式是所谓的规则进动。

我们借助图 43 来解释这种运动形式。我们已经画出了角动量的轴，它在空间中是固定的，垂直向上；设 M 是轴与一个单位球相交的点，这个单位球以惯量椭球中心为球心。设 R 和 F 为任意时刻单位球与旋转轴和对称轴的交点。根据 Poinsot 方法，这三个轴在通过 F 的子午面上，因此 M、R 和 F 三个点位于通过固定点 M 的一个大圆上；为明确起见，设惯量椭球为扁球体时，M 位于 F 和 R 之间。在任何时刻，运动都是围绕 OR 旋转的。在这个过程中，F 沿着刚才提到的大圆的弧线正常前进。F 和 M 之间的角距离不会因此改变，因此，我们可以画出 F 短的瞬时路径是一个纬度为 M 的圆 (图 43 中左箭头)。现在 R 也必须改变它的位置，它必须移动到由 M 和 F 定义的大圆上。在这个运动中，M 和 R 之间的角距离是守恒的，因为它是由 Poinsot 构造确定的。因此，R 也在关于 M 的一个纬度圆的弧线上前进 (图 43 右箭头)。点 F、M 和 R 的相对位置现在与初始时相同，因此我们的推理过程可以重复。它遵循对称轴和旋转轴都描述了一个关于空间固定角动量的圆锥体，每一个都以恒定的角速度被跟踪；后者是因为角速度完全由 M 的大小和它相对于惯量椭球的位置决定。因此，规则进动的性质被完全阐述。

这同样也适用于惯量长椭球，唯一的区别 (参见图 42(b)) 是 R 位于 F 和 M 之间。

3. 无外力作用下的非对称陀螺

刚才推导出的对称陀螺的运动形式本可以描述得更简洁，但细节不够清晰，如下所示：通过角动量矢量 M 的端点，作垂直于 M 的不变平面 ε (见 65 页)。对

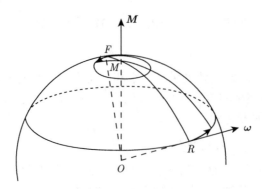

图 43   对称陀螺在无外力作用下的规则进动

于 M 的起源, 我们构造了两倍动能的椭球 (Poinsot 椭球), 它类似于惯量椭球。Poinsot 椭球与 ϵ[①]相切, 切点是角速度矢量 ω 的端点。陀螺的瞬时运动由这个椭球围绕 ω 的旋转组成。在这个过程中, 椭球在平面 ϵ[②]上滚动而不滑动。若 Poinsot 椭球是回旋的, 则其切点 M 的圆, ω 描述的锥 (空间锥) 和图形轴因此变为圆形锥。因此我们又得到了陀螺的规则进动。

同样的构造现在可以立刻得到有三个不同主惯量的一般 (非对称) 陀螺在无外力作用时运动的 Poinsot 图。再一次, 我们让 Poinsot 椭球在不变平面 ϵ (参考下面的脚注①) 上滚动。现在, 接触曲线不再是一个圆, 而是一个超越曲线, 它通常不会自己闭合。同样地, 描述旋转轴和自身轴在空间中运动的锥体现在是超越锥体。不对称陀螺的分析, 即使在无外力作用的情况下, 也会得到椭圆积分。[见式 (26.3)], 而对称陀螺在无外力作用下只需要初等函数就能处理。当然, 对于不对称陀螺, 围绕三个主轴之一的纯旋转是可用基本函数描述的稳定旋转。

4. 对称重陀螺

这里我们不单独讨论球形陀螺, 因为它的运动并不比对称陀螺简单。

对于对称重陀螺, 固定点 O (插口中的支撑点) 不再与质心 G (位于对称轴上) 重合。用 s 表示距离 OG。重力力矩的大小是

$$|\boldsymbol{L}| = mgs \sin\theta \tag{4}$$

其中 θ 为图形轴与竖直线之间的夹角。$\boldsymbol{L}$ 垂直于竖直轴和对称轴, 换句话说, 它位于惯量椭球的水平面与赤道面的交点线上。这条交点线叫作结点线, 是借用了天文学的术语。有关符号的更精确定义, 请参阅后面的 §26。

---

① 这是根据 §26 的 Poinsot 构造和即将遇到的式 (26.17a) 得出的。

② 不滑动的滚动等同于从空间和物体上观察到的角速度矢量 ω 的变化率。请参考式 (26.8a), 它证明了这个等式。

广义的式 (2) 不再像在无外力的情况下那样直接被积分; 相反, 角动量受制于以下定律所给出的连续变化

$$\mathrm{d}\boldsymbol{M} = \boldsymbol{L}\mathrm{d}t \tag{5}$$

因此无穷小矢量 $\boldsymbol{L}\mathrm{d}t$ 加到任意时刻 t 的矢量 $\boldsymbol{M}$ 上, 得到 $t + \mathrm{d}t$ 的角动量。$\boldsymbol{M}$ 的端点沿节点瞬时线方向前进, 即垂直于竖直轴和对称轴的方向。由此可以得出, $\boldsymbol{M}$ 在竖直线和对称轴上的投影一定是常数。我们假设两个常数为

$$M' = M_{\text{vert}} \quad \text{和} \quad M'' = M_{\text{fig}} \tag{6}$$

M' 和 M'' 这两个量可以任意规定, 是运动方程的两个积分常数。

第三个常数是总能量 E, 对应于式 (6.18), 重力势能为

$$V = mgs\cos\theta \tag{6a}$$

所以

$$T + mgs\cos\theta = E \tag{7}$$

为了对运动进行解析描述, 我们必须用陀螺的合适位置参数 (Euler 角) 来表示 T 和式 (6) 中提到的 $\boldsymbol{M}$ 的投影, 这将在 §35 进行说明。运动的计算会遇到椭圆积分。

规则进动现在不再是陀螺在无外力的情况下运动的一般形式, 而只是选择 M'、M'' 和 E 特定值的结果。通常用一种习惯的方式激发一个重陀螺来观察其行进运动——但不是正则的, 它可以称为伪规则进动。最后, 无论 $\boldsymbol{\omega}$ 的大小如何, 围绕图形的垂直方向轴的纯旋转也是可能的 (稳定或不稳定) 运动形式。

到目前为止我们只考虑角动量的方程 (2)。我们必须粗略地看一下线性动量方程 (1), 它右边的项包括作用于固定点 O 的力 $\boldsymbol{F}$, 它由垂直向下的重力 $m\boldsymbol{g}$ 和支座的反作用力 $\boldsymbol{F}_{\text{sup}}$ 组成。左边的动量变化是

$$\dot{\boldsymbol{p}} = m\frac{\mathrm{d}}{\mathrm{d}t}(\boldsymbol{\omega} \times \boldsymbol{R}) = m\dot{\boldsymbol{V}}$$

式 (24.2) 中 $\boldsymbol{u} = 0$, 其中 $\boldsymbol{V}$ 为质心的速度。由式 (1) 可以得出一个简单的结论

$$\boldsymbol{F}_{\text{sup}} = m(\dot{\boldsymbol{V}} - \boldsymbol{g})$$

5. 非对称重陀螺

尽管许多伟大的数学家作出了努力, 但到目前为止, 所有对这一问题的微分方程进行最一般形式的积分尝试都失败了。可以肯定的是, 在角动量的积分中, 第

一个积分仍然有效，因为即使在这里，重力力矩作用于水平轴，因此矢量 M 的端点仍然在一个固定在空间中的水平面上。然而，第二个积分式 (6) 不再成立，因为它是基于惯量椭球的对称性。当然，能量积分式 (7) 对于一般的惯量椭球也是有效的。

这个问题可解的特殊情况是，要么假设有特定的质量分布，要么假设有特定的运动形式。

最著名的例子是 Kowalewski 算例。这里假设惯量椭球是对称的，质心不再位于物体的轴线上，而是在赤道平面上，这个平面被定义为垂直于轴并通过固定点的平面。此外，还要求绕物体轴的转动惯量为其赤道轴的二分之一。在这种情况下，运动的形式就不再受到限制。

Staude 的例子所涉及的问题是，在垂直方向上，哪些轴可以作为稳定旋转的轴。事实证明，这些轴位于二维锥面上的物体中，这个锥体除了有三个主轴外，还包含通过质心的轴。每个轴都有一个确定的角速度 (符号可以不同)。在这个问题中，质量分布和质心位置都不重要。

最后，Hesse 的例子与单摆 (球摆，特别是普通摆) 的简单运动类似。对于这种运动，质心必须在惯量椭球的某一轴上，并且初始扰动要有适当的形式，就像对称陀螺的情况，只有当初始角动量沿着对称轴没有分量时，它的质心描述了一个纯粹的摆的运动。

§26 Euler 方程 无外力情况下陀螺的定量处理

1. Euler 运动方程

我们区分固定在空间中的参考系 x, y, z 和固定在物体中的第二个参考系 X, Y, Z。在 (x, y, z) 系中，无外力作用下运动的角动量有一个恒定的位置：$M =$ 常数 [式 (25.3)]；从物体上看，M 的位置是连续变化的。我们想研究这种变化的规律。

因此，让我们把注意力集中在一个固定在物体上的点 P 和一个固定在空间上的点 Q，这两点暂时重合。设 v 是 P 在空间中的速度，V 是 Q 在物体中的速度。根据运动学方程 (22.4)，$v = \omega \times r$。从物体上看 Q 的运动速度与从空间上看的 P 的运动速度大小相等但方向相反，因此

$$V = -\omega \times r = r \times \omega$$

我们有如下表格形式：

	空间参考系	刚体参考系
P	$\boldsymbol{v} = \boldsymbol{\omega} \times \boldsymbol{r}$	$\boldsymbol{V} = 0$
Q	$\boldsymbol{v} = 0$	$\boldsymbol{V} = \boldsymbol{r} \times \boldsymbol{\omega}$

对于点 Q，我们选择矢量 $\boldsymbol{M}$ 在空间上固定的端点，这样写

$$r = \boldsymbol{M}, \qquad \boldsymbol{V} = \frac{\mathrm{d}\boldsymbol{M}}{\mathrm{d}t}$$

因此，$\dfrac{\mathrm{d}\boldsymbol{M}}{\mathrm{d}t}$ 的意思是物体的变化率 (我们称空间的变化率 $\dot{\boldsymbol{M}}$，在物体中等于零)。

从表格的第二行可读取

$$\frac{\mathrm{d}\boldsymbol{M}}{\mathrm{d}t} = \boldsymbol{M} \times \boldsymbol{\omega} \tag{1}$$

这就完成了对无外力作用下旋转物体的 Euler 方程的推导。

我们用它们在 (X, Y, Z) 系统中的分量来表示。我们称 $\omega_1, \omega_2, \omega_3$ 为 $\boldsymbol{\omega}$ 的分量，M_1、M_2、M_3 为 $\boldsymbol{M}_r$ 分量

$$\begin{aligned} \frac{\mathrm{d}M_1}{\mathrm{d}t} &= M_2\omega_3 - M_3\omega_2 \\ \frac{\mathrm{d}M_2}{\mathrm{d}t} &= M_3\omega_1 - M_1\omega_3 \\ \frac{\mathrm{d}M_3}{\mathrm{d}t} &= M_1\omega_2 - M_2\omega_1 \end{aligned} \tag{2}$$

到目前为止，X、Y、Z 的取值是完全任意的。现在，如果我们按式 (22.15a) 的主惯量取方向 X、Y、Z，称它们为 I_1、I_2、I_3，通过一般关系式 (24.9)，我们得到

$$M_1 = I_1\omega_1, \quad M_2 = I_2\omega_2, \quad M_3 = I_3\omega_3 \tag{3}$$

式 (2) 可采用简单形式

$$\begin{aligned} I_1 \frac{\mathrm{d}\omega_1}{\mathrm{d}t} &= (I_2 - I_3)\,\omega_2\omega_3 \\ I_2 \frac{\mathrm{d}\omega_2}{\mathrm{d}t} &= (I_3 - I_1)\,\omega_3\omega_1 \\ I_3 \frac{\mathrm{d}\omega_3}{\mathrm{d}t} &= (I_1 - I_2)\,\omega_1\omega_2 \end{aligned} \tag{4}$$

当人们谈到 Euler 方程时，通常想到的就是这些非常对称和优雅的方程。

现在让我们把它们扩展到包括外力矩 $\boldsymbol{L}$ 的情况。在这种情况下，$\boldsymbol{M}$ 的端点不再在空间中固定，而是根据式 (25.2)，速度 $\boldsymbol{v} = \boldsymbol{L}$。

从物体上看，点 Q 现在以 $\boldsymbol{v} = \boldsymbol{L}$ 速度运动, 有 $\boldsymbol{V} = \boldsymbol{r} \times \boldsymbol{\omega}$, 则式 (1) 改为

$$\frac{\mathrm{d}\boldsymbol{M}}{\mathrm{d}t} = \boldsymbol{M} \times \boldsymbol{\omega} + \boldsymbol{L} \tag{5}$$

$\boldsymbol{L}$ 关于 X、Y、Z 的分量必须加到式 (2) 和式 (4) 的右边, 这样就得到了具有固定点的刚体的 Euler 运动方程。

我们将只在对称重陀螺的情况下明确地写出这些方程, 其中 $\boldsymbol{L}$ 作用于节点线上, 由式 (25.4) 知其大小为

$$|\boldsymbol{L}| = mgs \sin\theta$$

为了消除垂直、对称轴、节点线等词的含义中所包含的一切歧义, 我们约定:

(1) 空间固定 z 轴的正方向指向上方, 并定义垂直方向;

(2) Z 轴的正方向通过质心, 定义其为对称轴, 它与垂直方向成角度 θ;

(3) 节点线是垂直于正 z 轴和 Z 轴的半无限长线, 在右旋螺的推进方向上随着 θ 增加。

我们进一步指定距离 s 是一个正的量, 称 ϕ 为节点线与正 X 轴的夹角。$\boldsymbol{L}$ 关于 X、Y、Z 的分量有

$$mgs \sin\theta \cos\phi, \ -mgs \sin\theta \sin\phi, \ 0 \tag{5a}$$

因为 $I_1 = I_2$, 式 (4) 的分量分别为

$$I_1 \frac{\mathrm{d}\omega_1}{\mathrm{d}t} = (I_1 - I_3)\, \omega_2 \omega_3 + mgs \sin\theta \cos\phi$$

$$I_1 \frac{\mathrm{d}\omega_2}{\mathrm{d}t} = (I_3 - I_1)\, \omega_3 \omega_1 - mgs \sin\theta \sin\phi \tag{6}$$

$$I_3 \frac{\mathrm{d}\omega_3}{\mathrm{d}t} = 0$$

最后的方程表明, 对于对称重陀螺 (更重要的是在没有力的情况下), 我们有

$$I_3 \omega_3 = M_3 = \text{const.} \tag{7}$$

这是已知的。同时, 我们发现, 因为我们还不知道 ω_1、ω_2 和 θ、ϕ 之间的关系, 所以 Euler 方程不适合于对重陀螺进一步积分。

对于 ω_1、ω_2、ω_3 的含义, 我们要特别强调的是, 它们不是一般意义上的速度, 也就是说, 它们不是对时间的导数, 也不是对空间度量的导数。事实上, 鉴于 §7 表达式的定义, 我们可以将它们恰当地称为 "非完整速度分量"。

我们用一种稍微不同的形式写出式 (5)。由于 v 是从空间上看的速度，我们可以用 $v = \dot{M}$ 代替 $v = L$ 来推广我们的表达式。我们因此获得

$$\dot{M} = \frac{\mathrm{d}M}{\mathrm{d}t} + \omega \times M \tag{8}$$

经 §26 第 (1) 部分的分析，它是对所有 (轴向或极向) 矢量都有效的方程。如果我们把它应用到角速度 ω 矢量上，可得到

$$\dot{\omega} = \frac{\mathrm{d}\omega}{\mathrm{d}t} \tag{8a}$$

对于角速度矢量 ω，空间变化等于从物体判断的变化。我们在第 §25 的脚注中提到的就是这条规则。

2. 外无力对称陀螺的规则进动与 Euler 极地波动理论 (极坐标涨落理论)

关于球形的陀螺，它的一般运动是围绕固定在体内的轴做纯粹的旋转。如果我们让 $I_1 = I_2 = I_3$，代入式 (4) 可以得出结论。从 §25 的小节 1 中我们得出同样的结论，该轴同时在空间上固定并与角动量方向重合。

现在让我们看看对称的陀螺，$I_1 = I_2 \neq I_3$，由式 (4) 的第三项有

$$\omega_3 = \text{常数}$$

由式 (7) 有两个方程，知

$$I_1 \frac{\mathrm{d}\omega_1}{\mathrm{d}t} = (I_1 - I_3)\omega_2\omega_3$$
$$I_1 \frac{\mathrm{d}\omega_2}{\mathrm{d}t} = (I_3 - I_1)\omega_1\omega_3 \tag{9}$$

通过引入一个复变量，可以方便地将它们合并为一个变量。将第二个方程乘以 i，再加上第一个方程得到

$$I_1 \frac{\mathrm{d}s}{\mathrm{d}t} = i(I_3 - I_1)s\omega_3, \quad s = \omega_1 + \mathrm{i}\omega_2 \tag{10}$$

让我们把它简化为

$$\alpha = \frac{I_3 - I_1}{I_1}\omega_3 \tag{11}$$

所以对式 (10) 积分得到

$$s = s_0 \mathrm{e}^{\mathrm{i}\alpha t}, \quad s_0 = \text{积分常数} \tag{12}$$

如果我们把这个平面作为 s 的复平面，则 s 是角速度矢量 $\boldsymbol{\omega}$ 在陀螺赤道面上的投影。式 (12) 表明，这个投影描述了一个半径为 s_0 的圆，角速度为 α。同时，总角速度矢量 $\boldsymbol{\omega}$ 描述了一个绕图形轴的圆锥体。圆锥的顶角 β 由下式给出

$$\tan\beta = \frac{(\omega_1^2 + \omega_2^2)^{\frac{1}{2}}}{\omega_3} = \frac{|s_0|}{\omega_3} \tag{12a}$$

这是正则进动的图像，由位于陀螺上的观察者看到。(对于一个在空间中固定的观察者来说，陀螺的轴当然是围绕瞬时旋转轴旋转的，正如我们之前看到的，在旋转过程中描述了一个围绕空间固定角动量矢量 $\boldsymbol{M}$ 旋转的圆锥体) 由于我们的目的是将上述观点应用到地球上，因此，位于其上方的观察者的观点，而不是固定在空间中的观察者的观点，将是有用的，因为它与位于地球上的人类的视角一致。

地球是一个陀螺，它的惯量球面是一个扁椭球面。我们把对称轴穿过地球表面的点称为几何北极，一般来说，它与天体北极不同，天体北极是角速度矢量穿过地球表面的点。根据上述 Euler 理论，天体北极描述的是围绕几何北极的运动，这种现象被称为 Euler 运动。由于它是旋转极点的轨迹，这个圆也被称为本体极迹。

衡量地球扁度的一个合适的方法是所谓的椭圆率

$$\frac{I_3 - I_1}{I_1} \sim \frac{1}{300} \tag{13}$$

地球的角速度由一天的长度决定，我们有

$$\omega_3 \sim \omega = \frac{2\pi}{\text{天}} \tag{14}$$

根据式 (11)

$$\alpha = \frac{I_3 - I_1}{I_1}\omega_3 = \frac{2\pi}{300} \text{ 天}^{-1} \tag{15}$$

因此旋进的 Euler 周期等于

$$\frac{2\pi}{\alpha} = 300 \text{ 天} = 10 \text{ 个月} \tag{16}$$

我们习惯于认为地球的旋转轴固定在地球上，穿过几何极点。严格来说，这是不正确的。地球上每一次沿经度的质量运动都必须改变旋转轴的位置[①]，并且每一个物体沿着纬度的圆周运动，都会改变角速度，也就是一天的长度；这两种变化都是角动量守恒定律的结果。让我们设想这个运动已经停止，天极偏离了几何极点，在这种情况下，旋转轴将根据 Euler 运动，开始绕几何极点做圆周运动。

---

① 对这一效应最重要的是陆地物质运输似乎是每年从亚洲大陆迁移到太平洋并返回的气压最大值。

现在把我们的理论结果同国际合作收集的极地波动观测结果进行比较。在图 44 中，我们粗略地描绘了从 1895 年到 1900 年之间得到的本体极迹。

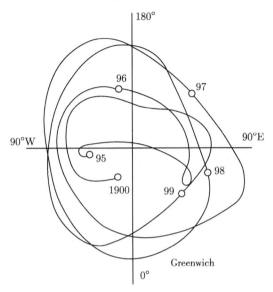

图 44　1895 年到 1900 年之间的极地波动，日历周期确定

根据这些年的观测，天极的平均偏差，即 Euler 圆的平均半径，约等于 $\frac{1}{8}''$，或地球表面的 4 m。但是，根据图 44，我们现在看到的不是 10 个月的周期，1896 年到 1900 年的 4 年里有 $3\frac{1}{2}$ 个完整的周期，这相当于 14 个月的周期。

这 14 个月的周期以其发现者的名字被称为 Chandler 周期。它的解释是由于极地波动引起的离心效应的改变而使地球发生弹性变形。地球的弹性模量在大小上可与钢的弹性模量相当。

图 44 所示观测的本体极迹，现在可以被解释为下列原因的叠加：① 与日历周期发生的波动；② 由气象原因引起的显著的年波动；③ 不规则间隔的偏差，可能指向孤立的和不相关的质量变化。Euler 假定地球是一个理想刚体而推导出的 10 个月的周期已不复存在。

为了与陀螺理论中的用法一致，我们在这里把 Euler 最先研究的地轴运动描述为 "无外力的进动"。因此，我们引用了一个在天文学用法中具有完全不同意义的词。在那里，"岁差" 表示地轴绕黄道法线缓慢旋转，导致每年分点提前 $50''$。这种分点岁差有一个周期 $\frac{360°}{50''} = 26000$ 年。我们也可以用 "节点线的推进" 来代替 "分点岁差"(黄道平面与地球赤道平面的交点线)。如前所述，我们的名称 "节点线" 也是从天文学中借用来的。

分点岁差不是自由的岁差, 而是在太阳和月亮引力的共同作用下强加在地球这个陀螺的运动。

我们将通过图 45 来阐明这种效应。在图 45 中, 我们至少在定性上预见了对称重陀螺理论。

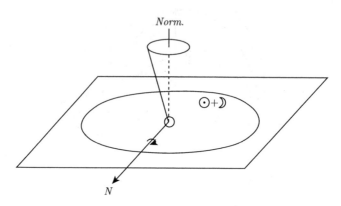

图 45 地轴的岁差, 称为 "分点岁差"

该图显示了在其上画圆的黄道平面。人们应该认为这个圆的周长是由太阳 ⊙ 和月亮 ☽ 的质量均匀地 "涂抹" 在一起的 (实际上我们应该画两个圆, 一个代表太阳, 另一个代表月亮[①]。我们已将这两个圆融合成一个)。质量均匀分布代表了太阳和月亮在其公转期间相对于地球的瞬时位置上的时间平均值 (在 Gauss 摄动方法的意义上)。我们采用时间平均值是有根据的, 因为太阳和月亮的周期与上面提到的岁差周期相比是非常小的, 所以岁差绝不可能依赖于太阳和月亮的瞬时位置。

在 ⊙+☽ 圆环的中心, 我们看到了地球的横切面, 在赤道处有两个突起。只有后者在上述现象中有部分作用; 因为 ⊙+☽ 环的引力往往会把两个凸起物拉进黄道平面内, 这种效应从直觉上看几乎是显而易见的。因此, 我们有一个关于节点 N 的力矩, 就像画在 N 上的箭头一样。现在这个力矩和作用在陀螺的重力力矩是同一类型的, 它的质心在支撑的固定点以下。因此, 结果与陀螺的情况类似。图形的轴线不是屈服于力矩, 而是在垂直方向上 "逃逸", 这里描述的是垂直方向, 也就是黄道的法线。

可以肯定的是, 常规的进动只是重陀螺运动的一种特殊形式 (参见第 128 页)。因此, 在目前的情况下, 人们会期望更一般的伪规则进动, 它由一个规则进动组成, 在其上叠加着小的 "章动"。这些小的章动不过是图形轴在没有外力作用下的圆锥振动, 因此, 在我们的例子中, 极地波动是随着 Euler 周期 (或 Chandler 周期, 由整体变形得到) 而发生的。因此, 拟正则岁差是由二分点的岁差加上在无外

[①] 事实上月球离地球很近, 其影响大约是太阳的两倍。

力情况下发生的 Euler 章动得到的。

在这里，我们必须再次为这个术语的含糊使用表示歉意。在天文学中，章动不是指地轴的自由波动，而是指月球运动对地轴的影响。与我们之前在图 45 中的假设相反，月球的轨道面与黄道面并不重合，而是与黄道面倾斜 5° 角。在太阳和地球的共同作用下，它的法线也描述了一个围绕黄道法线的旋进锥。这种岁差相当于月球节点 (月球轨道与黄道交点的交点) 的后退，然而，即在 $18\frac{2}{3}$ 年之内，其发生的速度要比地球节点线的前进速度快得多。可以理解的是，地轴反过来与这种岁差有关；在同一时期，月球节点的后退导致地球轴的天文章动。

3. 非对称陀螺在无外力作用下的运动　其持久转动的稳定性的问题

我们转向式 (4) 的积分。当 $I_1 \neq I_2 \neq I_3$ 时，将这些方程乘以 $\omega_1, \omega_2, \omega_3$，然后相加得

$$I_1\omega_1\frac{\mathrm{d}\omega_1}{\mathrm{d}t} + I_2\omega_2\frac{\mathrm{d}\omega_2}{\mathrm{d}t} + I_3\omega_3\frac{\mathrm{d}\omega_3}{\mathrm{d}t} = 0$$

或者积分

$$\frac{1}{2}(I_1\omega_1^2 + I_2\omega_2^2 + I_3\omega_3^2) = 常数 = E \tag{17}$$

E 是能量常数，左边的项是动能，与式 (22.12b) 一致，专用于主轴。(17) 也可以写成

$$E_{\mathrm{kin}} = \frac{1}{2}\boldsymbol{M}\cdot\boldsymbol{\omega} \tag{17a}$$

我们用 $I_1\omega_1$、$I_2\omega_2$、$I_3\omega_3$ 乘以式 (4)，再加一次，右边的结果为零。积分的结果可以写成

$$(I_1\omega_1)^2 + (I_2\omega_2)^2 + (I_3\omega_3)^2 = 常量 = |\boldsymbol{M}|^2 \tag{18}$$

左边是角动量分量的平方和。正如我们所知道的，这个和在无作用力时保持不变，即使分量本身在运动过程中发生变化。

在式 (17) 和式 (18) 中，我们有两个 $\omega_1^2, \omega_2^2, \omega_3^2$ 的线性齐次方程，例如，我们可以用 ω_1^2 来求解 ω_2^2 和 ω_3^2。

$$\omega_2^2 = \beta_1 - \beta_2\omega_1^2, \quad \beta_1 = \frac{2EI_3 - |\boldsymbol{M}|^2}{I_2(I_3 - I_2)}, \quad \beta_2 = \frac{I_1(I_3 - I_1)}{I_2(I_3 - I_2)}$$

$$\omega_3^2 = \gamma_1 - \gamma_2\omega_1^2, \quad \gamma_1 = \frac{2EI_2 - |\boldsymbol{M}|^2}{I_3(I_2 - I_3)}, \quad \gamma_2 = \frac{I_1(I_2 - I_1)}{I_3(I_2 - I_3)} \tag{19}$$

如果我们替换式 (4) 中的第一个方程中 ω_2 和 ω_3 的值，就得到

$$\frac{\mathrm{d}\omega_1}{[(\beta_1 - \beta_2\omega_1^2)(\gamma_1 - \gamma_2\omega_1^2)]^{\frac{1}{2}}} = \frac{I_2 - I_3}{I_1}\mathrm{d}t \tag{20}$$

因此，t 在 ω_1(见 §19) 中是第一类椭圆积分。基于函数理论，反过来说，ω_1 是时间 t 的椭圆函数，这对 ω_2 和 ω_3 也是成立的。

我们进一步从式 (17) 和式 (18) 推导，坡锥或体锥不再是对称陀螺的圆锥体，而是四阶锥体。

最后，我们将考虑这个不对称的陀螺围绕它的三条主轴之一的转动，正如我们所知道的。[参见 §25 中式 (3) 的末尾]，是稳定的旋转。为了明确起见，令

$$A > B > C$$

我们将证明绕最大和最小主惯量轴的转动是稳定的，绕中间主惯量轴的转动是不稳定的。我们选择式 (17) 和式 (18) 为起点来进行讨论。为了方便起见，我们可以把它们写成角动量分量 M_1、M_2、M_3 的形式，

$$\frac{M_1^2}{I_1} + \frac{M_2^2}{I_2} + \frac{M_3^2}{I_3} = 常量 \tag{21a}$$

$$M_1^2 + M_2^2 + M_3^2 = 常量 = |\boldsymbol{M}|^2 \tag{21b}$$

式 (21b) 描述了一个半径为 $|\boldsymbol{M}|$ 的球体，式 (21a) 是一个具有三个不同轴的椭球体 (一个 "非简并的" 椭球体)。

案例 1：绕椭球最长轴式 (21) 的旋转。在纯旋转中，球体在点 A 处与椭球相切 (图 46a)。一般来说，轻微的震动会改变球体和椭球体。与 A 相切的点会变成一条小的相交曲线，但这条曲线仍然在 A 的附近。结果是一个狭窄的体锥，原来的旋转是稳定的。

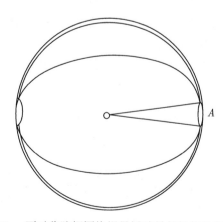

图 46a　不对称陀螺围绕惯量椭球最长轴的稳定旋转

情形 3 也是如此，绕椭球最短轴式 (21) 旋转。球体现在位于椭球内部，因此从内部与椭球相切。一个小的震动将再次导致切点转变为相邻的曲线；同样，最初的旋转是稳定的。

案例 2：绕中间轴旋转。球体与椭球面相交成四度曲线；其奇点 B (图 46b 最前面的点) 表示原旋转。如果给陀螺一个小脉冲，相交曲线分成两条分支。旋转轴沿着其中的一个分支偏离，并离它在体内的初始位置越来越远。旋转是不稳定的。

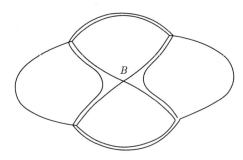

图 46b　不对称陀螺绕力矩椭球中间轴的不稳定旋转

用分析的方法来证明这一点是有益的。从微分方程 (4) 出发。我们可以证明 (问题 IV.2)，由原始旋转的一个小扰动所产生的横向分量满足两个联立的一阶微分方程。这些解在情形 1 和 3 中具有三角函数的性质，在情形 2 中具有指数性质 (以无穷小振动法作为稳定性判据)。

让我们用一个 (满的) 火柴盒做下面的实验：用拇指和食指夹住火柴盒最短边的两端，把它抛向空中，这样就给了它这个最短边相当大的角动量。我们注意到，如果盒子最初显示它的标记，它将在整个运动中都会显示这个标记。如果把盒子放在最长边的两端，然后像之前一样翻转它，同样的现象也会发生，虽然不太明显；相反，如果我们把它放在中间边缘的相对两端，露出突出的表面，然后重复这个过程，我们将在整个运动中看不到这个表面，而是看到一个明显的颜色变化。

另一个关于运动状态不稳定的显著例子如下：人们偶尔会在自然界中发现光滑平坦的鹅卵石，如果在一个平坦的支撑物上绕着它们的垂直轴旋转，只有在一种旋转的情况下才显示出运动的稳定性；如果让它们在相反的情况下自旋，它们就会开始越来越剧烈地摆动，最终以与它们原来的角动量相反的稳定方向旋转而结束。同样的情况也会发生在折叠刀上，当你轻轻一动，就会把刀刃折进去。

在这方面，我们可以做一个几何上明确定义的有指导意义的实验。让我们以一个主轴 a、b、c (a 和 b 比 c 大得多) 的非简并平面椭球的木制模型为例，在它的原始位置上，用一个重金属条在其 (ac) 截面上粘紧椭球的上表面。钢带可以绕短 c 轴旋转，但在每次实验中都被夹紧。在 c 轴方向上，不影响质量分布的对称性。因此，围绕 c 的两种旋转都同样稳定。现在让我们从这个位置旋转一个小角度，然后将两个主轴 a 和 b 分别移动一个小的角度 γ，下表面面对平面支撑的对称性由平面 ac 和 bc 中的两个曲率主半径决定，因此这个表面的对称性保持不变。在旋转方向的意义上，锐角 γ 现在在几何上"区分"相反的方向。实际上，前者是稳定的，而后者是不稳定的，因为它随时间的增加伴随着滚动运动。

下面是一种更合理，但不太容易实现的实验形式 (1899 年，G.T. Walker 在剑桥大学三一学院向我们展示了它)：非简并椭球体是由黄铜薄片制成的；关于支撑点的一个圆形区域已经被压出，并且可以相对于剩余的椭球壳移动。通过这个圆塞的一个小的角位移，支承点附近的下表面的曲率关系就改变了，壳体的惯性分布，大致保持不变。这种变化很小，当观察椭球体时，人们往往没有注意到。尽管如此，这种旋转情况还是比另一种更受欢迎。

这些关于非简并椭球体的实验，虽然本身很有启发性，但也为这种现象的分析理论提供了一个充分的思路。这样的理论必须研究当一个小扰动叠加在自旋上时，可能伴随自旋在一个方向上或另一个方向上的滚动振动，它会表明这些振动频率的特征方程在一种情况下只有实根，而在另一种情况下只有复数根。在第一种情况下，人们会认为自旋是稳定的，而在第二种情况下，它是不稳定的，也就是说，扰动持续增加。在 §42 中引用了 Routh 的论述 (高级部分，第 241 条和 ff.)，建立了这种处理的方程。

§27　旋转陀螺理论的演示实验　实际应用

我们从介绍著名的卡丹悬挂装置开始，它提供了一种非常有效的方法来演示陀螺和陀螺仪的特性。

该悬架由外环和内环组成。外圈具有由外架或保持架承载的垂直轴；内圈有一个水平轴，在外圈中有轴承。飞轮形的陀螺绕与其轴线垂直于内环的旋转轴旋转。图 47 所示的飞轮轴垂直于外圈的飞轮轴，这使得内圈位于一个水平平面上。我们把仪器的这种布置指定为正常位置。

在飞轮的轴上设置了一种装置，通过这种装置，当飞轮处于正常位置时，在平衡环处于静止状态时，可以将角动量传递给飞轮。这个角动量一定很大，以至于所有的现象基本上都由它支配，而平衡环质量的影响可以忽略不计。

在接下来的实验中，假定有相当大的角动量和初始法向位置。

(1) 我们在内环上施加轻微向下的压力，内环不会转动，相反，使外环在转动。因此，飞轮的轴线在水平面上向后或向前移动，这取决于施加压力的点的位置。我们不用向内环施加压力，我们可以用一个小的砝码单方面给它加压。只要角动量保持足够大，陀螺就描述了一个有规律的水平轴进动。

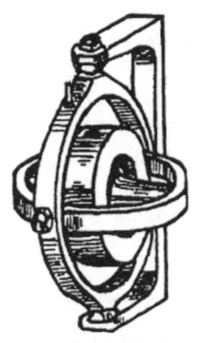

图 47 Cardan 悬架上的陀螺仪。外圈旋转轴 = 垂直，内圈旋转轴 = 与纸垂直的水平，陀螺
仪旋转轴 = 在纸平面内水平

(2) 我们按住外圈，使它保持静止不动，而内环根据施加在外圈上的压力向上或向下转动。我们甚至可以猛烈地打击外环。在这种情况下，人们所感知到的只是陀螺的轴线在靠近正常位置的轴线上快速的锥形振动。

(3) 如果外圈上的压力持续增大，随着内圈的不断转动，陀螺的轴线趋于垂直，我们注意到外圈的阻力越来越弱。然后，人们可以不费力地使外圈快速旋转，但这只是在与最初施加在环上的压力的方向相对应的情况下。如果有人试图以相反的方式旋转外圈，飞轮就会"反冲"；它的轴突然倾向于相反的方向，从而导致内环翻转 180° 角。现在我们可以不费力地朝相反的方向转动外环，但是如果我们回到最初的旋转方向，上面的另一个翻转就会发生。

(4) 这是自旋相互平行排列的趋势，是 Foucault 所强调的。陀螺的轴在垂直位置上是稳定的，只要它的自旋与外圈的自旋一致。如果自旋是反平行的，则相反，是不稳定的，轴只有在反方向上才静止; 在后一个方向上，两个自旋轴的同源平行性又出现了。如果我们以适当的节奏在外圈的交替两侧施加压力，就可以使内环的轴线不断旋转。

(5) 如果我们把内环和外环绑在一起，这样内环的可动性就被破坏了，陀螺运动的阻力也就被破坏了。表面上似乎不再旋转，陀螺服从所有施加在外环上的压力, 就像它没有任何旋转一样. 因此, 典型的陀螺效应只发生在三维自由度陀螺的情况下, 而在二维自由度陀螺的情况下完全不存在. 然而, 人们可以通过在 §13 描述的将陀螺夹紧到旋转凳子的旋转表面来恢复缺失的自由度, 这样一来, 一直保持垂直的外环的轴与凳子的轴线倾斜 (保持垂直) 的角度不太小, 然后上面有两个自由度的轴趋向于与旋转支架的轴对齐, 从上面描述的同源平行的意义上说, 就像罗盘针向北极一样. 因此, 包含陀螺的单环将会在一个垂直平面上, 陀螺上主要的一个或另一个轴销的位置取决于凳子旋转.

所有这些现象的解释都包含在基本原理中 (25.5)

$$dM = Ldt \tag{1}$$

(1) 如果我们按内圈, L 是水平的, 并与内圈的旋转轴重合. 角动量 M 朝向图 47 的左边或右边, 因此被 L 侧向偏转. 如果允许我们假设陀螺的轴最初是与角动量一致, 那么可观察到它趋向于保持这种一致状态. 我们已经解释了图形的轴的横向偏移, 即外环的旋转. 这里所作的假设实际上对陀螺的快速旋转是有效的, 这一点将在 §35 中得到证明 (参考 §35 中关于伪正则旋进的讨论).

(2) 如果我们对外圈施加压力, L 是垂直的, 角动量原本水平地指向右边或左边, 现在被向上或向下偏转. 在与 (1) 相同的假设下, 我们因此得到了内环的旋转. 如果给予外环一个非常强的打击, 我们关于角动量和陀螺轴重合的假设只能近似满足, 然后我们得到前面提到的小的圆锥振动, 这表明了两个轴的小错位.

(3)、(4) 同样的道理, 我们看到, 如果角动量轴几乎垂直, 我们旋转外圈, 在某种意义上, 与陀螺的自旋相同, 角动量轴变得更接近垂直. 平衡环和飞轮作为一个整体围绕垂直方向旋转, 这时外环的阻力消失了. 如果我们以非同源或反平行的方式旋转外环, 角动量轴与垂直方向的一个小偏差就足以使前者离垂直方向越来越远; 陀螺几乎垂直的位置证明了在非同源旋转下是不稳定的.

(5) 如果我们把内环和外环绑在一起, 当外轮的转动对其施加垂直力矩 L 时, 角动量轴就不再能在垂直平面上移动. 因此, 扭矩传递给整个系统. 因为内圈和外圈是刚性连接的, 所以矢量 M 在方向上遭受的水平变化可以由外圈的轴承补偿是可能的. 但在旋转的凳子上却不是这样, 角动量至少在某种程度上可以跟随施加的 L, 这就解释了为什么陀螺的轴线倾向于指向凳子轴线的方向.

我们现在将讨论一些实际应用. 提前说明一下, 关于许多讨论点的细节可以在较早的文献中找到, 下面的许多内容都是从这些文献中引用来的.

1. 陀螺稳定器及相关主题

1870 年左右, Henry Bessemer, 冶金界的著名人物, 建造了一间客厅小屋, 用于在英吉利海峡航行. 舱室被悬挂起来, 这样它就可以在船的前后轴上移动, 并通过飞轮来稳定船的滚动。然而，飞轮的轴是固定在舱内的，因此缺乏所需的第三自由度 (参照上面的 (5) 以下)，结果，该工程失败了，很快就被放弃了。

这是 O. Schlick 在提到活塞发动机的质量平衡时提到的 (参照 §13)。他成功地解决了目前的问题。他的方法被用在几艘汽船上，包括汉堡-美洲航线的 Silvana 号和意大利的 Conte di Savoia 号 (美国出版物中有大量关于后者的文献)。在 Silvana 号轮船上飞轮的质量为 5100kg，直径为 1.6m，速度为 1800 转/分 (圆周速度为 150m/s)。它被固定在一个笼子里，这个笼子像钟摆一样，绕着左右舷方向的轴线摆动，由此使飞轮的对称轴在垂直的船的前后平面上摆动。这个笼子对应于我们的演示陀螺的内环，船体本身对应于外层。图 47 的垂直轴被船的长轴所代替，不再是以前的垂直旋转，现在是船的滚动。所需的三个自由度则包括船舶的滚动、保持架的摆动和飞轮的旋转。当船舶翻滚时，飞轮的轴线在其正常位置垂直，在保持架中前后交替摆动，使滚动中所包含的能量转化为保持架的运动能量和位置。船的滚动和笼子的摆动现在是相互耦合的; 特别地，如果它们相应的固有振动是共振的，就得到了类似于耦合摆的条件。可以肯定的是，到目前为止，还没有实现对船的摆动的阻尼。但现在可以通过制动装置在保持架的轴上作用来吸收保持架的振动能量，从而吸收容器的滚动能量，就像刹车片与车轮相切而降低汽车的速度一样。当然，保持架的制动动作不能太强烈，以防止飞轮轴完全偏转; 因为到那时，我们将再次面临两个自由度的无效的陀螺。滚动运动图类似于地震时的地震图，表明存在一个最佳或 "最佳折中" 的制动作用值; 在 Silvana 模型中，飞轮一启动，滚转幅度就降至原来的 1/10 到 1/20; 在这种情况下，车架的振动振幅在 $30° \sim 40°$ 徘徊。

然而，陀螺稳定器尚未得到广泛应用。一方面，是由于其结构固有的危险 (快速旋转，巨大飞轮是一个令人感觉危险的装置)，另一方面，是由于一种更成功的竞争对手，即 Frahm 稳定器的发明，这是一种基于完全不同原理的装置。

与上述问题有关的一个问题是船上转盘的陀螺稳定问题。我们不知道这个问题在实际应用中已经解决到什么程度; 由于显而易见的原因，所有国家一直在进行这项工作。

2. 陀螺罗盘

这是最好的几乎完美的陀螺仪。它的概念可以追溯到 Foucault。Foucault 在通过钟摆实验证明了地球的自转之后，(第 5 章 §31)，计划通过旋转陀螺来达到同样的目的。在他的几次尝试中，我们只提到取代了磁性罗盘的陀螺罗盘。Foucault 的陀螺罗盘包含一个旋转的陀螺，它有两个被限制在水平面上的自由度，它不是指向磁北极，而是指向实际的天体北极，即地球的自转轴。实际上，我们已经在第五次演示实验中处理了这种安排，在那里，我们把带有固定内圈的陀螺放在旋转凳上，旋转的地球此时取代了凳子的旋转平台。两种情况的唯一区别在于，我们能够赋予旋转平台任意大的角速度，从而在陀螺上产生一个非常强大的取向效应，而地球的角速度很小，所以 Foucault 陀螺仪的校准需要相当长的时间。在前面的安排中我们提到过外圈的旋转轴与凳子之间的角度不能太小。在本例中，这个角度是地理纬度（观测点的"同纬度"）的补充。在地球的两极，在这个角度为零的地方，陀螺罗盘的定向能力消失了。一般来说，它与地球的角速度、陀螺的角动量和同纬度的正弦成正比。

　　Foucault 的实验只能粗略地说明这种效应。它的实现是由 Hermann Anschüt-Kaempfe 通过在结构上的连续改进完全完成的。他最初的目标是让潜艇通过浮冰到达北极。由于磁罗盘的读数在北极附近是非常不可靠的，所以在潜艇里就完全失效了，他就想在潜艇顶上做个标记，作为他的测向器。诚然，在几十年的追求中，他并没有到达北极；但是，他的实验得到了一种理想的仪器，成为导航中不可缺少的装备。

　　Anschütz 陀螺仪不像 Foucault 的那样，它不受水平平面的限制，而只是被它的重力拉回这个平面，就像钟摆一样。最初的安排是为了在水银中漂浮。后来的装置使用了两个或三个陀螺，它们的效果相互加强和校正。旋转陀螺的角动量通过电力驱动保持恒定。在最新的 Anschütz 结构中，整个系统被封闭在一个球体中，在一个半径稍大一点的球体中漂浮，几乎没有摩擦。由于陀螺仪要随身携带，在旅行过程中可能几个月都不能碰它，因此必须准备一种特别巧妙的自动润滑方法。

　　采取措施消除船舶自身运动的有害影响是特别重要的。当船以曲线行驶或改变速度时，在水平面上具有摆动能力的陀螺罗盘对相应的惯性力很敏感。这些对自转轴施加压力，使其偏离其未受干扰的位置，从而获得错误的读数。如果罗盘指针在子午线上自由摆动有周期，就可以证明船的运动是无害的

$$T = 2\pi \left(\frac{l}{g}\right)^{\frac{1}{2}} = (8\pi)^{\frac{1}{2}}\, 10^3 \mathrm{s} = 84.4 \mathrm{min}$$

和一个长度等于地球半径的摆的周期相等

$$l = \frac{2}{\pi} \times 10^7 \mathrm{m}$$

（Schuler 定律，Glitscherp 完成[①]）。

　　陀螺仪的进一步应用还涉及大型轮船的自动操舵装置。如果一艘船要在海浪和洋流运动的情况下保持其航向，就需要舵手的不间断关注和进行操舵装置的相

---

　　① Cf.Wissensch.Veröffentl.aus den Siwmenswerken,19,57(1940).

应纠正行动。然而，这种纠正行动总是延迟了一定的时间，因此会造成里程和时间上的损失。相反，陀螺罗盘是一种感觉装置，它比人类"感觉"更准确、更迅速，并能立即采取对策。由于这些应对措施的实施，旅行路线几乎变成严格的直线 (实际上是斜向的，即一个平行线)，这带来了相当大的能源节省。因此，现在每一艘大型客船都配备了这种自动操舵装置。

3. 铁路车轮和自行车的陀螺效应

铁路车厢的一组滚动车轮是一个对于高速列车来说具有相当大角动量的陀螺仪。当车轮绕着曲线转动时，角动量必须在任何时刻被偏转到由曲线的法线决定的位置。为此，根据式 (1)，需要一个扭矩，其轴沿运动方向。由于这样的扭矩 (通常称为"陀螺仪偶") 是不存在的，"陀螺仪效应"将产生一个反扭矩，将使一组车轮压在外轨上，并将其拉离内轨。这个反力矩增加了运动方向的离心力力矩。正如我们所知，后一种影响是由路基的充分倾斜所补偿的。两个力矩都有这样的形式

$$mv\omega$$

式中，v 为行驶速度，ω 为列车在曲线上的角速度。在本例中，m 是这组车轮质量折算到轮缘的等效质量，而在离心效应中，m 是车轮所承载的车厢总质量。因此，我们的陀螺力矩及其大小相等、方向相反的反作用扭矩，与离心力的力矩相比极其微小；人们可以通过增高外轨来补偿它，额外增加非常轻微的量。

更严重的影响可能来自铁轨的任何竖直位置的不规则，例如，铁轨上的一个"驼峰" (在倾斜曲线的开始和结束处，一个铁轨的高度忽高忽低，也属于这一类)。这样一个驼峰导致角动量在垂直方向上产生偏差，因此产生一个反力矩，试图通过按压将车轮从轨道床上扭转出来。比如，把前轮靠在轨道上，把最后轮子推离轨道。轨道允许的运动将导致车轮的凸缘时而咬入一根轨道，时而咬入另一根轨道。在高速电动列车的试运行中确实已经观察到了这种现象。为了在任何时候都能控制轨道的状况和准确位置，德国国家铁路公司使用了由 Anschütz 公司制造的装有陀螺仪的测试车。

自行车是一个双重非完整系统，因为像问题 II.1 中的车轮一样，它在有限运动中有五个自由度，但在无限小运动中只有三个自由度 (后轮在其瞬时平面内的旋转，前轮的旋转与纯滚动条件相耦合；绕手柄轴旋转；以及前轮和后轮共同绕着它们与地面的接触点的直线旋转)，只要我们不考虑骑车人自己的自由度。众所周知，在有足够速度的情况下，这个系统的稳定性取决于这样一个事实：骑自行车的人要么通过旋转把手，要么通过无意识地释放身体的运动，产生适当的离心效应。从车轮的结构可以看出，车轮的陀螺效应与这些相比是非常小的；如果一个人想要加强陀螺仪的效果，就应该给车轮配备沉重的轮辋和轮胎，而不是让他

们尽可能轻。尽管如此，我们还是可以看出①，这些微弱的效应对系统的稳定性也有一定的贡献。这是因为就像船舶的自动转向装置一样，它们对重心下沉的反应更快。重力的作用比离心力的作用大。在测试运动稳定性时必须考虑的小振动中，陀螺运动滞后于离心运动 1/4 周期。

补充：台球的机制

优美的台球运动为刚体动力学的应用开辟了广阔的领域。力学史上一个著名的人物 Coriolis② 就是和它有关的。

下面的解释的主要目的是澄清我们将要提出的一些问题。在这些问题中，不仅有滚动和滑动球的动力学，而且还有台球布上的摩擦理论。

1) 高、低杆击球

经验丰富的球员几乎总是给球一个侧击转球或侧旋。然而，目前我们只考虑不带侧旋的击球，即球杆在球的垂直中线面和水平方向击球。我们能分辨出高低杆。

如果从球台的平面开始测量，则我们与球之间的撞击点在 $\frac{7}{5}a$ (a = 主球的半径) 以上，我们称之为高击球；如果球被击中的高度小于 $\frac{7}{5}a$，称为低击球 (参看与此及下题有关的问题 IV.3)。只有当球恰好在这个高度被击中时，纯滚动才会从一开始就发生。根据 §11 给出的球的转动惯量，传递给球的旋转如此之大，以至于与它对应的周向速度在支撑点上与球的前进运动恰好大小相等且方向相反，从而满足纯滚动的条件 (11.10)。

对于高击球，由旋转产生的接触点的圆周速度与球的质心的速度相反，并且超过后者。布上的摩擦力与剩余的速度相反 (周向的速度–前进的速度)，从而增加了质心的原始速度：对于高击球，摩擦力对球的作用方向与初始击球的方向一致。在纯滚动条件下，当摩擦力消耗了剩余的速度时，最终速度大于初始速度。被打得很高的球跑得时间长，通常会辜负有经验的玩家。

对于低击球，接触点的周向速度与质心的速度相反，但被质心的速度超过；对于更低的击球，它是向前的。在这两种情况下，摩擦力的作用方向都与最初的撞击方向相反。纯滚动的最终速度小于初始速度。

至于冲量 Z (量纲达因-秒)，它当然可以解释为在非常短的时间 τ 内，一个非常大的力 F 在球杆方向上的时间积分

$$Z = \int_0^\tau F \mathrm{d}t$$

---

① Cf. F. Klein 和 A. Sommerfeld，《克雷塞尔的理论》，第四卷，880 页。为了实现对稳定性的考虑，我们当然必须排除车手的所有参与行动。他不仅被认为没有手，而且要保持不动的身体；他应该只凭自己的重量行事。这项工作也提供了关于其他应用和旋转陀螺理论的数学基础的详细资料。

② G. Coriolis, Théorie mathématique des effets du jeu de billard, 巴黎，1835。

围绕球心的冲量力矩有

$$Zl = \int_0^\tau Fl\mathrm{d}t$$

其中 l 是球心到杆轴线的距离。冲量转矩矢量垂直于通过中心和轴的平面。对于目前没有考虑侧旋的球，它是水平方向的，与前面提到的中位平面是垂直的。

2) 跟杆击球法和缩杆击球法

如果球在被高杆击打后，以中心碰撞的方式碰到其他两个球中的一个，因为所涉及的两个球质量相等 [见式 (3.27a)]，所以它将所有的向前运动转移到后者；但如果我们忽略两个球之间在短时间内接触的摩擦，它仍然保持旋转运动。撞击后的瞬间，打击球的中心是暂时静止的，而它的最低点滑过台球布。由此产生的摩擦力在时间上是恒定的，并作用于原始向前运动的球，而其围绕中心的力矩同时减缓了现有的旋转。因此，球从静止状态开始加速，同时它的旋转相应减小。当布上的圆周速度与中心的前进速度相等时，即停止加速，从而产生纯滚动。一旦达到这一阶段，球以恒定的最终速度滚动 (我们将忽略滚动摩擦的非常缓慢的影响)。这是跟杆击球法的理论。

被低杆击打的球同样将质心速度转移到被击中的球上，暂时处于静止状态。我们假定球被击中得非常低，且低于中心，因此在接触点的周向速度在碰撞后保持向前。摩擦力现在起反作用。球开始以恒定的向后加速度运动，同时它的旋转速度减小，直到开始纯粹的滚动。这就是缩杆击球法的理论。

由于滑动摩擦与速度无关，质心速度 v 以及外周速度 $u = a\omega$ 随时间的变化是线性的。因此，到目前为止所考虑的练习，用图解法处理要比用数学方法方便得多。对于前者，我们可以构造一个图，把 v 和 u 的瞬时值画成纵坐标与时间的关系 (问题 IV.3)。

3) 水平撞击下带有 "侧旋" 的轨迹

如果球不是打在垂直的中间平面上，而是打到它的两边，我们称之为右侧旋和左侧旋。只要球杆水平朝球推进，轨迹就会保持在最初撞击方向的直线上。

现在，冲量力矩的平面向垂直的中值平面倾斜，在高球中，要么向右，要么向左，这种倾斜是这样的，即与冲量力矩平面的法线 (该法线与轴向矢量力矩平行) 包含在通过球中心的垂直平面中，该垂直平面与中平面垂直。我们可以将扭矩分解为与撞击方向成直角的垂直分量和水平分量。第一个分量引起一个围绕球的垂直直径的旋转，并在布料上产生一个小的 "摩擦"，然而，这对球的路径没有影响。另外，水平分量的作用方式与在 1) 和 2) 下考虑的击球方式相同，因此，观察到的现象适用于侧旋击球，没有变化。特别是，轨迹仍然是直线的。

在球与缓冲垫或另一个球的碰撞中，有围绕垂直直径旋转的感觉。在球员看来，在第一种情况下，在缓冲垫处发生的摩擦会使球左侧旋变为右侧旋，右侧旋变为左侧旋。对于没有侧旋的击球，反射角等于入射角，方向因此被改变。实际上，实际的反射路径是由反射路径的等角旋转 (即赋予球的垂直旋转) 产生的。这种现象是每个台球选手都熟悉的。与缓冲垫处摩擦力一起，在垂直方向上产生了摩擦力矩，从而减弱了垂直方向上的自旋。因此，最初的侧旋在几次撞击后逐渐消失，这是每个球员都知道的事实。在球对球的碰撞中，侧旋的作用是类似的，其作用与球垫的作用相同。

4) 垂直分量射击引起的抛物线路径

现在，冲量力矩的平面不仅像在 3) 中的倾斜，而且像球员看到的那样向前倾斜。因此，矢量力矩不仅有垂直和水平的分量，而且还有运动方向的分量。因此，接触点有一个垂直于初始运动的滑动速度分量。因此，与接触点的合成速度方向相反的摩擦力，使其与初始运动形成一个不等于零的角度。如果我们相信 (问题 IV.4) 这个由原始运动形成的角度在运动过程中保持不变，摩擦力的大小同样保持不变，我们就可以得出，球在水平面上的路径是一条抛物线，因为它受到一个大小和方向恒定的单一力的影响 (伟大的 Leonhard 之子 J. A .Euler 原理)。

这种类型的击球对于一个没有充分了解摩擦定律和角动量的矢量分解的球员来说是非常令人惊讶的。当要击球的两个球在球台短边的两端时，它们特别有用。在这种情况下，冲量的垂直分量必须非常强，也就是说，我们必须以一个小的角度引导方向。

第 5 章 相 对 运 动

本章对这个主题感兴趣，主要是因为我们所有的观测都是在旋转的地球上进行的，无论是在经典力学的意义上，还是在狭义相对论的意义上，这都不是一个允许的参考系。另外，在广义相对论中，所有的参考系又都是允许的 (参照 §3)。这样，单独的相对运动理论就没有意义了。

在本章中，我们采用这样的观点：在每一个理论上被承认的参考系中，Newton 力学都是严格成立的。由于实际原因，我们将在参考系中求出由于参考系的运动而产生的 Newton 力学的偏差。

§28 特殊情况下 Coriolis 的推导

设质点沿半径为 a 的地球子午线上以恒定角速度 μ 运动，同时地球以恒定角速度 ω 绕地轴旋转。通常，我们称 θ 为纬度，ϕ 为经度。除了任意的初始值外，质点的运动为

$$\theta = \mu t, \quad \phi = \omega t \tag{1}$$

由某点的 Cartesian 坐标，可知

$$\begin{aligned} x &= a\sin\theta\cos\phi \\ y &= a\sin\theta\sin\phi \\ z &= a\cos\theta \end{aligned} \tag{2}$$

通过对 t 求导

$$\begin{aligned} \dot{x} &= a\mu\cos\theta\cos\phi - a\omega\sin\theta\sin\phi \\ \dot{y} &= a\mu\cos\theta\sin\phi + a\omega\sin\theta\cos\phi \\ \dot{z} &= -a\mu\sin\theta \end{aligned} \tag{3}$$

$$\begin{aligned} \ddot{x} &= -a\mu^2\sin\theta\cos\phi - a\omega^2\sin\theta\cos\phi - 2a\mu\omega\cos\theta\sin\phi \\ \ddot{y} &= -a\mu^2\sin\theta\sin\phi - a\omega^2\sin\theta\sin\phi + 2a\mu\omega\cos\theta\cos\phi \\ \ddot{z} &= -a\mu^2\cos\theta \end{aligned} \tag{4}$$

在式 (4) 的三组方程中，右边第一项表示通常的向心加速度，如果子午线在空间中处于静止状态，则该加速度与沿子午线运动有关；第二项给出了子午线上一个

固定点在一个纬度圈内运动 (由于地球绕地轴旋转) 所产生的向心加速度；然而，第三项构成了一些新的东西，因为它们代表了两种运动的运动学相互作用。如果我们把式 (4) 乘以 $-m$，就得到质点在复合旋转中的惯性力 $\boldsymbol{F}^*$。它的矢量形式为

$$\boldsymbol{F}^* = \boldsymbol{C}_1 + \boldsymbol{C}_2 + \boldsymbol{F}_{\mathrm{c}} \tag{5}$$

这里，符号 $\boldsymbol{C}_1$ 和 $\boldsymbol{C}_2$ 在式 (10.3) 中指普通的离心力，$\boldsymbol{C}_1$ 从地球中心向外呈放射状, 大小为

$$|\boldsymbol{C}_1| = ma\mu^2 = m\frac{v_1^2}{a}, \qquad v_1 = a\mu$$

$\boldsymbol{C}_2$ 垂直地轴向外，其大小为

$$|\boldsymbol{C}_2| = ma\omega^2 \sin\theta = m\frac{v_2^2}{a\sin\theta}, \qquad v_2 = a\omega\sin\theta$$

我们可以称第三个分力 $\boldsymbol{F}_{\mathrm{c}}$ 为复合离心力 (其德语为 force centrifuge composée) 或 Coriolis 力, 其完整的矢量表达式 [见式 (29.4a)] 为

$$\boldsymbol{F}_{\mathrm{c}} = 2m\boldsymbol{v}_{\mathrm{rel}} \times \boldsymbol{\omega} \tag{6}$$

我们这里写的是 $\boldsymbol{v}_{\mathrm{rel}}$，代替前面 v_1 的矢量 $\boldsymbol{v}_1$；通过这一点，我们想指出，一般说来，是相对于旋转参考系的速度产生了 $\boldsymbol{F}_{\mathrm{c}}$。

根据式 (6)，$\boldsymbol{F}_{\mathrm{c}}$ 的大小为

$$|\boldsymbol{F}_{\mathrm{c}}| = 2mv_{\mathrm{rel}}\omega \sin{(\boldsymbol{v}_{\mathrm{rel}}, \boldsymbol{\omega})} \tag{6a}$$

因此，在我们的例子中

$$|\boldsymbol{F}_{\mathrm{c}}| = 2mv_{\mathrm{rel}}\omega \cos\theta \tag{6b}$$

$\cos\theta$ 当然就是地理纬度的正弦值。至于方向，$\boldsymbol{F}_{\mathrm{c}}$ 垂直于 $\boldsymbol{v}_{\mathrm{rel}}$ 和 $\boldsymbol{\omega}$，或等效于 $\boldsymbol{C}_1$ 和 $\boldsymbol{C}_2$。由右手螺旋从 $\boldsymbol{v}_{\mathrm{rel}}$ 转向 $\boldsymbol{\omega}$ 的推进方向给出了 $\boldsymbol{F}_{\mathrm{c}}$ 的方向。如图 48 所示，一个质点从南到北移动，图中显示了两个位置，一个在南半球，另一个在北半球。前者，对应于右手螺旋法则 $\boldsymbol{v}_{\mathrm{rel}} \to \boldsymbol{\omega}$, $\boldsymbol{F}_{\mathrm{c}}$ 自东向西运动；后者，则从西到东运动。

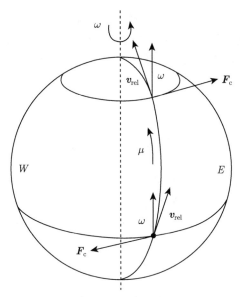

图 48　科氏力的特殊推导: 一个质点以常数运动速度 μ 对应的恒定的角速度 v_{rel} 沿着旋转
地球的子午线运动

　　我们还可以考虑这样的粒子组成的连续序列, 而不是单个粒子, 就像是沿子
午线流动的河流。然后, 图 48 告诉我们, 从南向北移动的水的惯性力在北半球向
右岸施压, 在南半球向左岸施压。压力符号的变化与式 (6b) 所发生的地理纬度的
正弦值有明显的关系。这一规则不仅适用于南北流动, 而且正如 §29 所示, 适用
于 v_{rel} 的任何方向, 因此尤其适用于南北流动方向。这在我们的例子中是显而易
见的。由地球自转产生的水东西流向的速度取决于它与自转轴的距离, 因此取决
于地理纬度。如果水流由南向北流动, 北半球的水有过多的自西向东的动量, 这
些动量是从较南的纬度流入的; 这种过度表现为一种向东的压力, 也就是说, 在
南北运动的情况下是向右的压力。在那种情况下, 水表现出从北纬流入时东西方
向运动的不足。让我们按照图 41 的意义, 一次加 "+" 号, 一次加 "−" 号。加了
"−" 的部分有东西方向, 因此向西施加压力, 即在右岸。同样的推理过程表明, 在
南半球, 由于水的南北运动和北南运动, 河流对其左岸施加了过多的压力。

　　地理学家已经用大量的例子证明, 北半球右岸受到的压力表现为右岸受到更
强烈的侵蚀 (贝尔河位移定律); 此外, 河右岸的水位稍微高一些, 但还是可以测
量的。

　　更重要的是 Coriolis 对洋流的影响 (墨西哥湾流和北半球的潮流向右偏移)。

　　然而, 它的影响在大气中最为显著。众所周知的 Buys-Ballot 定律指出, 风
不是沿着气压梯度的方向吹的, 而是相当大的偏离, 在北半球是向右的, 在南半

球是向左的；只有在赤道，它才完全遵循压力梯度。

所有这些现象都是 Newton 第一定律的直接结果，在最后的分析中是由这样一个事实推导出来的：在力学中旋转的地球不是一个允许的参考系。

本节中我们借助球极坐标计算了 Coriolis。在问题 V.1 中，我们将在柱坐标下推导它。

§29　相对运动的一般微分方程

我们用一个任意刚体 B 代替地球，它以瞬时角速度 ω 围绕固定点 O 旋转。设 P 是一个相对于 B 以任意变化速度运动的质点，它相对于空间的速度由这个相对速度和物体在空间中与 P 同时重合的一点的瞬时速度组成。由式 (22.4) 知后者是由 $\omega \times r$ 给出。在式 (22.4) 中，我们用 w 表示 P 相对于空间的速度；此外，我们称 v (而不是 v_{rel}) 为 P 相对于 B 的相对速度，有

$$w = v + \omega \times r \tag{1}$$

我们约定，如果从空间观察，时间的变化可以用一个上标点号来表示，如果从主体 B 观察，可以用 $\dfrac{\mathrm{d}}{\mathrm{d}t}$ 来表示, 写出

$$w = \dot{r} \tag{2a}$$

$$v = \frac{\mathrm{d}r}{\mathrm{d}t} \tag{2b}$$

$$\dot{r} = \frac{\mathrm{d}r}{\mathrm{d}t} + \omega \times r \tag{2c}$$

空间中点 P 的加速度由式 (1) 给出

$$\dot{w} = \dot{v} + \omega \times \dot{r} + \dot{\omega} \times r \tag{3}$$

在等式右边的中间项中，我们将从式 (2a) 和式 (1) 的 $\dot{r}$ 值代入得

$$\omega \times \dot{r} = \omega \times v + \omega \times (\omega \times r) \tag{3a}$$

我们将变换式 (3) 右边的第一项，将式 (2c) 中的任意矢量 r 替换为 v，得

$$\dot{v} = \frac{\mathrm{d}v}{\mathrm{d}t} + \omega \times v \tag{3b}$$

将式 (3a) 和式 (3b) 代入式 (3) 有

$$\dot{\boldsymbol{w}} = \frac{\mathrm{d}\boldsymbol{v}}{\mathrm{d}t} + 2\boldsymbol{\omega} \times \boldsymbol{v} + \boldsymbol{\omega} \times (\boldsymbol{\omega} \times \boldsymbol{r}) + \dot{\boldsymbol{\omega}} \times \boldsymbol{r} \tag{4}$$

我们注意到，根据式 (26.8a)，我们可以出写式 (4) 的最后一项的 $\dot{\boldsymbol{\omega}}$ 或 $\dfrac{\mathrm{d}\boldsymbol{\omega}}{\mathrm{d}t}$。

我们对式 (4) 两边乘以 $-m$ 得到作用在质点上的惯性力。等式的左边是空间中的惯性力 $\boldsymbol{F}^*$，右边第一项是在非惯性参考系 B 中观测到的惯性力，我们称为 $\boldsymbol{F}_{\mathrm{rel}}^*$。等式右边第二项给出了科氏力的表达式，我们在式 (28.6) 中见过，即

$$-2m\boldsymbol{\omega} \times \boldsymbol{v} = +2m\boldsymbol{v} \times \boldsymbol{\omega} = \boldsymbol{F}_{\mathrm{c}} \tag{4a}$$

因此，我们现在的处理是对 §28 Coriolis 的一般推导的补充。式 (4) 的后一项 (在乘以 $-m$ 之后)，很容易知道是普通离心力 $\boldsymbol{C}$，它似乎是由参考系 B 的旋转而作用于我们的质点上，在式 (28.5) 中用 $\boldsymbol{C}_2$ 来表示。

因此，综合所有的项，由式 (4) 得

$$\boldsymbol{F}^* = \boldsymbol{F}_{\mathrm{rel}}^* + \boldsymbol{C} + \boldsymbol{F}_{\mathrm{c}} + m\boldsymbol{r} \times \dot{\boldsymbol{\omega}} \tag{5}$$

我们由以下定义来代换 $\boldsymbol{F}_{\mathrm{rel}}^*$ 的值

$$\boldsymbol{F}_{\mathrm{rel}}^* = -m\frac{\mathrm{d}\boldsymbol{v}}{\mathrm{d}t}$$

记住，由于外力和惯性力的平衡，在固定的空间系统中我们有

$$\boldsymbol{F} + \boldsymbol{F}^* = 0$$

由此得到了相对运动的一般微分方程

$$m\frac{\mathrm{d}\boldsymbol{v}}{\mathrm{d}t} = \boldsymbol{F} + \boldsymbol{C} + \boldsymbol{F}_{\mathrm{c}} + m\boldsymbol{r} \times \dot{\boldsymbol{\omega}} \tag{6}$$

我们看到在系统 B 中，除了实际的外力外，还有虚构的外力 $\boldsymbol{C}$ 和 $\boldsymbol{F}_{\mathrm{c}}$。从一个随 B 运动的观察者的视角来看，它们的作用方式与外力 $\boldsymbol{F}$ 相同。实际上，它们仅仅是由固定在非 Newton 参考系中或相对于非 Newton 参考系运动的质点 m 的惯性引起的。式 (6) 右边的最后一项具有相似的起源，它源于一个可能的加速或旋转方向的改变。把它应用到地球上，它对应于极坐标的涨落，当它非常小时，它一定可以被忽略。微分方程 (6) 将在接下来的三节以及问题 V.1 和 V.2 中用到。

§30　旋转地球上的自由落体　陀螺项的性质

每当我们试图测量重力的作用时，观察到的不仅仅是引力本身，而是地球引力 $\boldsymbol{F}$ 和离心力 $\boldsymbol{C}$ 的合力。大地水准面，即平均地表的扁平化，本身就是由这个结果决定的。事实上，以这样一种方式，大地水准面处处垂直于它。我们有

$$\boldsymbol{F} + \boldsymbol{C} = -m\boldsymbol{g} \tag{1}$$

重力加速度 $\boldsymbol{g}$ 是一个矢量，其大小为 g，但它是沿大地水准面的法线方向，而不是沿着地球的半径。

鉴于式 (1) 和式 (28.6)，并忽略 $\dot{\boldsymbol{\omega}}$ 项，则从式 (29.6) 我们得到

$$\frac{\mathrm{d}\boldsymbol{v}}{\mathrm{d}t} = -\boldsymbol{g} + 2\boldsymbol{v} \times \boldsymbol{\omega} \tag{2}$$

现在我们引入一个正交系，把这个矢量方程分解成坐标方程，固定在地上，定义如下 (图 49)：

$$\xi = \text{地球的南北方向}$$

$$\eta = \text{地球的东西方向} \tag{3}$$

$$\zeta = \text{观测点} \rightarrow \text{最高点} = \text{正常的大地水准面的法线}$$

然后以分量形式表示

$$\boldsymbol{v} = \left(\frac{\mathrm{d}\xi}{\mathrm{d}t}, \quad \frac{\mathrm{d}\eta}{\mathrm{d}t}, \quad \frac{\mathrm{d}\zeta}{\mathrm{d}t} \right)$$

$$\boldsymbol{g} = (0, \quad 0, \quad g) \tag{4}$$

$$\boldsymbol{\omega} = (-\omega \cos \phi, \quad 0, \quad \omega \sin \phi)$$

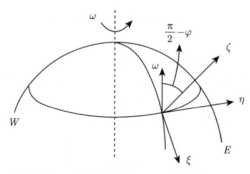

图 49　地球的旋转。坐标系统：ξ 沿着子午线，η 沿着纬度圈，ζ 沿着大地水准面的法线

φ 为图 49 所示的地理纬度。然后，由式 (2) 有

$$\frac{\mathrm{d}^2\xi}{\mathrm{d}t^2} = 2\omega\sin\phi\frac{\mathrm{d}\eta}{\mathrm{d}t}$$

$$\frac{\mathrm{d}^2\eta}{\mathrm{d}t^2} = -2\omega\sin\phi\frac{\mathrm{d}\xi}{\mathrm{d}t} - 2\omega\cos\phi\frac{\mathrm{d}\zeta}{\mathrm{d}t} \tag{5}$$

$$\frac{\mathrm{d}^2\zeta}{\mathrm{d}t^2} + g = 2\omega\cos\phi\frac{\mathrm{d}\eta}{\mathrm{d}t}$$

在对式 (5) 进行积分之前，我们想先研究一下这些方程的一般性质。它们的区别在于右边的系数矩阵是反对称的。我们先来引入缩写

$$\alpha = 2\omega\sin\phi, \quad \beta = 0, \quad \gamma = -2\omega\cos\phi \tag{6}$$

那么这个矩阵显然是以对角线反对称的，如下所示:

$$
\begin{array}{c|c|c|c}
 & \dfrac{\mathrm{d}\xi}{\mathrm{d}t} & \dfrac{\mathrm{d}\eta}{\mathrm{d}t} & \dfrac{\mathrm{d}\zeta}{\mathrm{d}t} \\
\hline
\dfrac{\mathrm{d}^2\xi}{\mathrm{d}t^2} & 0 & \alpha & \beta \\
\hline
\dfrac{\mathrm{d}^2\eta}{\mathrm{d}t^2} & -\alpha & 0 & \gamma \\
\hline
g + \dfrac{\mathrm{d}^2\zeta}{\mathrm{d}t^2} & -\beta & -\gamma & 0
\end{array}
\tag{7}
$$

这个反对称特性表示能量守恒。如果存在对角线项，或者更一般地说，系数矩阵有对称部分，就会有能量耗散。

让我们把式 (5) 逐行相乘 $\dfrac{\mathrm{d}\xi}{\mathrm{d}t}, \dfrac{\mathrm{d}\eta}{\mathrm{d}t}, \dfrac{\mathrm{d}\zeta}{\mathrm{d}t}$ 而且相加，右边的所有系数 α、β 和 γ 消失，剩下的是

$$\frac{1}{2}\frac{\mathrm{d}}{\mathrm{d}t}\left[\left(\frac{\mathrm{d}\xi}{\mathrm{d}t}\right)^2 + \left(\frac{\mathrm{d}\eta}{\mathrm{d}t}\right)^2 + \left(\frac{\mathrm{d}\zeta}{\mathrm{d}t}\right)^2\right] + g\frac{\mathrm{d}\zeta}{\mathrm{d}t} = 0$$

就是说

$$T + V = 常数 \tag{8}$$

这里 T 和 V 是相对运动的动能和势能 (这里我们让质量 $= 1$), 即使不进行计算, 我们的系数矩阵的这种保守性也可以很明显地表现出来; 由于因子 $\boldsymbol{v} \times \boldsymbol{\omega}$ 的作用, $\boldsymbol{F}_{\mathrm{c}}$ 垂直于运动方向, 因此不起作用, 就像电动力学中的磁力一样。

　　另一方面, 如果系数数组有对称性, 我们应该有

$$\frac{\mathrm{d}}{\mathrm{d}t}(T + V) < 0 \tag{9}$$

这里的 $<$ 是假设系数的符号满足与运动的阻尼相对应的物理必要条件。可以看出, 式 (9) 的结果是不守恒的, 如前面断言的那样, 能量是耗散的。方程提供了偶系数阵耗散特性的一个例子 (必须承认, 这只是一维的), 式 (8) 和式 (9) 在第 2 章 §19 中关于阻尼振荡的处理中讲过。

　　同 Lord Kelvin, 我们称这样的项为反对称系数阵的陀螺项。它的名字表明, 它们表示了系统 (在我们的例子中是地球) 的内部循环, 这个循环在设置问题时没有被明确地考虑到, 而是被纳入到坐标的选择 (在我们例子中是 ξ, η, ζ), 这种陀螺项在有关平衡和运动稳定性的一般定律中起着重要作用。

　　我们现在继续研究式 (5) 的积分。让我们假设无初速度, 从高度 h 处自由下落的物体, 我们要求在 $t = 0$ 时:

$$\begin{aligned} \xi = \eta = 0, \qquad \zeta = h \\ \frac{\mathrm{d}\xi}{\mathrm{d}t} = \frac{\mathrm{d}\eta}{\mathrm{d}t} = \frac{\mathrm{d}\zeta}{\mathrm{d}t} = 0 \end{aligned} \tag{10}$$

由式 (5) 的第一和第三个方程可得

$$\frac{\mathrm{d}\xi}{\mathrm{d}t} = 2\omega\eta \sin\phi, \qquad \frac{\mathrm{d}\zeta}{\mathrm{d}t} + gt = 2\omega\eta \cos\phi \tag{11}$$

将这些代入式 (5) 的第二个方程, 得到

$$\frac{\mathrm{d}^2\eta}{\mathrm{d}t^2} + 4\omega^2\eta = Ct, \qquad C = 2\omega g \cos\phi \tag{12}$$

该方程的积分由式 (19.4) 的通则求出, 即非齐次方程的特解 + 齐次方程的通解。在目前的情况下, 这导致

$$\eta = \frac{C}{4\omega^2}t + A\sin 2\omega t + B\cos 2\omega t$$

条件 (10) 要求

$$B = 0, \qquad 2\dot{\omega}A = -\frac{C}{4\omega^2}$$

也就是

$$\eta = \frac{C}{4\omega^2}\left(t - \frac{\sin 2\omega t}{2\omega}\right) = \frac{g\cos\phi}{2\omega}\left(t - \frac{\sin 2\omega t}{2\omega}\right) \tag{13}$$

根据式 (3) 中 η 的含义，这是向东偏转。

ξ 是向南偏转。由式 (11) 和式 (13) 可知，它满足

$$\frac{\mathrm{d}\xi}{\mathrm{d}t} = g\sin\phi\cos\phi\left(t - \frac{\sin 2\omega t}{2\omega}\right)$$

适当考虑式 (10)，上式的解为

$$\xi = g\sin\phi\cos\phi\left(\frac{t^2}{2} - \frac{1 - \cos 2\omega t}{4\omega^2}\right) \tag{14}$$

借助于式 (13) 和式 (10)，最终由式 (11) 求出沿垂直方向的运动，

$$\zeta = h - \frac{gt^2}{2} + g\cos^2\phi\left(\frac{t^2}{2} - \frac{1 - \cos 2\omega t}{4\omega^2}\right) \tag{15}$$

ωt 是一个非常小的数量级 (下降时间)÷(1 天)。因此，我们可以把解写成 ωt 的幂。代替式 (13)、式 (14) 和式 (15)，我们得到

$$\eta = \frac{gt^2}{3}\cos\phi\omega t, \qquad \xi = \frac{gt^2}{6}\sin\phi\cos\phi(\omega t)^2$$

$$\zeta = h - \frac{gt^2}{2}\left[1 - \frac{\cos^2\phi}{3}(\omega t)^2\right]$$

也仅为质点的二阶。相应地，向东的偏转是第一级，第二级向南的偏转，单位为 ωt。地球自转引起的沿竖直方向自由落体规律的偏离，似仅为 ωt 的二阶，并发现这与理论是一致的; 在有利的情况下 (深井) 可达几厘米。

显然，这些 (可观测的或不可观测的) 偏转是由于偏转条件 (10) 这样一个事实，即作为理论和实验基础的初始条件是相对于地球静止的。因此，它们暗示了空间中的某种速度，其大小为 (地球角速度)·(到地轴的距离)。这个速度与下落物体下的地球表面移动的速度有些不同。显然，物体不在其初始位置的精确垂直投影处撞击地球。

§31 Foucault 摆

式 (30.5) 是有效的，但附加的条件是质点与摆悬点之间的距离 l 恒定。我们把这个条件写成与球面摆式 (18.1) 类似的形式，即

$$F = \frac{m}{2}\left(\xi^2 + \eta^2 + \zeta^2 - l^2\right) = 0 \tag{1}$$

并引入与之相关的 Lagrange 乘子。式 (30.5) 写作

$$\frac{\mathrm{d}^2\xi}{\mathrm{d}t^2} = 2\omega\sin\phi\frac{\mathrm{d}\eta}{\mathrm{d}t} + \lambda\xi$$

$$\frac{\mathrm{d}^2\eta}{\mathrm{d}t^2} = -2\omega\sin\phi\frac{\mathrm{d}\xi}{\mathrm{d}t} - 2\omega\cos\phi\frac{\mathrm{d}\zeta}{\mathrm{d}t} + \lambda\eta \tag{2}$$

$$\frac{\mathrm{d}^2\zeta}{\mathrm{d}t^2} + g = 2\omega\cos\phi\frac{\mathrm{d}\eta}{\mathrm{d}t} + \lambda\zeta$$

我们当然要只限于讨论微幅振动。因此，我们把 $\frac{\xi}{l}$ 和 $\frac{\eta}{l}$ 看成是一阶小量，从式 (1) 可以在二阶小量范围内得到 $\frac{\zeta^2}{l^2} = 1$。更准确地说，对于平衡位置附近的点，我们可以写成

$$\zeta = -l(1 + 二阶量)$$

因为 ζ 是垂直向上的。然后由式 (2) 的第三个方程可知，在一阶小量范围内

$$g = -\lambda l, \quad 因此 \ \lambda = -\frac{g}{l} \tag{3}$$

我们再一次写下式 (2) 的前两个等式。由于二阶导数很小，所以忽略 $\frac{\mathrm{d}\zeta}{\mathrm{d}t}$ 项，采用缩写

$$u = \omega\sin\phi \tag{4}$$

我们得

$$\frac{\mathrm{d}^2\xi}{\mathrm{d}t^2} - 2u\frac{\mathrm{d}\eta}{\mathrm{d}t} + \frac{g}{l}\xi = 0$$

$$\frac{\mathrm{d}^2\eta}{\mathrm{d}t^2} + 2u\frac{\mathrm{d}\xi}{\mathrm{d}t} + \frac{g}{l}\eta = 0 \tag{5}$$

为了便于将它们合并成复数形式，可以将式 (5) 的第二个等式乘以 i，如式 (26.10)，将其与第一个等式相加，引入新变量

$$s = \xi + \mathrm{i}\eta \tag{6}$$

我们得

$$\frac{\mathrm{d}^2 s}{\mathrm{d}t^2} + 2\mathrm{i}u\frac{\mathrm{d}s}{\mathrm{d}t} + \frac{g}{l}s = 0 \tag{7}$$

它是一个二阶常系数齐次线性微分方程。请注意，式 (5) 的中间项具有陀螺特性。它使式 (5)→ 式 (7) 成为可能。

式 (7) 通过代入下式求解

$$s = A e^{i\alpha t}$$

将其代入式 (7) 可得

$$\alpha^2 + 2u\alpha - \frac{g}{l} = 0$$

这个关于 α 的二次方程的根为

$$\alpha_1 = -u + \left(u^2 + \frac{g}{l}\right)^{\frac{1}{2}} \quad \text{和} \quad \alpha_2 = -u - \left(u^2 + \frac{g}{l}\right)^{\frac{1}{2}} \tag{8}$$

则式 (7) 的通解为

$$s = A_1 e^{i\alpha_1 t} + A_2 e^{i\alpha_2 t} \tag{9}$$

常数 A_1 和 A_2 是由初始条件确定的。根据实验装置的设置，我们将规定

$$t = 0 \text{ 时}, \quad \xi = a, \quad \eta = 0, \quad \frac{\mathrm{d}\xi}{\mathrm{d}t} = \frac{\mathrm{d}\eta}{\mathrm{d}t} = 0 \tag{10}$$

因此，我们假设在正 ξ 轴上，摆锤被拉至距垂线位置为 a 的距离 (图 50)，沿子午线向南，然后无冲量释放。从式 (10) 得到复变量的初值为

$$t = 0\text{时}, \quad s = a, \quad \frac{\mathrm{d}s}{\mathrm{d}t} = 0 \tag{10a}$$

式 (9) 给出

$$A_1 + A_2 = a \tag{11}$$

$$A_1\alpha_1 + A_2\alpha_2 = 0 \tag{11a}$$

$$A_1 = \frac{a}{2}\left[1 + \frac{u}{\left(u^2 + \frac{g}{l}\right)^{\frac{1}{2}}}\right], \quad A_2 = \frac{a}{2}\left[1 - \frac{u}{\left(u^2 + \frac{g}{l}\right)^{\frac{1}{2}}}\right] \tag{11b}$$

接下来我们计算 $\dfrac{\mathrm{d}s}{\mathrm{d}t}$ 的表达式，它比 s 本身涉及的项少一些。回顾式 (11a)，我们有

$$\frac{\mathrm{d}s}{\mathrm{d}t} = i\alpha_1 A_1 e^{-iut}\left[e^{i\left(u^2 + \frac{g}{l}\right)^{\frac{1}{2}}l} - e^{-i\left(u^2 + \frac{g}{l}\right)^{\frac{1}{2}}i}\right]$$

其中根据式 (8) 和式 (11b)，有

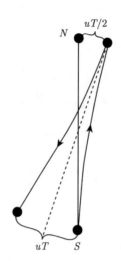

图 50　Foucault 摆。飞行轨迹的鸟瞰图。初始位移向南，在完全振动中向西偏转

$$\frac{\mathrm{d}s}{\mathrm{d}t} = -a\frac{g}{l}\frac{1}{\left(u^2+\frac{g}{l}\right)^{\frac{1}{2}}}\mathrm{e}^{-iut}\sin\left(u^2+\frac{g}{l}\right)^{\frac{1}{2}}t \tag{12}$$

我们得到以下结论：当正弦因子消失时，得到

$$\frac{\mathrm{d}s}{\mathrm{d}t} = 0, \quad \text{因此} \ \frac{\mathrm{d}\xi}{\mathrm{d}t} = \frac{\mathrm{d}\eta}{\mathrm{d}t} = 0$$

这表示在摆锤的轨迹中出现了转折点或顶点。根据初始条件 (10)，第一个出现在 $t=0$ 时。如果

$$T = \frac{2\pi}{\left(u^2+\frac{g}{l}\right)^{\frac{1}{2}}} \tag{13}$$

后续的顶点发生在

$$t = \frac{T}{2}, t = T, t = \frac{3T}{2}, \cdots$$

$t=T$ 是一个完整的往复运动的持续时间。令 $u=0$ (即 $\omega=0$) 使式 (13) 与无地球自转影响的单摆的摆动周期一致——正如预期的那样。

　　为了知道 Foucault 摆的摆锤在 $t=T$ 时的位置，我们利用式 (13) 和式 (11)，由式 (9) 得到

$$s_{t=T} = A_1\mathrm{e}^{-iuT+2\pi i} + A_2\mathrm{e}^{-iuT-2\pi i} = (A_1+A_2)\,\mathrm{e}^{-iut} = a\mathrm{e}^{-iuT}$$

因此，物体与静止位置距离 a 与运动开始时的距离相同，但它的方位角已不再像最初那样与向南的子午线重合，而是相对于角所给出的这个方向有一种滞后：

$$uT = 2\pi \frac{u}{\left(u^2 + \dfrac{g}{l}\right)^{\frac{1}{2}}}\, 2\pi \left(\frac{l}{g}\right)^{\frac{1}{2}} \omega \sin \phi$$

如图 50 所示，摆锤就是这样向西偏转。我们可以这样解释：当地球的自转为零时，钟摆摆锤会沿着南北方向的直线运动。然而，在我们的例子中，Coriolis 力通过它对右岸的压力，在摆锤摆出时向东移动了一个角度 $\dfrac{1}{2}uT$，在摆锤回来时向西移动了一个角度 $\dfrac{1}{2}uT$。

Foucault 在 1851 年的实验和他无数后继者的实验只得到了定性的结果; 后来低温领域的权威和超导的发现者 H. Kamerlingh Onnes 在 1879 年的 Groningen 学位论文中对所有的误差来源进行了定量研究。

§32 Lagrange 的三体问题

我们禁不住要用拉格朗日 (巴黎科学院, 1772) 所揭示的一个著名原理的证明来结束我们对相对运动的分析：如果假设三个天体形成的三角形总是与自身相似，那么三体问题就可以用封闭的初等形式来解决。这三个物体的质量完全是任意的。

这一原理的证明将表明：

(1) 通过这三个质点的平面在空间中是固定的。

(2) 三个顶点上的 Newton 力的合力，都通过它们的共同质心。

(3) 他们构成的三角形是等边三角形。

(4) 这三个质点的运动沿相似的圆锥曲线，共同的质心在一个焦点上。

Lagrange 给出的证明相当复杂。它可以简化，如果借助于拉普拉斯，我们从一开始就假设上面的第一个结论。然而，Carathéodory[1]已经表明，即使没有这种假设，在初等证明的基础上也是可能的。他的出发点是在正交坐标系下解出的矢量方程 (29.4)。我们将按照他的证明作一些小修改。

我们考虑平面 S，它经过三个点 P_1, P_2, P_3 (质量 m_1, m_2, m_3)，因此也通过它们的质心 O。不破坏问题的一般性，我们可以将后者定义为静止状态。因此，S 围绕固定点 O 旋转，这个旋转包含了一个分量，使 S 在 O 点的法线处自转，称为总角速度。我们想象自己位于一个固定在 S 上的坐标系中，在这个坐标系中，我们观察 P_k 点的运动，就像我们从地球上观察 Foucault 摆的运动一样。

---

[1] Sit^7. Bayr. Akad. Wiss. 257(1933).

从 O 开始，我们测量到点 P_k 的矢径 r_k; v_k 和 $\dfrac{\mathrm{d}v_k}{\mathrm{d}t}$ 分别是它们在 S 处观察到的速度和加速度。利用矢量法则式 (24.7)，我们将运动微分方程 (29.4) 写成如下形式：

$$\frac{\mathrm{d}v_k}{\mathrm{d}t} + 2\boldsymbol{\omega} \times v_k + \boldsymbol{\omega}\,(r_k \cdot \boldsymbol{\omega}) - r_k\omega^2 + \dot{\boldsymbol{\omega}} \times r_k = \frac{\boldsymbol{F}_k}{m_k} \tag{1}$$

$\boldsymbol{F}_k$ 是作用在 m_k 处的 Newton 万有引力的矢量和，例如，

$$\frac{\boldsymbol{F}_1}{m_1} = \frac{Gm_2}{|r_2 - r_1|^2}\frac{r_2 - r_1}{|r_2 - r_1|} + \frac{Gm_3}{|r_3 - r_1|^2}\frac{r_3 - r_1}{|r_3 - r_1|} \tag{2}$$

我们在 S 上固定一个 Cartesian 坐标系，在 S 平面上，原点是 O, 且 x,y 是任意方向，在 O 处，我们建立垂直于 S 的 z 轴，按照 Euler 方法，沿着这些轴分解 $\boldsymbol{\omega}$,

$$\boldsymbol{\omega} = (\omega_1, \omega_2, \omega_3) \tag{3}$$

让分量 ω_3 (S 向自身旋转) 由一个固定在 S 上的矢量 $\overrightarrow{OP_k}$ 的方向来决定，但我们假设三角形 $P_1P_2P_3$ 与它自身保持相似，因此，其他两个矢量 $\overrightarrow{OP_k}$ 在 S 中也有一个固定的方向：

$$r_k = \lambda(t)\,(a_k, b_k, 0) \tag{4}$$

其中 a_k、b_k 是 P_k 在给定初始时间的笛卡儿分量。$\lambda(t)$ 函数决定了矢量 $\overrightarrow{OP_k}$ 的一般尺度变化，因此也决定了三角形 $P_1P_2P_3$ 的尺度变化: 利用 λ 的导数 $\dot{\lambda}$ 和 $\ddot{\lambda}$, 我们从式 (4) 中得到

$$v_k = \dot{\lambda}(t)\,(a_k, b_k, 0)$$
$$\frac{\mathrm{d}v_k}{\mathrm{d}t} = \ddot{\lambda}(t)\,(a_k, b_k, 0) \tag{4a}$$

进一步得到式 (1) 的合力 $\boldsymbol{F}_k$ 的 z 分量为零，x 和 y 分量与 λ^2 成反比。我们把这个力的缩写形式写成

$$\frac{F_k}{m_k} = \frac{1}{\lambda^2(t)}\,(L_k, M_k, 0) \tag{5}$$

接下来我们写出式 (1) 垂直于 S 的 z 分量，

$$2\dot{\lambda}\,(\omega_1 b_k - \omega_2 a_k) + \lambda\omega_3\,(a_k\omega_1 + b_k\omega_2) + \lambda\,(\dot{\omega}_1 b_k - \dot{\omega}_2 a_k) = 0$$

或者提出 a_k, b_k,

$$\left[-2\dot{\lambda}\omega_2 + \lambda\,(\omega_3\omega_1 - \dot{\omega}_2)\right] a_k + \left[2\dot{\lambda}\omega_1 + \lambda\,(\omega_3\omega_2 + \dot{\omega}_1)\right] b_k = 0 \tag{6}$$

这两个括号 [ ] 是 t 独立于 k 的函数, 称它们为 $f(t)$ 和 $g(t)$, 我们得到

$$\frac{f(t)}{g(t)} = -\frac{b_k}{a_k} \tag{6a}$$

然而, 我们假设 P_k 点构成一个三角形, 即不共线。因此 b/a 这三个比值一定是不相等的。在这种情况下, 我们只有让 $f = g = 0$ 才能满足式 (6), 由此

$$
\begin{aligned}
2\dot{\lambda}\omega_1 &= -\lambda\left(\omega_3\omega_2 + \dot{\omega}_1\right) \\
2\dot{\lambda}\omega_2 &= \lambda\left(\omega_3\omega_1 - \dot{\omega}_2\right)
\end{aligned} \tag{7}
$$

分别乘以 ω_1 和 ω_2, 然后再加, 得到

$$\frac{2\dot{\lambda}}{\lambda} = -\frac{\omega_1\dot{\omega}_1 + \omega_2\dot{\omega}_2}{\omega_1^2 + \omega_2^2}$$

并且, 通过求积,

$$\omega_1^2 + \omega_2^2 = \frac{C}{\lambda^4}, \qquad C = \text{积分常数} \tag{8}$$

我们继续写出微分方程 (1) 的 x 和 y 分量, 它们是

$$\ddot{\lambda}a_k - 2\omega_3\dot{\lambda}b_k + \omega_1\lambda\left(a_k\omega_1 + b_k\omega_2\right) - \lambda a_k\left(\omega_1^2 + \omega_2^2 + \omega_3^2\right) - \dot{\omega}_3\lambda b_k = \frac{L_k}{\lambda^2}$$

$$\ddot{\lambda}b_k + 2\omega_3\dot{\lambda}a_k + \omega_2\lambda\left(a_k\omega_1 + b_k\omega_2\right) - \lambda b_k\left(\omega_1^2 + \omega_2^2 + \omega_3^2\right) + \dot{\omega}_3\lambda a_k = \frac{M_k}{\lambda^2}$$

或者, 以因式排列

$$
\begin{aligned}
\left[\ddot{\lambda} - \lambda\left(\omega_2^2 + \omega_3^2\right)\right]a_k - \left[2\omega_3\dot{\lambda} + \lambda\left(-\omega_1\omega_2 + \dot{\omega}_3\right)\right]b_k &= \frac{L_k}{\lambda^2} \\
\left[2\omega_3\dot{\lambda} + \lambda\left(\omega_1\omega_2 + \dot{\omega}_3\right)\right]a_k + \left[\ddot{\lambda} - \lambda\left(\omega_1^2 + \omega_3^2\right)\right]b_k &= \frac{M_k}{\lambda^2}
\end{aligned} \tag{9}
$$

因此, 第一个方程的括号 [ ] 和第二个方程的括号 [ ] 在乘以 λ^2 时, 必须满足三个常系数的线性方程组 (与 t 无关)。这只有在它们自身恒定时才可能实现。因此, 第 1、4 号括号和第 3、2 号括号的差值分别等于一个常数除以 λ^2。然后, 我们有

$$\omega_1^2 - \omega_2^2 = \frac{A}{\lambda^3}, \qquad 2\omega_1\omega_2 = \frac{B}{\lambda^3} \tag{10}$$

适当的合并会使

$$\left(\omega_1 \pm \mathrm{i}\omega_2\right)^2 = \frac{A \pm \mathrm{i}B}{\lambda^3}$$

获得绝对值

$$\omega_1^2 + \omega_2^2 = \frac{D}{\lambda^3}, \qquad D = \left(A^2 + B^2\right)^{\frac{1}{2}} \tag{11}$$

与式 (8) 的比较将导致

$$\lambda = \frac{C}{D} = 常数 \tag{11a}$$

除非 C 和 D 都消失。现在根据式 (10) 知 $\lambda = $ 常数,使得 ω_1 和 ω_2 都是常数,所以从式 (7) 开始,ω_3 必须是零。通过适当选择坐标 x、y 可以使 $\omega_2 = 0$;由式 (9) 的第一个方程得到 $L_k = 0$。在这种情况下,三个点 P_k 必须共线,这与我们的假设相反。

因此,我们必须让 $C = D = 0$,并从式 (8) 或式 (11) 中得到

$$\omega_1 = \omega_2 = 0 \tag{12}$$

这证明了表述 1,平面 S 以水平面速度 ω_3 自转;它的法线在空间中是固定的。

如果把角动量方程应用到我们的系统中,可以看到,点 m_k 在平面 S 内的运动,不能对面积速度常数有贡献。因此,这个常数直接由 S 的角速度 ω_3 决定,我们有

$$常数 = \omega_3 \sum m_k \left|\boldsymbol{r}_k\right|^2 = \omega_3 \lambda^2 \sum m_k \left(a_k^2 + b_k^2\right)$$

可以写成

$$\lambda^2 \omega_3 = \gamma, \qquad \gamma = 常数 \tag{12a}$$

由此

$$2\dot{\lambda}\omega_3 + \lambda^2\dot{\omega}_3 = 0 \tag{12b}$$

由式 (12) 和式 (12a)、式 (12b) 的值简化式 (9) 有

$$\lambda^2\ddot{\lambda} - \frac{\gamma^2}{\lambda} = \frac{L_k}{a_k} = \frac{M_k}{b_k} \tag{13}$$

其中的要求 $\dfrac{L_1}{a_1} = \dfrac{M_1}{b_1}$,也就是说 F_1 关于 O 的力矩不存在,即

$$\left|\boldsymbol{r}_1 \times \boldsymbol{F}_1\right| = \frac{1}{\lambda^2}\left(a_1 M_1 - b_1 L_1\right) = 0 \tag{14}$$

因此 $\boldsymbol{F}_1$ 通过质心 O,同样适用于 $\boldsymbol{F}_2$ 和 $\boldsymbol{F}_3$。这是我们的表述 2,它表明作用于 P_k 的力的合力通过了质点 m_k 的质心。

我们可以利用式 (2) 把式 (14) 写得更明确，有

$$\frac{\boldsymbol{r}_1 \times \boldsymbol{F}_1}{m_1 G} = \frac{m_2 \boldsymbol{r}_1 \times \boldsymbol{r}_2}{\left|\boldsymbol{r}_2 - \boldsymbol{r}_1\right|^3} + \frac{m_3 \boldsymbol{r}_1 \times \boldsymbol{r}_3}{\left|\boldsymbol{r}_3 - \boldsymbol{r}_1\right|^3} = 0 \tag{15}$$

但是根据质心的定义，

$$m_1 \boldsymbol{r}_1 + m_2 \boldsymbol{r}_2 + m_3 \boldsymbol{r}_3 = 0 \tag{16}$$

因此有

$$m_2 \boldsymbol{r}_1 \times \boldsymbol{r}_2 + m_3 \boldsymbol{r}_1 \times \boldsymbol{r}_3 = 0$$

代入式 (15) 得

$$m_2 \boldsymbol{r}_1 \times \boldsymbol{r}_2 \left(\frac{1}{\left|\boldsymbol{r}_2 - \boldsymbol{r}_1\right|^3} - \frac{1}{\left|\boldsymbol{r}_3 - \boldsymbol{r}_1\right|^3} \right) = 0$$

即

$$\left|\boldsymbol{r}_2 - \boldsymbol{r}_1\right| = \left|\boldsymbol{r}_3 - \boldsymbol{r}_1\right| \tag{17}$$

同样有

$$\left|\boldsymbol{r}_3 - \boldsymbol{r}_2\right| = \left|\boldsymbol{r}_1 - \boldsymbol{r}_2\right|, \cdots \tag{17a}$$

这样我们就得到了表述 3: 这个三角形是等边三角形。

式 (13) 中出现的商 $\dfrac{L_k}{a_k}$ 和 $\dfrac{M_k}{b_k}$ 均可确定。为此，我们称 λs 为三角形的边

$$s^2 = (a_2 - a_1)^2 + (b_2 - b_1)^2 = (a_3 - a_2)^2 + (b_3 - b_2)^2 = \cdots$$

根据式 (2) 和式 (5) 我们有

$$\frac{L_1}{a_1} = \frac{G}{s^3 a_1}\left[m_2\left(a_2 - a_1\right) + m_3\left(a_3 - a_1\right)\right]$$

由式 (16) 有

$$\frac{L_1}{a_1} = \frac{G}{s^3}\left(-m_1 - m_2 - m_3\right) \tag{18}$$

这个方程右边的元素在 m_k 和坐标 a_k、b_k 中是对称的，因此它不仅表示 $\dfrac{L_1}{a_1}$ 的值，而且表示 $\dfrac{L_k}{a_k}$ 和 $\dfrac{M_k}{b_k}$ 的值。将此值替换为式 (13) 中的值

$$\lambda^2 \ddot{\lambda} - \frac{\gamma^2}{\lambda} = -\frac{G}{s^3}\left(m_1 + m_2 + m_3\right) \tag{19}$$

这个微分方程中的 λ 描述了时间上的运动，即我们的等边三角形交替地扩张和收缩的节奏。

然而，有一种更简单的方法可以了解这种长期运动，同时也能了解轨迹的形式; 我们放弃平面 S，从与 S 重合但在空间中固定的平面 S' 观察运动。在 S' 中，作用于质点 m_k 的唯一的力是指向静止质心的合力 $\boldsymbol{F}_k$; 在式 (1) 中产生的虚拟力 (科氏力、离心力等)。由式 (5)、式 (18) 可知 $\boldsymbol{F}_k$ 的大小为

$$|\boldsymbol{F}_k| = \frac{m_k}{\lambda^2}\left(L_k^2 + M_k^2\right)^{\frac{1}{2}} = -\frac{m_k G}{\lambda^2 s^2}\left(m_1 + m_2 + m_3\right)\frac{(a_k^2 + b_k^2)^{\frac{1}{2}}}{s} \qquad (20)$$

等式右边唯一随时间变化的量是 λ^2，借助于式 (4) 可以用 $|\boldsymbol{r}_k|$ 表示

$$\lambda^2 = \frac{|\boldsymbol{r}_k|^2}{a_k^2 + b_k^2}$$

让我们用式 (20) 中的值替换 λ，定义一个新的质量

$$m_k' = m_k\frac{(a_k^2 + b_k)^{\frac{3}{2}}}{s^3} \qquad (20a)$$

总质量 $M = m_1 + m_2 + m_3$。替换式 (20) 我们得到

$$|\boldsymbol{F}_k| = -\frac{m_k' M G}{|\boldsymbol{r}_k|^2}$$

因此，三个质量点中的每一个都独立于其他质量点在空间中运动，就好像被赋予了一个质量 m_k'，并以 Newton 学说的方式被一个静止在 O 中的质量 M 吸引。因此，它描述了在 O 点有一个焦点的圆锥曲线。

为了说明这三个二次曲线的大小和相互位置，我们必须考虑所假设的运动状态中隐含的初始条件。例如，让我们考虑当距离 $\lambda = \lambda_{\text{extr}}$ 的瞬间

$$\lambda_{\text{extr}}\left(a_k^2 + b_k^2\right)^{\frac{1}{2}} \qquad (21)$$

从 O 开始到所有 m_k 的距离都是极值。由式 (4) 可知，S 中的径向速度等于零; S' 中的速度，即空间中的速度，由角速度的分量 ω_3 乘以距离式 (21) 给出。因此，在这个距离上出现的因子 $\left(a_k^2 + b_k^2\right)^{\frac{1}{2}}$ 不仅是对初始速度和到共同质心的初始距离的相似性的度量，而且也是对由这些初始值产生的三个圆锥曲线大小的相似性的度量。有了这个，表述 4 就成立了。三个圆锥截面的位置由三个矢径 $\overline{OP}_k$ 形成的夹角来相互区分。

在特殊情况下 $m_1 = m_2 = m_3$，当质心与等边三角形中线的交点重合时，这三个圆锥曲线是全等的，并且彼此间移动了 120°。

除了圆锥曲线上的这种运动之外，根据 Lagrange，还有一类可以用基本形式表示的运动，在这些运动中，三个物体都位于一条旋转的直线上。但是我们不想在这里讨论这个问题。最后，我们指出，由 Lagrange 的专门的三体问题可以转化为相应的专门的 n 体问题。在质量 n 相等且初始速度合适的情况下，可以得到 n 个全等的 Kepler 椭圆，这些椭圆彼此之间的位移角为 $\dfrac{2\pi}{n}$，并以相同的节奏移动。这种运动模式被暂时改进为电子来解释 X 射线的 L 谱 [Physical. Zeits. 19, 297 (1918)]。

第 6 章　力学的积分变分原理和广义坐标系 Lagrange 方程

§33　Hamilton 原理

在前文中我们讨论了力学的变分原理, 即 d′Alembert 原理。该原理将系统在给定任意时刻的状态与通过虚位移得到的相邻状态进行了比较。这里我们将要考虑的是积分原理, 它与变分原理的不同之处在于, 关注系统在有限时间间隔内的连续状态, 或者在轨迹的有限部分上处于相同的状态, 然后将这些状态与相应的虚拟的相邻状态进行比较。

这些不同名称的积分法则是通过建立原始状态和相邻状态或不同状态之间的对应关系来区分的。它们的共同点是: 被变分的量具有 "作用量" 的量纲。因此, 它们都可以表述为 "最小作用原理[①]"。

正如我们已经知道的, 功率等于能量 × 时间$^{-1}$, 而作用量等于能量 × 时间。其中的一个例子是基本量子作用量, 如 Planck 常量, 我们将在 §45 中遇到它, 这个常数值为

$$h = 6.624 \times 10^{-27} \mathrm{erg \cdot s}$$

我们将首先学习 Hamilton 原理。它与 §37 中讨论的 Maupertuis 最小作用功原理不同 (虽然历史上后者是先出现的), 因为这里的时间是不变的。这意味着系统在同一时间由不同的实际轨迹到达任何给定点, 即坐标 x_k 与坐标 $x_k + \delta x_k$, 下面的陈述概述了 Hamilton 原理的这一性质:

$$\delta t = 0 \tag{1}$$

当我们谈到系统的轨迹或路径时, 我们必须指出的一点, 就是我们所说的系统轨迹并不是指系统某一点在一个三维空间中的轨迹, 而是指在一个多维空间中的一条曲线, 它是系统作为一个整体运动的特征。因此, 在 f 个自由度的情况下, 这条曲线在 f 维空间的坐标为 $q_1, \cdots, q_f$ (参考 §6)。

[①] 在有的国家, 这种用法并不常见。我们将 Hamilton 原理与最小作用功原理区分开来 (也称 Maupertuis 最小作用功原理)。

除了条件 (1) 外,我们还要对 Hamilton 原理的变量施加其他限制;所考虑的轨迹截面端点 O 和 P 及其变化的相邻轨迹的端点 O 和 P 必须在空间上重合。因此,对任意坐标 x,有

$$\text{当 } t = t_0,\ t = t_1 \text{时,} \quad \delta x = 0 \tag{2}$$

图 51 可以形象化地辅助描述三维空间中实际路径 (实线) 与虚拟路径 (虚线) 的关系。位移 δq,由坐标 δx 的变化引起的位移,除了两个端点外,是完全任意的,限制条件 δq 对时间 t 是连续可导的。即真实路径上的任何点与不同路径上的任何点之间存在一一对应,通过前面的位移 δq 得到,并且这两个点属于同一时间 t。

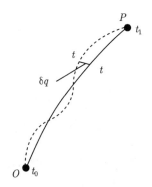

图 51 Hamilton 原理中的轨迹变化,时间不变

现在,我们来推导 Hamilton 原理。我们从 d'Alembert 原理的式 (10.6) 开始,

$$\sum_{k=1}^{n} \left[(m_k \ddot{x}_k - X_k)\,\delta x_k + (m_k \ddot{y}_k - Y_k)\,\delta y_k + (m_k \ddot{z}_k - Z_k)\,\delta z_k \right] = 0 \tag{3}$$

因此,我们考虑一个有 n 个离散质点的系统,然而,这些质点可以由完整或非完整性质的约束力耦合。因此,$\delta x_k, \delta y_k, \delta z_k$ 当然也必须满足这些约束,并不是相互独立的;在完整的 f 个自由度的情况下,只有 f 个自由度可以任意选择。在非完整的情况下,它们是与微分条件相关的。

首先,我们将式 (3) 进行纯粹的形式变换

$$\ddot{x}_k \delta x_k = \frac{\mathrm{d}}{\mathrm{d}t}(\dot{x}_k \delta x_k) - \dot{x}_k \frac{\mathrm{d}}{\mathrm{d}t}(\delta x_k) \tag{4}$$

其中我们应该立即问自己这样的表达式是什么意思,如 $\frac{\mathrm{d}}{\mathrm{d}t}(\delta x_k)$ 是什么。为此,我们不仅比较了在同一瞬时 t 实际路径 x_k 与虚拟路径下的 $x_k + \delta x_k$,还有同一时

间沿着实际路径的速度 $\dot{x}_k$ 与沿着虚拟路径的速度 $\dot{x}_k + \delta\dot{x}_k$。后一种速度是由恒等式来定义的

$$\frac{\mathrm{d}}{\mathrm{d}t}(x_k + \delta x_k) = \dot{x}_k + \frac{\mathrm{d}}{\mathrm{d}t}(\delta x_k)$$

我们用两种等同的写法表达速度的变化有

$$\frac{\mathrm{d}}{\mathrm{d}t}(\delta x_k) = \delta\dot{x}_k \tag{5}$$

将这个结果代入式 (4) 中，得

$$\ddot{x}_k \delta x_k = \frac{\mathrm{d}}{\mathrm{d}t}(\dot{x}_k \delta x_k) - \dot{x}_k \delta\dot{x}_k = \frac{\mathrm{d}}{\mathrm{d}t}(\dot{x}_k \delta x_k) - \frac{1}{2}\delta(\dot{x}_k^2) \tag{6}$$

类似的方程当然也适用于坐标 y_k 和 z_k。因此，式 (3) 现在可以用如下形式表示：

$$\frac{\mathrm{d}}{\mathrm{d}t}\sum m_k(\dot{x}_k \delta x_k + \dot{y}_k \delta y_k + \dot{z}_k \delta z_k)$$
$$= \sum \frac{m_k}{2}\delta(\dot{x}_k^2 + \dot{y}_k^2 + \dot{z}_k^2) + \sum(X_k \delta x_k + Y_k \delta y_k + Z_k \delta z_k) \tag{7}$$

右边的第二项是虚功 δW，也就是说，外力在虚拟位移中所做的功。另外，右边的第一项给出了动能 T 的变化，为

$$T = \sum \frac{m_k}{2}(\dot{x}_k^2 + \dot{y}_k^2 + \dot{z}_k^2)$$

当从实际轨迹传递到虚拟轨迹时，式 (7) 可以简化为

$$\frac{\mathrm{d}}{\mathrm{d}t}\sum m_k(\dot{x}_k \delta x_k + \dot{y}_k \delta y_k + \dot{z}_k \delta z_k) = \delta T + \delta W \tag{8}$$

在由此得出进一步的结论之前，我们先要对这种关系（5）做一些说明

$$\frac{\mathrm{d}}{\mathrm{d}t}\delta x = \delta\frac{\mathrm{d}x}{\mathrm{d}t} \tag{9}$$

如果我们还记得 t 是不变的，及 $\delta t = 0$ 意味着 $\delta\mathrm{d}t = 0$，可以把式 (9) 替换为

$$\frac{\mathrm{d}\delta x}{\mathrm{d}t} = \frac{\delta\mathrm{d}x}{\mathrm{d}t} \quad \text{或者} \quad \mathrm{d}\delta x = \delta\mathrm{d}x \tag{9a}$$

式 (9a)，特别是在第二种形式 $\mathrm{d}\delta = \delta\mathrm{d}$ 中，在 Euler 型变换计算中起着富有成效的但有些神秘的作用。我们注意到式 (9a) 与有点琐碎的将虚位移对时间导数与速

度的虚变化联系起来的式 (5) 是一样的，但式 (9a) 包含两个假设，即时间不变和虚位移是连续的。

我们现在将返回到式 (8)，并将其对时间 t 从 t_0 到 t_1 积分。因为由式 (2)，左边消失了，我们留下了下式

$$\int_{t_0}^{t_1} (\delta T + \delta W) \mathrm{d}t = 0 \tag{10}$$

由于 Hamilton 原理中所体现的变化形式，这也可以写为

$$\delta \int_{t_0}^{t_1} T \mathrm{d}t + \int_{t_0}^{t_1} \delta W \mathrm{d}t = 0 \tag{11}$$

然而，后面的积分式用 $\delta \int W \mathrm{d}t$ 替换后，积分将是错误的。因为虽然虚功 δW 和在时间 $\mathrm{d}t$ 中的功 $\mathrm{d}W$ 相等是正确的，完全具有定义的意义，但并非功 W 本身。一般来说，功 W 不是状态变量。只有当 $\mathrm{d}W$ 是一个全微分时，即当外力保证满足那些势能 V 存在的条件时 [式 (6.3)]，它才是一个状态变量。在这种情况下，我们可以用

$$-\int \delta V \mathrm{d}t = -\delta \int V \mathrm{d}t \quad \text{替换} \quad \int \delta W \mathrm{d}t$$

在式 (11) 中，继续采用经典的简化形式

$$\delta \int_{t_0}^{t_1} (T - V) \mathrm{d}t = 0 \tag{12}$$

这就是人们在谈到 Hamilton 原理时通常会想到的方程。根据 §6 的声明，它对保守的系统是有效的。我们可以把 Hamilton 原理方程 (11) 推广为包括非保守系统。

就像 d'Alembert 原理一样，我们现在称式 (12) 或式 (11) 分别包含了力学的部分描述。这些强调了类似能量的表达式 $T - V$ 的特殊意义。在力学中，它被称为 Lagrange 函数 (或者简称 Lagrangian)，并将式 (12) 代入

$$\delta \int_{t_0}^{t_2} L \mathrm{d}t = 0, \quad \text{其中 } L = T - V \tag{13}$$

换句话说，Lagrange 的时间积分是一个极值。Helmholtz 在他最后的作品中大量使用 Hamilton 形式的变分原理；他将其扩展到电动力学中，并称 L 为动力学势。自由能一词与总能 $T + V$ 相对，鉴于它在热力学中的广泛应用，这也同样是合理的。

Hamilton 原理的特别的价值源于它完全独立于坐标的选择。事实上，T 和 V (以及 δW) 是具有直接物理意义的量，可以用任何期望的坐标集来表示。我们将在 §34 学习应用这些特性。

Hertz 认为，Hamilton 原理只适用于完整的系统。此错误已由 O. Hoelder (Goettinger Nachr, 1896) 进行了更正。

Hamilton 原理与我们对因果关系的需要背道而驰，就像所有其他涉及积分的变分原理一样。在这里，事件的结果不是由系统的当前状态决定的，而是在对其过去和未来状态的平等考虑下推导得出的。因此，这样看来变分原理似乎不是因果的，而是目的论的。我们将在 §37 回到这一点，将讨论这些原理的历史起源。在那里，我们还将简要地讨论将 Hamilton 原理转化为在力学以外的物理领域有用的其他形式。

§34　广义 Lagrange 方程

让我们考虑一个任意的机械系统。目前我们假设系统的部件拥有完整约束。该系统的自由度数为 f。然后，我们引入 f 个可以确定在任何给定的时刻系统位置的独立坐标。将像 §7 所说的那样，我们将把它们称为

$$q_1, q_2, \cdots, q_f \tag{1}$$

这些就是我们的位置广义坐标。但在此基础上我们再加上广义速度坐标

$$\dot{q}_1, \dot{q}_2, \cdots, \dot{q}_f \tag{1a}$$

q_k 和 $\dot{q}_k$ 一起完全确定了系统任意瞬时的状态。

让我们更明确地说一下：现在用 $n > f$ 个坐标 $x_1, \cdots, x_n$ 来描述这个系统，这些坐标并不一定是 Cartesian 坐标系。让他们满足 $n - f$ 个条件，形式为

$$F_k(x_1, x_2, \cdots, x_n) = 0, \qquad k = f+1, f+2, \cdots, n \tag{2}$$

我们定义 q_k 为关于 $x_1, \cdots, x_n$ 的函数 F_k

$$F_k(x_1, x_2, \cdots, x_n) = q_k, \qquad k = 1, 2, \cdots, f \tag{2a}$$

我们把 F_k 关于 x_i 的偏微分指定为 F_{ik}。式 (2) 和式 (2a) 关于 t 的微分形式为

$$\sum_{i=1}^{n} F_{ik}(x_1, \cdots, x_n)\dot{x}_i = \begin{cases} \dot{q}_k, & k = 1, 2, \cdots, f \\ 0, & k = f+1, \cdots, n \end{cases} \tag{2b}$$

我们由此可以将 $\dot{x}_i$ 为 $\dot{q}_k$ 的线性函数, 其系数依赖于 $x_1, \cdots, x_n$ 或由式 (2) 和式 (2a) 依赖于 $q_1, \cdots, q_f$。动能 T, 一个关于 $\dot{x}_i$ 的二次齐方程, 正如一开始由 Cartesian 坐标系表示的一样, 会再次变为关于 $\dot{q}_k$ 的二次齐次方程, 其系数依赖于 q_k。现在, 我们假定势能 V 是只关于 q_k 的函数, 原则上, 不排除之后 V 也是 $\dot{q}_k$ 函数的可能。在这种联系下, 我们现在可以完成对 L 的定义式 (33.13), 为

L 是 q_k 和 $\dot{q}_k$ 的函数

我们暂且排除 L 对 t 明确的依赖。

从这个意义上讲, 现在我们写出 L 的变分, 即在虚变分状态 $q_k + \delta q_k$、$\dot{q}_k + \delta \dot{q}_k$ 与初始状态 q_k、$\dot{q}_k$ 的 L 的差值:

$$\delta L = \sum_k \frac{\partial L}{\partial q_k} \delta q_k + \sum_k \frac{\partial L}{\partial \dot{q}_k} \delta \dot{q}_k \tag{3}$$

把这个变分引入 Hamilton 原理中, 有

$$\int_{t_0}^{t_1} \delta L \mathrm{d}t = 0 \tag{3a}$$

这种形式与式 (33.13) 的不同之处在于变分在积分符号里, 而我们之前把它放在积分符号前面。当然, 根据运算规则式 (33.1), 这两种形式是等价的, 即说明 t 和 $\mathrm{d}t$ 是不变的。无论如何, 式 (3a) 对应于我们第一次遇到的式 (33.10)。

我们现在把式 (3) 的第二项对式 (3a) 指定的时间进行积分。为此, 我们通过部分积分来改变这个项的形式, 这个过程自 Euler 以来一直是整个变分演算的特征[①]:

$$\int_{t_0}^{t_1} \frac{\partial L}{\partial \dot{q}_k} \delta \dot{q}_k \mathrm{d}t = \int_{t_0}^{t_1} \frac{\partial L}{\partial \dot{q}_k} \frac{\mathrm{d}}{\mathrm{d}t} \delta q_k \mathrm{d}t = \frac{\partial L}{\partial \dot{q}_k} \delta q_k \Big|_{t_0}^{t_1} - \int_{t_0}^{t_1} \frac{\mathrm{d}}{\mathrm{d}t} \frac{\partial L}{\partial \dot{q}_k} \delta q_k \mathrm{d}t \tag{4}$$

在这种双重等式的最后一组中, 第一项由于式 (33.2) 中规定的条件而消失。因此, 对于式 (3) 中 δL 的完整表达式, 积分为

$$\int_{t_0}^{t_1} \delta L \mathrm{d}t = - \int_{t_0}^{t_1} \sum_k \left(\frac{\mathrm{d}}{\mathrm{d}t} \frac{\partial L}{\partial \dot{q}_k} - \frac{\partial L}{\partial q_k} \right) \delta q_k \mathrm{d}t = 0 \tag{4a}$$

[①] 一般来说, 我们使用给定变分问题的 Euler 方程来指定类型 (6) 方程, 而式 (6) 从式 (4) 和式 (5) 的推导是任何此类问题中 Euler 方程定向的典型特征。因此, 我们可以说 Lagrange 方程是由函数 L_t 变分问题所描述的 Euler 方程。

现在，δq_k 是相互独立的。因此，我们可以把除其中一个之外的所有项都设为零。我们也可以沿着图 51 的轨迹到处变成 0，除了在单点附近，或者在时间间隔 Δt 在任意时间 t 类似相同的地方，为了满足式 (4a)，我们现在要求

$$\left(\frac{\mathrm{d}}{\mathrm{d}t} \frac{\partial L}{\partial \dot{q}_k} - \frac{\partial L}{\partial q_k} \right) \int_{\Delta t} \delta q_k \mathrm{d}t = 0 \tag{5}$$

但 Δt 是有限的，δq_k 在时间间隔 Δt 期间不会消失。因此，在任何时间 t 和下标变量 k，我们必须满足：

$$\frac{\mathrm{d}}{\mathrm{d}t} \frac{\partial L}{\partial \dot{q}_k} - \frac{\partial L}{\partial q_k} = 0 \tag{6}$$

这就是广义坐标下的 Lagrange 方程，也称为第二类 Lagrange 方程，专门用于目前考虑的情况，即有势力作用于系统上，而系统的内部约束条件是完整的。

如果放弃其中一个假设，我们将得到这个方程的一个扩展形式。因此，让我们考虑两种情况。

第一种情况是力不能从势函数中导出。因此，我们必须由 Hamilton 原理的形式 (33.11) 开始。我们认为外力的虚功 δW 由虚位移 δq_k 表示为

$$\delta W = \sum Q_k \delta q_k \tag{7}$$

我们称系数 Q_k 为与坐标 q_k 相关的广义力的分量。这是力概念的形式扩展，当然可以作为一个数学定义。因此，我们现在可以重述在式 (9.7) 中给出的力对轴的力矩的定义如下：力矩是与相应的旋转角相关的广义力。很明显，其在式 (7) 中定义的数值是 Q_k，不再具有矢量特征，通常也不需要再具有达因 (力的单位) 量纲。从式 (7) 可以看出，它们的量纲取决于相关的坐标 q_k 的量纲。因此，正如我们已经知道的，力矩必须具有功的量纲，ergs，因此，对于相关的 δq_k 是角度，因此是无量纲。

如果我们现在在式 (33.11) 中引入式 (7) 并执行式 (4) 和式 (5) 所指示的转换，显然我们得到代替式 (6) 的方程

$$\frac{\mathrm{d}}{\mathrm{d}t} \frac{\partial T}{\partial \dot{q}_k} - \frac{\partial T}{\partial q_k} = Q_k \tag{8}$$

我们可以用一种更一般的形式写成

$$\frac{\mathrm{d}}{\mathrm{d}t} \frac{\partial L}{\partial \dot{q}_k} - \frac{\partial L}{\partial q_k} = Q_k \tag{8a}$$

此式更普遍是因为现在我们可以考虑到某些作用力是由势能中推导出来的，另一些式则不是。我们只需要写下 Q_k 对应于式 (8a) 右侧的后一项类型的力。另外，前者的势能可以与动能 T 结合，从而得到式 (8a) 中的 Lagrange 函数 L。

式 (8a) 也是力不能由势函数推导出的 Lagrange 方程。

如果现在我们放弃前面陈述的第二个假设，即假设系统的约束部分是非完整的，那么引入坐标 q_k 为无效。因为根据定义，非完整的条件不能采用形式 (2)，所以不能通过正确选择 q 来消除。然后，我们需要引入过多的 q，也就是说，一个大于无穷小运动自由度的数字。即 $f - r$，其中 f 是有限运动的自由度数，r 是非完整性条件的数。这也可以写成与式 (7.4) 类似的虚条件形式

$$\sum_{k=1}^{f} F_{k\mu}(q_1, \cdots, q_f)\, \delta q_k = 0, \qquad \mu = 1, 2, \cdots, r \tag{9}$$

它们意味着允许限制 δq_k 的变化。对式 (9) 的每个方程我们通过 Lagrange 乘子 λ_μ 来考虑到这一限制, 然后将其加到式 (33.13) 的积分下。我们用 F 的某种缩写符号得到

$$\int_{t_0}^{t_1} \left(\delta L + \sum_{\mu=1}^{r} \lambda_\mu F_{k\mu} \delta q_k \right) \mathrm{d}t = 0$$

对式 (4) 进行 Euler 变换, 其中得到式 (4a) 的另一种表达

$$\int_{t_0}^{t_1} \sum_{k} \left(\frac{\mathrm{d}}{\mathrm{d}t} \frac{\partial L}{\partial \dot{q}_k} - \frac{\partial L}{\partial q_k} - \sum_{\mu=1}^{r} \lambda_\mu F_{k\mu} \right) \delta q_k \mathrm{d}t \tag{10}$$

这里的 δq_k 不再彼此独立, 而是通过关系式 (9) 相互联系。然而, 出现一个如同在 §11 中提到的争论: 式 (10) 中 δq_k 在括号内的 () 系数, 可以通过适当的选择乘数 λ_μ 消去 r 个。余下的 k 项和, 只有 q_k 中的 $f - r$ 个彼此独立的方程被留下了。与式 (5) 之后的推理相同, 现在迫使我们得出结论, 剩下的括号也必须消失。我们得到完整系统的 f 个方程

$$\frac{\mathrm{d}}{\mathrm{d}t} \frac{\partial L}{\partial \dot{q}_k} - \frac{\partial L}{\partial q_k} = \sum_{\mu=1}^{r} \lambda_\mu F_{k\mu} \tag{11}$$

我们可以将它们指定为混合类型的 Lagrange 方程, 因为它们介于第一类和第二类 Lagrange 方程之间。

我们能够知道, 这种混合类型不仅发生在我们无法消除某些条件 (非完整约束的情况下) 时, 而且发生在任何我们不希望消除它们的时候。因为我们可能感兴趣的是一个对整体系统施加的外部约束力的情况。事实证明, 这种力是由 λ_μ 与问题的相关条件表示 [如式 (18.7) 处理球形摆], 可以通过对式 (11) 积分得到。

显然，我们最终可以组合式 (11) 和式 (8a)，因为我们同时放弃了式 (6) 之后陈述的两个假设。

相反，如果我们不这样做，最后要关注以下问题：如何以及在什么假设条件下由式 (6) 得出能量守恒原理？

如前所述，在式 (3) 中，L 是 q_k 和 $\dot{q}_k$ 的函数。与之前一样，我们还要求 L 不显含 t。在此情况下，式 (3) 不仅对虚变化 δq、$\delta \dot{q}$ 有效，而且对变化 $\mathrm{d}q$、$\mathrm{d}\dot{q}$ 也有效，所以我们有

$$\frac{\mathrm{d}L}{\mathrm{d}t} = \sum_k \dot{q}_k \frac{\partial L}{\partial q_k} + \sum_k \ddot{q}_k \frac{\partial L}{\partial \dot{q}_k} \tag{12}$$

另外，我们在同一地方强调了 T 是一个关于 $\dot{q}_k$ 齐次二次函数[①]。因此，我们可以应用 Euler 规则

$$2T = \sum_k \dot{q}_k \frac{\partial T}{\partial \dot{q}_k} \tag{13}$$

对于齐次函数，上式对时间微分，得

$$2\frac{\mathrm{d}T}{\mathrm{d}t} = \sum_k \dot{q}_k \frac{\mathrm{d}}{\mathrm{d}t} \frac{\partial T}{\partial \dot{q}_k} + \sum_k \ddot{q}_k \frac{\partial T}{\partial \dot{q}_k} \tag{14}$$

现在我们从式 (14) 中减去式 (12)。因为 $L = T - V$，左边变为

$$\frac{\mathrm{d}T}{\mathrm{d}t} + \frac{\mathrm{d}V}{\mathrm{d}t}$$

在右边，第二项将被消掉，得出 V 独立于 $\dot{q}_k$。在这种情况下，通过式 (6)，右边的第一项也被消掉了，所以得到

$$\frac{\mathrm{d}T}{\mathrm{d}t} + \frac{\mathrm{d}V}{\mathrm{d}t} = 0 \tag{14a}$$

由此，我们得出结论

$$T + V = E \tag{15}$$

因此，能量守恒定律可以由 Lagrange 方程导出。

我们现在必须检查导致这一重要结论的假设。

---

① 即使不是这样，任何建立的函数 L 都被认为是 q_k 和 $\dot{q}_k$ 的函数，也可给出形如 $H = \sum \frac{\partial L}{\partial \dot{q}_k} \dot{q}_k - L = $ 常量，广义守恒定律. 在第 8 章中，我们将这样定义的函数 H 称为 Hamiltonian；这个守恒法则在等式 (15c) 中是上述方程的空间简化式。

(a) 从 T 的意义来看，我们可以说动能是根据系统的位置和速度确定的，因此通过 q 和 $\dot{q}$ 确定；T 只能在除去方程的约束的情况下显式依赖于 t。如果后者依赖于 t [①]，现在我们已经在 §11 看到这类约束对系统做功，因此破坏了能量守恒，那么，守恒定律的有效性确实需要 T 不显含时间。

(b) 因此，L 不完全依赖于 t 的假设可以简化为 V 独立于 t 的假设。这个条件也是必要的。否则，就不得不添加这个项

$$-\frac{\partial V}{\partial t}$$

在式 (12) 的右边，这项会重新出现在式 (14b) 右边。替换 $T + V = $ 常量，然后我们应该得到

$$\frac{\mathrm{d}}{\mathrm{d}t}(T + V) = \frac{\partial V}{\partial t} \tag{15a}$$

也就是说，能量守恒定律将无效。

(c) 假设 V 不仅依赖于 q_k, 也依赖于 $\dot{q}_k$. 借助式 (6)，我们得了式 (14) 和式 (12) 右侧项的差异

$$\sum \dot{q}_k \frac{\mathrm{d}}{\mathrm{d}t} \frac{\partial V}{\partial \dot{q}_k} + \sum \ddot{q}_k \frac{\partial V}{\partial \dot{q}_k} = \frac{\mathrm{d}}{\mathrm{d}t} \sum \dot{q}_k \frac{\partial V}{\partial \dot{q}_k} \tag{15b}$$

这一情形导致了守恒定律，也有一种不熟悉的形式:

$$T + V - \sum \dot{q}_k \frac{\partial V}{\partial \dot{q}_k} = 常量 \tag{15c}$$

从上面可以得出一个以后对我们有用结论。我们将通过使用式 (13) 中的 $2T$ 来计算 $L - 2T = -(T + V)$，并转到假设 V 仅为 q_k 的函数。然后我们就会得到

$$(T + V) = L - \sum \dot{q}_k \frac{\partial T}{\partial \dot{q}_k} = L - \sum \dot{q}_k \frac{\partial L}{\partial \dot{q}_k}$$

或

$$T + V = \sum \dot{q}_k \frac{\partial L}{\partial \dot{q}_k} - L \tag{16}$$

总能量 $T + V$ 可以从 Lagrange 的表达式中得到。

本节的例子相当抽象。为了做好准备，我们将专门研究这两个表达式

---

① 这种时间依赖的条件被称为流变的 (流体), 而不是时间无关的条件, 即孤立的 (固定的, 刚性的)。

$$\frac{\partial L}{\partial \dot{q}_k} \text{ 和 } \frac{\partial L}{\partial q_k}$$

在式 (6) 中，最简单的情况是，用 Cartesian 坐标 x, y, z 表示孤立质量点的运动，我们有

$$T = \frac{m}{2}\left(\dot{x}^2 + \dot{y}^2 + \dot{z}^2\right),$$

$$\frac{\partial L}{\partial \dot{x}} = \frac{\partial T}{\partial \dot{x}} = m\dot{x}, \cdots$$

$$\frac{\partial L}{\partial x} = -\frac{\partial V}{\partial x} = X, \cdots$$

因此，根据这个方程，$\dfrac{\partial L}{\partial \dot{x}}$ 表示坐标 x 方向的动量，这样，一般来说，我们将 $\dfrac{\partial L}{\partial \dot{q}_k}$ 称为 q_k 坐标方向的动量。另外，由于 $\dfrac{\partial L}{\partial x}$ 提供力在 x 方向的分量，我们把由 $\dfrac{\partial L}{\partial q}$ 产生的两项标记为广义力的 q 分量。

$$\frac{\partial T}{\partial q} - \frac{\partial V}{\partial q} = \frac{\partial T}{\partial q} - Q \tag{17}$$

Q 在式 (7) 中是一种外力，而 $\dfrac{\partial T}{\partial q}$ 是一个取决于 q 坐标随位置变化的虚构的 Lagrange 力。在 x, y, z Cartesian 坐标系的情况下，当常数 q 的曲线相互平行时，一个给定的 q_i 与 $q_k(k \neq i)$ 无关，虚构的力消失了。

§35　Lagrange 方程的应用举例

为了证明 Lagrange 形式体系的优越性，我们选择了之前用基本方法处理过的例子。

1. 摆线摆 (圆滚摆)

在这种情况下，显然坐标 q 是图 26 中圆滚摆的旋转角。根据式 (17.2)，用 Cartesian 坐标表示的这个角度为

$$x = a(\phi - \sin\phi), \quad \dot{x} = a(1 - \cos\phi)\dot{\phi}$$
$$y = a(1 + \cos\phi), \quad \dot{y} = -a\sin\phi\dot{\phi}$$

我们从这些公式中计算出

$$T = \frac{m}{2}\left(\dot{x}^2 + \dot{y}^2\right) = ma^2(1 - \cos\phi)\dot{\phi}^2$$

$$V = mgy = mga(1 + \cos\phi)$$

$$L = ma^2(1 - \cos\phi)\dot\phi^2 - mga(1 + \cos\phi) \tag{1}$$

这就是对我们的系统的几何学和力学所需要知道的全部。Lagrange 的形式会自动考虑其余的部分：

$$\frac{\partial L}{\partial \dot\phi} = 2ma^2(1 - \cos\phi)\dot\phi, \qquad \frac{\partial L}{\partial \phi} = ma^2\sin\phi\dot\phi^2 + mga\sin\phi$$

$$\frac{\mathrm{d}}{\mathrm{d}t}\frac{\partial L}{\partial \dot\phi} = 2ma^2(1 - \cos\phi)\ddot\phi + 2ma^2\sin\phi\dot\phi^2$$

或者，当代入微分方程 (6) 时，

$$(1 - \cos\phi)\ddot\phi + \frac{1}{2}\sin\phi\dot\phi^2 = \frac{g}{2a}\sin\phi$$

引入半角和除以 $2\sin\frac{1}{2}\phi$ 将其简化为

$$\sin\frac{\phi}{2}\ddot\phi + \frac{1}{2}\cos\frac{\phi}{2}\dot\phi^2 = \frac{g}{2a}\cos\frac{\phi}{2} \tag{2}$$

可以很容易地验证左边项等于 $-2\dfrac{\mathrm{d}^2}{\mathrm{d}t^2}\cos\dfrac{1}{2}\phi$。因此，我们的微分方程 (2) 与之前的式 (17.6) 相同，通过它，我们能够证明圆滚摆的严格等时行为。

2. 球形摆

这里半径为 l 球体上的角 θ 和 ϕ，即极角和地理经度分别是质量点的给定坐标。线元的基本方程为

$$\mathrm{d}s^2 = l^2\left(\mathrm{d}\theta^2 + \sin^2\theta\mathrm{d}\phi^2\right)$$

所以动能就变成了

$$T = \frac{m}{2}l^2\left(\dot\theta^2 + \sin^2\theta\dot\phi^2\right)$$

如式 (18.5a) 中所述，势能为 $V = mgl\cos\theta$，因此

$$L = \frac{m}{2}l^2\left(\dot\theta^2 + \sin^2\theta\dot\phi^2\right) - mgl\cos\theta \tag{3}$$

现在沿用之前 Lagrange 模式的计算。在除以常数因子后，θ 和 ϕ 的微分方程是

$$\ddot\theta - \sin\theta\cos\theta\dot\phi^2 - \frac{g}{l}\sin\theta = 0$$

$$\frac{\mathrm{d}}{\mathrm{d}t}\left(l^2\sin^2\theta\dot\phi\right) = 0 \tag{4}$$

第二个方程是面积速度守恒定律，与式 (18.8) 一致。注意，我们在此避免了之前处理该方程时的计算。借助于式 (18.8) 中的速度常数为 C，第一个式 (4) 可以写为

$$\ddot{\theta} = \frac{C^2}{l^4} \frac{\cos\theta}{\sin^3\theta} + \frac{g}{l}\sin\theta$$

右边的第二项等价于重力力矩 $|\boldsymbol{L}| = mgl\sin\theta$，这是与式 (34.7) 意义上的角度 $q = \theta$ 相关的力的广义分量等价的。第一项即为式 (34.17) 中的一个虚构的 Lagrange 力，这种力源于在球体上测量角度 θ 的线不是平行的，而是从极点发散的。

通过引入额外坐标 r、θ 和 ϕ，将 Lagrange 方程 (34.11) 的扩展式应用于这个例子，是很有指导意义的。现在 r 通过关系 $r = l$ 是固定的；然而，我们对这个坐标感兴趣，是因为它通过乘数 λ 给出了球面表面质点的压力，或者给出了摆悬线的张力。为了得到相关的微分方程，我们只需要用下式替换式 (3)

$$L = \frac{m}{2}\left(\dot{r}^2 + r^2\dot{\theta}^2 + r^2\sin^2\theta\dot{\phi}^2\right) - mgr\cos\theta \tag{5}$$

形成第三个 Lagrange 方程，并且加入式 (4) 中的两个方程

$$\frac{\mathrm{d}}{\mathrm{d}t}m\dot{r} - mr\dot{\theta}^2 - mr\sin^2\theta\dot{\phi}^2 + mg\cos\theta = \lambda r \tag{6}$$

我们已经令式 (34.11) 中的所有 $F_{k\mu}$ 等于 r，为了与式 (18.1) 一致，我们把约束条件 $r = l$ 写成如下形式：

$$F = \frac{1}{2}\left(r^2 - l^2\right) = 0$$

如果我们设置 $r = l, \dot{r} = \ddot{r} = 0$，按照式 (6)，有

$$\lambda l = mg\cos\theta - ml\left(\dot{\theta}^2 + \sin^2\theta\dot{\phi}^2\right) \tag{7}$$

这与式 (18.6) 一致。如果我们将 Cartesian 坐标转换为 θ、ϕ，则计算再次因使用 Lagrange 方案而避免。

3. 双摆

这里图 38 中的两个角度 ϕ、ψ 适用于坐标 q_k，在 §21 中我们写为

$$\begin{aligned} X &= L\sin\phi, \quad x = L\sin\phi + l\sin\psi \\ Y &= L\cos\phi, \quad y = L\cos\phi + l\cos\psi \end{aligned} \tag{8}$$

从这些关系中，我们得到了以下精确的关系：

$$T = \frac{M}{2}\left(\dot{X}^2 + \dot{Y}^2\right) + \frac{m}{2}\left(\dot{x}^2 + \dot{y}^2\right)$$

$$= \frac{M+m}{2}L^2\dot{\phi}^2 + \frac{m}{2}l^2\dot{\psi}^2 + mLl\cos(\phi - \psi)\dot{\phi}\dot{\psi}$$

$$V = -MgY - mgy = -(M+m)gL\cos\phi - mgl\cos\psi$$

最后一个表达式为负数, 因为 Y 和 y 在重力方向上取正 (图 38)。我们在这里称 Λ 为由 $T - V$ 表示的 Lagrange 量, 因为我们使用字母 L 来表示钟摆悬架的长度。我们得到

$$\frac{\partial \Lambda}{\partial \dot{\phi}} = (M+m)L^2\dot{\phi} + mLl\cos(\phi - \psi)\dot{\psi}$$

$$\frac{\partial \Lambda}{\partial \dot{\psi}} = ml^2\dot{\psi} + mLl\cos(\phi - \psi)\dot{\phi}$$

$$\frac{\partial \Lambda}{\partial \phi} = -(M+m)gL\sin\phi - mLl\sin(\phi - \psi)\dot{\phi}\dot{\psi}$$

$$\frac{\partial \Lambda}{\partial \psi} = -mgl\sin\psi + mLl\sin(\phi - \psi)\dot{\phi}\dot{\psi}$$

在从这些关系中写下 Lagrange 方程时, 我们将立即考虑到小的量 ϕ、ψ。$\dot{\phi}$、$\dot{\psi}$ 是与 ϕ、ψ 相同数量级的量, 因此它们的平方可以忽略。那么, 所讨论的方程就是这样的

$$\ddot{\phi} + \frac{g}{L}\phi = -\frac{m}{M+m}\frac{l}{L}\ddot{\psi}$$

$$\ddot{\psi} + \frac{g}{l}\psi = -\frac{L}{l}\ddot{\phi} \tag{9}$$

这些都与式 (21.3) 相同; 我们只需要通过转换方程 (8) 的角度坐标 ϕ、ψ 切换到距离坐标 X、x, 对于小的 ϕ, ψ, 也简化为

$$\phi = \frac{X}{L}, \qquad \psi = \frac{x-X}{l}$$

这表示式 (9) 和式 (21.3) 的第二个式子是显然一致的。假如我们在式 (9) 第二式中引入了 $\ddot{\psi}$ 的值, 式 (9) 和式 (21.3) 给出的第一个式子显然是一致的。因此, 对式 (21.3) 的振动过程的讨论, 适用于我们目前的式 (9), 在这里不需要重复。

最后, 我们想强调, 在目前纯粹形式的处理中没有提到摆弦 l 中的张力; 这种张力作为系统内部的相互作用, 隐含在 Lagrange 系统的运动方程中, 正如 §20 脚注中强调的那样。

4. 对称重陀螺

这个问题的经典坐标 q_k 是 Euler 角 θ、ϕ 和 ψ[θ、ϕ 在式 (25.4) 和式 (26.5a) 中已经介绍了]。我们将定义它们及相应的角速度如下 (图 52)：

(1) θ 是垂直轴和陀螺轴之间的角度；$\dot{\theta}$ 是关于垂直于这两个方向的节点线的角速度。

(2) ψ 是节点线与水平平面上固定方向的夹角，例如与 x 轴；$\dot{\psi}$ 是垂直方向的角速度。

(3) ϕ 是节点线与陀螺赤道平面中的一个固定方向所成的角度，例如 X 轴；$\dot{\phi}$ 是关于陀螺对称轴的角速度。

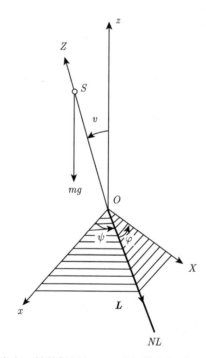

图 52   Euler 角 θ、ϕ 的定义，轴的标记与 §25 引入的坐标系一致 (z = 垂直，Z = 陀螺轴，x = 固定在空间中水平线，X = 在陀螺的赤道面上的线，固定在陀螺上)

$\dot{\theta}$、$\dot{\phi}$、$\dot{\psi}$ 是系统角速度矢量 $\boldsymbol{\omega}$ 的完全但曲线的分量，是与系统角速度的分量相对应的，ω_1、ω_2、ω_3 是旋转速度的直线性非完整分量。如下式 (10) 展示了两组分量间的方向余弦，也给出了 $\dot{\theta}$、$\dot{\phi}$、$\dot{\psi}$ (右手螺旋定则) 的转动意义：

	$\dot{\theta}$	$\dot{\phi}$	$\dot{\psi}$
ω_1	$\cos\phi$	0	$\sin\theta\sin\phi$
ω_2	$-\sin\phi$	0	$\sin\theta\cos\phi$
ω_3	0	1	$\cos\theta$

$$(10)$$

前两列显然是得自第 1 和第 3 列。为了理解第三列，要注意垂直方向的矢量 $\dot{\psi}$ 在赤道平面的投影是 $\dot{\psi}\sin\theta$；这个矢量又在赤道平面上依次分解成 ω_1 和 ω_2 的两个对应矢量，分别是 $\dot{\psi}\sin\theta\sin\phi$ 和 $\dot{\psi}\sin\theta\cos\phi$。

注意到，我们的式 (10)，不像 §2 中那样，只能从左到右读而不能从上到下读。从它的行可以得到

$$\omega_1 = \cos\phi\dot{\theta} + \sin\theta\sin\phi\dot{\psi}$$
$$\omega_2 = -\sin\phi\dot{\theta} + \sin\theta\cos\phi\dot{\psi}$$
$$\omega_3 = \dot{\phi} + \cos\theta\dot{\psi}$$

$$(11)$$

$$\omega_1^2 + \omega_2^2 = \dot{\theta}^2 + \sin^2\theta\dot{\psi}^2 \tag{11a}$$

令 $I_2 = I_1$，式 (26.17) 因此变为

$$T = \frac{I_1}{2}\left(\dot{\theta}^2 + \sin^2\theta\dot{\psi}^2\right) + \frac{I_3}{2}\left(\dot{\phi} + \cos\theta\dot{\psi}\right)^2 \tag{12}$$

由式 (25.6a)，对于引力势能 V 我们有

$$L = T - V = \frac{I_1}{2}\left(\dot{\theta}^2 + \sin^2\theta\dot{\psi}^2\right) + \frac{I_3}{2}(\dot{\phi} + \cos\theta\dot{\psi})^2 - P\cos\theta$$
$$P = mgs \tag{13}$$

L 因此不依赖位置坐标 ϕ 和 ψ，并且只依赖于它们的时间变化。我们说 ϕ 和 ψ 是循环坐标。这个名字来源于转轮 (希腊: $\kappa\upsilon\kappa\lambda o\sigma$) 的动力学行为，它不是由瞬时位置决定而只由运转速度决定。因此

$$\frac{\partial L}{\partial \phi} = \frac{\partial L}{\partial \psi} = 0$$

从 Lagrange 方程中得到量的时间导数

$$\frac{\partial L}{\partial \dot{\phi}} \text{ 和 } \frac{\partial L}{\partial \dot{\psi}}$$

必须消失。在最后一节的结尾，我们称这些量为与 ϕ 和 ψ 相关的广义动量，从现在开始，我们将用 p 来表示它们。我们一般这样写

$$p_k = \frac{\partial L}{\partial \dot{q}_k} \tag{14}$$

然后可以断言，如果坐标 q_k 是循环的，与循环坐标共轭的动量 p_k 就是运动的积分 (即积分常数)。在我们的例子中，已经从式 (25.6) 中知道了这些常数的重要性。我们已经有了

$$p_\phi = M'', \qquad p_\psi = M' \tag{15}$$

早在以前，在 §26 中，我们缺少这些常数关于陀螺的位置坐标的表达式。现在可以通过应用一般规则式 (14) 得出这些结果：

$$\begin{aligned} p_\phi &= \frac{\partial L}{\partial \dot{\phi}} = I_3(\dot{\phi} + \cos\theta\,\dot{\psi}) \\ p_\psi &= \frac{\partial L}{\partial \dot{\psi}} = I_1 \sin^2\theta\,\dot{\psi} + I_3 \cos\theta(\dot{\phi} + \cos\theta\,\dot{\psi}) \end{aligned} \tag{16}$$

式 (15) 和式 (16) 的组合结果为

$$\begin{aligned} \dot{\phi} + \cos\theta\,\dot{\psi} &= \frac{M''}{I_s} \\ I_1 \sin^2\theta\,\dot{\psi} &= M' - M'' \cos\theta \end{aligned} \tag{17}$$

式 (17) 详论了 Lagrange 方程中的两个。第三个表示的变化速度为

$$p_\theta = \frac{\partial L}{\partial \dot{\theta}} = I_1 \dot{\theta} \tag{18}$$

如果式 (17) 被用于消除 $\dot{\phi}$ 和 $\dot{\psi}$，就成为

$$I_1 \ddot{\theta} = \frac{(M' - M'' \cos\theta)\,(M' \cos\theta - M'')}{I_1 \sin^3\theta} + P \sin\theta \tag{19}$$

由 $\dfrac{\partial L}{\partial \theta}$ 导出的右面的项，不仅有我们从式 (25.4) 中就熟悉的重力的影响，也包括 §34 式 (17) 所述的建立坐标系统假想的力带来的影响。

式 (19) 具有广义钟摆方程的性质。我们不需要保留它的积分，因为可以利用能量的表达式

$$T + V = E \tag{20}$$

这必须与式 (19) 的第一次积分的结果相同。我们通过利用式 (17) 再次消除式 (12) 中的变量 $\dot{\phi}$ 和 $\dot{\psi}$, 然后式 (20) 变为

$$\frac{I_1}{2}\left[\dot{\theta}^2 + \left(\frac{M' - M''\cos\theta}{I_1\sin\theta}\right)^2\right] + \frac{M''^2}{2I_3} + P\cos\theta = E \tag{21}$$

由于式 (21) 包括 3 个积分常数, 分别为 M'、M''、E, 它是这个陀螺问题的一阶普通积分。最后, 就像 §18 中球形摆的计算一样, 我们用下式替换 θ 和 $\dot{\theta}$:

$$\cos\theta = u, \qquad \dot{\theta}\sin\theta = -\dot{u}$$

然后得到

$$\left(\frac{\mathrm{d}u}{\mathrm{d}t}\right)^2 = U(u) \tag{22}$$

其中

$$U(u) = \left(\frac{2E}{I_1} - \frac{M''}{I_1 I_3} - \frac{2P}{I_1}u\right)\left(1 - u^2\right) - \left(\frac{M' - M''u}{I_1}\right)^2 \tag{23}$$

由于 $U(u)$ 是 u 的三次多项式, 时间 t 必须由第一类椭圆积分给出, 就像球形摆的情况一样:

$$t = \int^u \frac{\mathrm{d}u}{U^{\frac{1}{2}}} \tag{24}$$

方位角 ψ 通过第三种椭圆积分由等式 (17) 给出 (见 §19),

$$\psi = \int^u \frac{M' - M''u}{I_1\left(1 - u^2\right)}\frac{\mathrm{d}u}{U^{\frac{1}{2}}} \tag{25}$$

我们现在可以再次考虑在 §18 图 29 中的问题, 如图 53 所示。单位球体上陀螺轴的轨迹在它接触到的 $u = u_2$ 和 $u = u_1$ 的纬度上来回振荡。在图 53 所示切点处, 轨迹可以仅仅经过, 也可以形成一个循环; 循环反过来可能退化为一个尖点。在每次振荡期间, 陀螺的轴以相同的方位角 $\Delta\psi$ 前进, 该角可由第三类完全椭圆积分, 类似于式 (18.15) 从式 (25) 中得到。

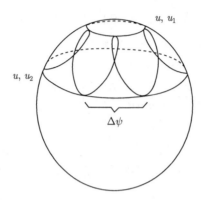

图 53　单位半径球体上的对称重陀螺轴的轨迹

特别地，如果陀螺是为了描述关于垂直线的正则进动，则需要平行圆 u_1 和 u_2 合并；图 29 (§18) 的曲线 $U(u)$ 必须从下方接触横坐标轴。这表明重陀螺的正则进动是一种特殊的运动形式 (而在陀螺没有外力的情况下，它是一般的运动形式)。

如果这两个根 u_1 和 u_2 不能完全重合，只是近似重合，我们似乎仍然有垂直于陀螺轴的均匀推进；然而，经仔细观察，人们注意到小的旋转叠加在这种均匀的推进上导致所谓的伪规则进动。这是人们在通常的实验中观察到的典型现象：首先在陀螺轴的边缘给定一个最大可能的角动量，然后将其尖端朝下置于承窝盘中，要非常小心，不添加任何可察觉的横向运动扰动。

我们对这种行为的解释如下：在实验中，初始角动量 M 接近系统对称轴，这也遵循初始旋转轴的 Poinsot 方法。因此，旋转轴首先描述了如图 43 所示的单位球体上的一个环形路线。从这个图中可以看出，平行环形路线 $u = u_1$, $u = u_2$，在整个运动过程中都保持接近，也和图 53 所示的一般情况一样。角动量和角速度一开始都非常大；除了摩擦损失之外，它们在运动过程中也保持不变。因此，陀螺运动是非常迅速的，几乎看不见。陀螺似乎不愿意屈服于重力的影响，而是不断地往重力方向相反的方向 "侧滑"。几个世纪以来，正是这种矛盾的行为吸引了业余和专业研究者研究旋转陀螺的理论。

§36　Lagrange 方程的一个替代推导

尽管从 Hamilton 原理推导出广义坐标的 Lagrange 方程在清晰度和简洁性方面是无与伦比的，但我们觉得它是人为的：因为形成 Lagrange 方程核心的各种动力学变量的变换性质没有被揭示。以下推导将弥补这种不足。

我们将注意力集中在一 $\dfrac{n}{3}$ 个质量点的系统 (n 可被 3 整除)，受任意约束，为了简单而选择完整的。约束数等于 $n - f$，其中 f 是系统的自由度。我们的符号将是式 (34.2) 的符号。我们假设坐标正交，编号 $x_1, x_2, \cdots, x_n$；同样，我们令 $X_1, X_2, \cdots, X_n$ 是对应的外力。最后我们称 $\xi_1, \xi_2, \cdots, \xi_n$ 是质量点的动量分量。如式 (35.14) 的约定，我们把它们命名为 $p_1, p_2, \cdots, p_n$，然而这种符号必须保留给广义动量。我们已经有了

$$\xi_i = m_i \dot{x}_i, \qquad i = 1, 2, \cdots, n \tag{1}$$

其中 m_i 在三组中当然是相等的。我们系统的运动是由第一类 Lagrange 方程 (12.9) 来描述的，用目前的符号表示，

$$\frac{\mathrm{d}\xi_i}{\mathrm{d}t} = X_i + \sum_{\mu=f+1}^{n} \lambda_\mu \frac{\partial F_\mu}{\partial x_i}, \qquad i = 1, 2, \cdots, n \tag{2}$$

现在我们引入广义位置坐标 $q_1, \cdots, q_f$，采用与式 (34.2) 一样的方法，$n - f$ 个条件 $F_\mu = 0$ 也同样得到满足。然后，方程 (34.2b) 必须在新旧速度坐标之间成立。为了求解这些 $\dot{x}$，将其写成

$$\dot{x}_i = \sum_{i=1}^{f} a_{ik} \dot{q}_k, \qquad i = 1, 2, \cdots, n \tag{3}$$

这里的 a_{ik} 在式 (34.2b) 中被写为 F_{ik}，是 $x_1, \cdots, x_n$ 的函数，因此也是 §34 中所强调的 $q_1, \cdots, q_f$ 的函数。我们看到，虽然新旧位置坐标是由任意点变换联系起来的，速度坐标则通过线性变换来表示，其方向取决于位置坐标。

力的分量的变换特征是什么？我们将新的力的分量记为 Q_k，通过虚功的不变性，将它们定义为 (如式 (34.7) 中的定义)

$$\delta W = \sum_{i=1}^{n} X_i \delta x_i = \sum_{k=1}^{f} Q_k \delta q_k \tag{4}$$

现在我们从虚位移转移到真实位移，再转到速度。根据式 (3)，式 (4) 成为

$$\sum_{k=1}^{f} Q_k \dot{q}_k = \sum_{i=1}^{n} X_i \sum_{k=1}^{f} a_{ik} \dot{q}_k \tag{4a}$$

这里的 $\dot{q}_k$ 和 $\dot{x}_i$ 不同，它们相互独立。因此，式 (4a) 左右两侧的系数必须相等，因此

$$Q_k = \sum_{i=1}^{n} a_{ik} X_i, \qquad k = 1, 2, \cdots, f \tag{5}$$

这是变换式 (3) 的转换；在式 (3) 中对 k 进行求和，在式 (5) 中对 i 求和，简记为

$$\dot{x}_1 = a_{11}\dot{q}_1 + a_{12}\dot{q}_2 + \cdots, \quad Q_1 = a_{11}X_1 + a_{21}X_2 + \cdots$$
$$\dot{x}_2 = a_{21}\dot{q}_1 + a_{22}\dot{q}_2 + \cdots, \quad Q_2 = a_{12}X_1 + a_{22}X_2 + \cdots$$

因此，转置是一系列 a_{ik} 和 a_{ki} 的交换。我们说力的分量以逆变方式与速度坐标的变换规则相反[①]（逆变）。

力矩分量的转换就像力的分量一样，即对它们来说是协变的。因为我们可以把动量作为那些冲击力，使我们的质点最初在静止状态，达到所需的速度。如果把它们称为新的动量 p_k，它们和旧的 ξ_i 的关系可以描述为

$$p_k = \sum_{i=1}^{n} a_{ik}\xi_i \tag{6}$$

这是定义 p_k 的方程。这个定义相当复杂，但可以很容易地转换成一种更有意义的形式。为此，让我们考虑 §34，动能的表达式一方面是 $\dot{q}$ 的函数式，另一方面是 $\dot{x}$ 的函数式。必要时，我们将通过下标来区分这两种表达式，如

$$T_{\dot{q}} \text{ 或 } T_{\dot{x}}$$

由此，得到

$$\frac{\partial T_{\dot{q}}}{\partial \dot{q}_k} = \sum_{i=1}^{n} \frac{\partial T_{\dot{x}}}{\partial \dot{x}_i}\left(\frac{\partial \dot{x}_i}{\partial \dot{q}_k}\right) \tag{7}$$

这个括号是为了提醒我们，在区分这个问题时，我们必须保持 $\dot{q}_k$ 及所有确定的 $\dot{q}_i (i \neq k)$ 固定。根据式 (3) 的说法，括号中的项就是 a_{ik}，基本表达式为

$$T_{\dot{x}} = \frac{1}{2}\sum m_i \dot{x}_i^2, \quad \text{明显有 } \frac{\partial T_{\dot{x}}}{\partial \dot{x}_i} = \xi_i$$

然后，替换式 (7) 我们就得到

$$\frac{\partial T_{\dot{q}}}{\partial \dot{q}_k} = \sum_{i=1}^{n} a_{ik}\dot{\xi}_i \tag{8}$$

右侧的项与式 (6) 的相同。因此，其结果是

$$p_k = \frac{\partial T_{\dot{q}}}{\partial \dot{q}_k} \tag{9}$$

---

① 在广义相对论中，人们习惯上添加上标如 (Q^k, p^k) 来表示 Q, p 变量，逆变换 (i.e., "contragredient") 写成 $\dot{q}_k$。然而，我们相信，这种在广义相对论中如此重要的用法，在这里可以摒弃。

我们现在可以假设外力是由一个独立于 $\dot{q}$ 的势能 V 推导出的，并引入 Lagrange 量方程 $L = T - V$，这样式 (9) 可以写成

$$p_k = \frac{\partial L}{\partial \dot{q}_k} \tag{9a}$$

因此，我们已经可以一般地证明在式 (35.14) 中提到的 p_k 的定义的有效性。

我们现在可以将运动方程 (2) 转换为广义坐标形式。为此，我们依次将它们连续乘以不同的 $a_{ik}(k = 1, \cdots, n)$ 及对 i 求和。由式 (5)，右侧的第一项成为

$$Q_k = -\frac{\partial V}{\partial q_k} \tag{10}$$

在右边的第二项中，因数 λ_μ 是

$$\sum_{i=1}^{n} a_{ik} \frac{\partial F_\mu}{\partial x_i}, \qquad 对于 \mu = f + 1, \cdots, n \tag{11}$$

现在式 (3) 表明

$$a_{ik} = \frac{\partial x_i}{\partial q_k} \tag{12}$$

如果以等效形式 $\mathrm{d}x_i = \sum a_{ik}\mathrm{d}q_k$ 写入式 (3)，并保留除 q_k 之外的所有 q，这一点很明显。现在也可以把式 (11) 写成

$$\sum_{i=1}^{n} \frac{\partial F_\mu}{\partial x_i} \frac{\partial x_i}{\partial q_k} = \frac{\partial F_\mu}{\partial q_k}$$

但根据式 (34.2)，对于 $\mu = f + 1, \cdots, n$，可以通过选择 q_k 使得 F_μ 恒为 0，所以 F_μ 关于 q_k 的偏导数也消失了。因此，我们方程的右侧项变为式 (10)。

左项

$$\sum_i a_{ik} \frac{\mathrm{d}\xi_i}{\mathrm{d}t}$$

被转换为

$$\frac{\mathrm{d}}{\mathrm{d}t} \sum_i a_{ik}\xi_i - \sum_i \xi_i \frac{\mathrm{d}a_{ik}}{\mathrm{d}t} = \frac{\mathrm{d}p_k}{\mathrm{d}t} - \sum_i \xi_i \frac{\mathrm{d}}{\mathrm{d}t} \frac{\partial x_i}{\partial q_k} \tag{13}$$

我们已经使用了式 (6) 和式 (12)。最后一个求和项可以用这个形式写出来

$$\sum m_i \dot{x}_i \frac{\partial \dot{x}_i}{\partial q_k} = \frac{\partial}{\partial q_k} \frac{1}{2} \sum m_i \dot{x}_i^2 = \frac{\partial}{\partial q_k} T_{\dot{q}}$$

这里 T 的下标 $\dot{q}$ 是用来提醒我们 T 在对 q_k 进行求导之前, 必须转换为 q、$\dot{q}$ 的函数, 式 (13) 的右侧项变为

$$\frac{\mathrm{d}p_k}{\mathrm{d}t} - \frac{\partial T}{\partial q_k} \tag{13a}$$

由于它要等于式 (10), 我们最终得到了

$$\frac{\mathrm{d}p_k}{\mathrm{d}t} = \frac{\partial T}{\partial q_k} - \frac{\partial V}{\partial q_k} = \frac{\partial L}{\partial q_k} \tag{14}$$

参考式 (9a), 我们看到这与 Lagrange 方程的形式 (34.6) 相同, 或者, 如果我们不假设势能的存在, 其与 Lagrange 方程的形式 (34.8) 相同。

因此, 我们确信不需要求助于 Hamilton 原理来推导 Lagrange 方程, 只需要通过研究所涉及的动力学的变换性质。

§37　最小作用量原理

在 §33 的结论中, 我们谈到了积分原理的目的论。"目的论" 意味着根据目的做事,"方向指向一个目的""在所有可能的运动中,自然选择了最小的作用量实现其目标的路径"。这种关于最小作用量原理的陈述听起来可能有些费解,但与它的发现者给出的形式完全一致。

在这一原理形成中, 不仅是目的论, 而且对目的论的信仰也发挥了作用。

Maupertuis 重申了他的原则, 声称它最好地表达了所谓造物主的智慧。Leibniz 心中一定也有过这一争论, 正如他的神学论 (上帝的辩护) 所显示的那样。

Maupertuis 在 1747 年发表了他的原理。他提到了 1707 年 Leibniz 的一封信 (这封信的原件已经丢失); 尽管如此, 他还是热情地捍卫了自己的优先权, 甚至以他作为柏林学院院长的身份投入到这场争论中。这一原理直到在 Euler 尤其是 Lagrange 帮助下才获得了明确的数学形式。

在上述最小作用原理中, 有两件事并不清楚。

(1) 作用 action 这个词是什么意思? 显然, 这里与 Hamilton 原理中完全不同, 对于我们将要处理的公式, 虽然与 Hamilton 的公式有关, 但却与它有区别。

(2) "所有可能的运动" 这个词是什么意思? 为了对比, 精确地定义所有运动的类别是非常必要的; 只有这样, 我们才能从这类运动中选择真正的运动作为最有目的或最感兴趣的。

关于 1　Leibniz 把 $2T$, $\mathrm{d}t$ 作为他的作用元素。在接下来的内容中, 我们也将

通过作用积分指定[①]

$$S = 2 \int_{t_0}^{t_1} T \mathrm{d}t \tag{1}$$

Maupertuis 像 Descartes 一样，认为动量 mv 是力学的基本量，他把 $mv\mathrm{d}s$ 作为作力的要素。然而，很明显，Leibniz 和 Maupertuis 的定义在单个质点的情况下是等价的，因为

$$2T\mathrm{d}t = mv \cdot v\mathrm{d}t = mv\mathrm{d}s \tag{2}$$

这种等式可以延续到任意的机械系统中，对于系统的所有质点，通过作用我们可以理解 $m_k v_k \mathrm{d}s_k$ 的和。

关于 2 在 Hamilton 原理中，我们通过第 33 节的条件 (1) 和 (2) 限制了进行运动的总和的比较。在这里，我们将保留式 (2)，但要改变式 (1)。我们不用 $\delta t = 0$，而是

$$\delta E = 0 \tag{3}$$

因此，我们只比较与真实轨迹有相同能量 E 的轨迹。当然，这个条件意味着我们的原理只对有势力引起的能量守恒的运动是有效的。即由有势力引起的运动。如果我们称真实的路径上的能量为 V，不同的路径上为 $V + \delta V$，因为式 (3) 可得

$$\delta T + \delta V = 0, \quad \delta V = -\delta T, \quad \delta L = \delta T - \delta V = 2\delta T \tag{4}$$

为了看到条件 (3) 引起的状态变化可参考图 51。那里的两点由属于同一时间 t 的变量 δq 相关，现在不再是这种情形了。变化点的时间是 $t + \delta t$ 而不是 t（参见图 54），因此我们的变化路径并不是在时间 $t = t_1$ 到达末端，而是根据我们所画的图，在一个较后的时间。在变化路径上点 Q 在时间 $t = t_2$ 时到达，然而在原有路径上相应点（也记为 Q）在一个更早的时间 $t_1 - \delta t_1$ 到达。

我们现在重复第 33 节的计算。那个部分的式 (3) 和 (4) 仍然适用，但式 (5) 必须变化。因为正如那里强调的一样，它只在 $\delta t = 0$ 时有效。我们找到替换式 (5) 的条件的表达式

$$\delta \dot{x} = \frac{\mathrm{d}(x + \delta x)}{\mathrm{d}(t + \delta t)} - \frac{\mathrm{d}x}{\mathrm{d}t} \tag{5}$$

把右边微分的商变为

---

① 当然，因数 2 由于最小 S 属性而不重要，然而为第 44 节的公式提供了很大的方便。顺便说一下，Leibniz 对其依然怀疑他是否应该像我们这里这样用 mv^2 或 $\frac{1}{2}mv^2$ 作为有用力。

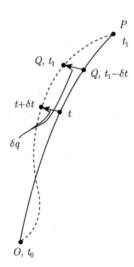

图 54　最小作用原理下的轨迹变化。因为能量不变，初始路径上的 q 和变路径上的 $q+\delta q$ 属于不同的时间 t 和 $t+\delta t$。对于真实路径上的终点 P, 在同一变化中分配给 Q

$$\frac{\dfrac{\mathrm{d}(x+\delta x)}{\mathrm{d}t}}{\dfrac{\mathrm{d}(t+\delta t)}{\mathrm{d}t}} = \frac{\dfrac{\mathrm{d}x}{\mathrm{d}t} + \dfrac{\mathrm{d}}{\mathrm{d}t}\delta x}{1 + \dfrac{\mathrm{d}}{\mathrm{d}t}\delta t} = \frac{\mathrm{d}x}{\mathrm{d}t} + \frac{\mathrm{d}}{\mathrm{d}t}(\delta x) - \dot{x}\frac{\mathrm{d}}{\mathrm{d}t}(\delta t) + \cdots \tag{6}$$

这里忽略了比 1 阶更高阶的小量。我们因此由式 (5) 得到

$$\delta\dot{x} = \frac{\mathrm{d}}{\mathrm{d}t}(\delta x) - \dot{x}\frac{\mathrm{d}}{\mathrm{d}t}(\delta t)$$

或者

$$\frac{\mathrm{d}}{\mathrm{d}t}(\delta x) = \delta\dot{x} + \dot{x}\frac{\mathrm{d}}{\mathrm{d}t}(\delta t) \tag{7}$$

如果我们在式 (33.4) 中引入这个，用任意下标 k, 表述为

$$\ddot{x}_k\delta x_k = \frac{\mathrm{d}}{\mathrm{d}t}\left(\dot{x}_k\delta x_k\right) - \dot{x}_k\delta\dot{x}_k - \dot{x}_k^2\frac{\mathrm{d}}{\mathrm{d}t}(\delta t) \tag{8}$$

式 (8) 对坐标 y 和 z 及 x 都有效。因此，得到式 (33.3)，而不是像以前那样推导式 (33.8)，这里得到

$$\frac{\mathrm{d}}{\mathrm{d}t}\sum m_k\left(\dot{x}_k\delta x_k + \dot{y}_k\delta y_k + \dot{z}_k\delta z_k\right) = \delta T + 2T\frac{\mathrm{d}}{\mathrm{d}t}(\delta t) + \delta W \tag{9}$$

这里我们利用式 (4) 描述, 令

$$\delta W = -\delta V = +\delta T \tag{9a}$$

由此给出式 (9) 的右项

$$2\delta T + 2T\frac{\mathrm{d}\delta t}{\mathrm{d}t} \tag{10}$$

现在让我们对式 (9) 从 t_0 到 t_1 进行积分。在此过程中,方程的左项因条件 (33.2) 而消失;然后,我们使用式 (10) 获得

$$2\int_{t_0}^{t_1} \delta T \mathrm{d}t + 2\int_{t_0}^{t_1} T\mathrm{d}\delta t = 0 \tag{11}$$

然而,这只不过是

$$2\delta \int_{t_0}^{t_1} T\mathrm{d}t = 0 \tag{12}$$

或重新想起式 (1),

$$\delta S = 0 \tag{12a}$$

这就是利用 Maupertuis 所设想的最小作用原理的明确证明的结论。

让我们进一步检查从式 (11) 到式 (12) 过渡变换。在 Hamilton 原理中,这两个符号

$$\delta \int T\mathrm{d}t \ \text{和} \ \int \delta T\mathrm{d}t$$

因为条件 $\delta t = 0$ 可以互换使用。例如,在从式 (33.10) 至 (33.11) 转换时使用了这个。然而,从我们目前的观点来看,这些表达式的性质是不同的,比较上面的公式 (11) 和 (12) 就会发现。

特别地,让我们考虑一个没有力的运动。在这种情况下,$T = E$,因此在式 (3) 的帮助下,式 (12) 给出

$$\delta \int_{t_0}^{t_1} \mathrm{d}t = \delta(t_1 - t_0) = 0 \tag{13}$$

这就是 Fermat 公式化并运用到光的折射之中最短时间原理 ("最早到达" 原理),在古代类似处理光的反射之后,Heron 用相似的方法处理光的反射。

在单自由度质点的情形中,我们可以令 $v =$ 常数,用 $T = E$ 替换式 (12) 写为

$$\delta \int v\mathrm{d}t = \delta \int \mathrm{d}s = 0 \tag{14}$$

这是我们的 "最短路径" 原理。它决定了自由质点的轨迹—例如在一个曲面上，或者像在广义相对论中—在任意曲率的流形中。这样的轨迹被称为测地线。我们将在第 40 节中再次讨论。

1842 年，在庆祝他的著名著作 *Koenigsberg Vorlesungen ueber Dynamik* 出版时 (由 Clebsch 出版)，Jacobi 证明了从最小作用原理中完全消除时间 t 的必要性。这是可能的，因为

$$T = E - V = \frac{1}{2} \sum m_k v_k^2 = \frac{1}{2} \frac{\sum m_k \mathrm{d}s_k^2}{\mathrm{d}t^2}$$

因此

$$\mathrm{d}t = \left[\frac{\sum m_k \mathrm{d}s_k^2}{2(E - V)} \right]^{\frac{1}{2}}$$

我们可以要求替换式 (12)

$$\delta \int [2(E - V)]^{\frac{1}{2}} \left(\sum m_k \mathrm{d}s_k^2 \right)^{\frac{1}{2}} = 0 \tag{15}$$

在 E 固定的情况下，这里的变化只涉及系统轨迹的空间特性，再也没有提到在运动过程中时间的流逝。

让我们再一次回到 Hamilton 原理和最小作用原理的目的论方面。请注意，在某些情况下，"最小运动" 也可能是 "最大运动"；因为在要求 $\delta \cdots = 0$，我们并不一定得到一个最小值，一般来说只是极值。我们在一个球体表面的测地线的例子中最简单地看到了这一点，它们是一个巨大的圆弧。假设初始点 O 和端点 P 位于一个指定的半球上。然后，连接它们的大圆的弧线确实比所有通过 O 和 P 的平面但不包含球体的中心上的圆弧都要短。然而，从 O 到 P 沿相反方向前进的互补弧，穿过不包含两个端点的半球，也是一个测地线；这条线比在这个半球连接 O 到 P 的所有其他圆弧都要长。因此，我们得出结论，一般来说，我们不需要认为积分原理是自然" 目的" 证明的；它们只是构成了一个令人印象异常深刻的对动力学规律普遍适用的数学公式。

Maupertuis 声称，他的原理对所有自然法则都普遍有效。现在我们更倾向于符合 Hamilton 原理。我们在第 170 页中提到，Helmholtz 将这一原理作为他的电动力学研究的基础。从那时起 Hamilton 形式的积分变分原理已被用于多个领域。

在第二卷中，我们将直接采用这一原理，以便更深入地了解流体压力的概念。这个过程的一个特别优点是，我们不仅将得到微分方程—在偏微分方程问题的情况下，而且还将得到这些方程的解必须满足的边界条件。对于具有连续质量分布的其他问题 (毛细现象、振动膜等) 也是如此。在许多情况下，在 L 可以用于变

分原理之前，首先需要寻找问题的 Lagrange 函数 L。例如，电子在磁场中的运动这种情况，力的作用不能从一个势 V 推导出的。相对论问题形成了另一种情况；这种不应该使用在式 (4.10) 中导出的动能表达式来建立 Lagrange。采用表达式

$$m_0 c^2 \int \left(1 - \beta^2\right)^{\frac{1}{2}} \mathrm{d}t \tag{16}$$

必须是对最小作用原理的动力学贡献。Euler 推导直接引出了相对论动量式 (3.19) $\boldsymbol{P}$，因此也引出了与速度相关的电子质量定律。一般情况下，特别是在力学之外，寻求 Lagrange 函数 L (通过变分原理) 得到微分定律的是一个艰巨的问题，它没有非常有效的规则。拉莫尔和史瓦西用一个简单的形式解决了前面提到的电子在磁场中的问题。按照 $L = T - V$ 将 L 分离为动能和势能一般就不再可行了。

需要强调的是，式 (16) 积分下的量只不过是式 (2.17) 中合适的时间要素，Minkowski 认为这是狭义相对论中最简单的不变量；爱因斯坦进一步在广义相对论中推广了它以世界线要素的形式存在。因此，在式 (16) 中，Hamilton 原理自动地满足了相对论的不变性要求。在这里，Planck[①]看到了 "Hamilton 原理所取得的最辉煌的成功"。

[①] 在 *Die Kultue der Gegenwart* 中有指导意义的文章, 第 3 部分, 第 701 页 (B. G. Teubner, Leipzig 1915 年)。

第 7 章　力学的微分变分原理

§38　Gauss 最小约束原理

Gauss 不仅是一位非常杰出的数学家，也是一位天文学家和测量学家，同时还是对数值结果充满热情的计算者。他创立了最小二乘方法，并在三篇广泛的论文中先后更深入地发展了这一方法。正如偶尔发生的那样，如果他被要求 (违背他的意愿) 在 Göttingen 大学做演讲，他最喜欢的话题总是最小二乘法。

他在 1829 年发表的一篇题为 "论一种新的力学基本原理"[①]的论文，最后以一个很有特色的句子结尾："值得注意的是大自然使用必要的约束修正了自由运动的不相容性，就像善于计算的数学家基于相互之间有关联的量使用最小二乘法来协调的过程。"

Gauss 称这个新的基本原理为最小约束原理。他对约束的量定义如下：考虑体系的一个质量点与 "此点与自由运动的偏差的平方" 相乘，系统所有质量点的乘积之和即约束。让我们像第 59 页一样对质量点及其直角坐标进行编号，就能得到

$$Z = \sum_{k=1}^{3n} m_k \left(\ddot{x}_k - \frac{X_k}{m_k} \right)^2 \tag{1}$$

可得由 n 个质点组成的系统的约束为：对于忽略了内部约束而发生的自由运动，有

$$\ddot{x}_k = \frac{X_k}{m_k}$$

因此式 (1) 括号中所包含的量，确实是由于对第 k 个质点的约束而引起的自由运动的偏离。它 (参见 54 页) 也可以被称为除以质量的 "失去的力"，所以式 (1) 可写为

$$Z = \sum_{k=1}^{3n} \frac{1}{m_k} (失去的力)_k^2 \tag{2}$$

注意，这里的损失和质量的倒数与误差和权重在误差计算中起的作用是一样的。

现在我们必须定义 "最小约束" 这个表达式的含义，也就是说，我们必须指出在计算 $\delta Z = 0$ 时，哪些量是固定的，哪些量是变化的。

---

① Crelle's Journal of Math. 4, 232 (1829); Werke 5, 23.

保持固定的有：

(a) 系统的瞬时状态，即其每个质量点的位置和速度。因此，必须使

$$\delta x_k = 0, \qquad \delta \dot{x}_k = 0 \tag{3}$$

(b) 系统所受的约束。如果我们把它们写成完整约束形式 $F_i(x_1, x_1, \cdots) = 0$，就必须在变分 δZ 中考虑次要条件

$$\sum_{k=1}^{3n} \frac{\partial F_i}{\partial x_k} \delta x_k = 0, \qquad i = 1, 2, \cdots, r \tag{4}$$

其中，r 为条件个数，$3n - r = f$ 为系统自由度的个数。将式 (4) 对 t 求导两次，就产生了 δx、$\delta \dot{x}$ 和 $\delta \ddot{x}$ 的项。考虑式 (3)，只需保留 $\delta \ddot{x}$ 项，所以

$$\sum_{k=1}^{3n} \frac{\partial F_i}{\partial x_k} \delta \ddot{x}_k = 0 \tag{4a}$$

(c) 作用在系统上的力，当然还有质量，所以有

$$\delta X_k = 0, \qquad \delta m_k = 0 \tag{5}$$

剩下的量 $\ddot{x}_k$ 是唯一变化的量。

利用 Lagrange 待定系数方法，考虑次级条件 (4a)，由式 (1) 得到

$$\delta Z = 2 \sum_{k=1}^{3n} \left(m_x \ddot{x}_k - X_k - \sum_{i=1}^{r} \lambda_i \frac{\partial F_i}{\partial x_k} \right) \delta \ddot{x}_k = 0 \tag{6}$$

$\delta \ddot{x}_k$ 中只有 $f = 3n - r$ 是独立的。然而，就像第二章第 2 节，我们可以这样选择 λ_i，使 ( ) 中的 r 消失，所以式 (6) 中只留下 f 个项。这 f 个项的 $\delta \ddot{x}_k$ 现在可以被视为独立的。因此，它们的 f 个关联的 ( ) 必须等于 0。因此，我们得到形式为式 (12.9) 的第一类 Lagrange 方程。

很明显，这个证明可以在不改变的情况下扩展到非完整约束。因此，我们确实得到一个 "新的力学的基本原理"。正如 Gauss 在其论文标题中所说的那样，这个基本原理完全等价于 d'Alembert 原理。与后者一样，它也是一个微分原理，因为它只处理系统的当前行为，而不是未来或过去的行为。在这里，我们在确定极大值和极小值时，不需要用变分法的规则，而只需要用常微分学的规则。

§39　Hertz 最小曲率原理

　　严格地说，Hertz 最小曲率原理只是 Gauss 原理的一个特例。尽管如此，Hertz 认为他的原理即使不是新的，但至少是完全普遍的，这是因为他成功地用所讨论的系统和与之相互作用的其他系统之间的联系代替了所有的力 (参见第一章第 1 节)。因此，Hertz 能够把自己限制在没有外力作用的系统中。此外，为了使这一原理得到几何上的解释，他发现自己不得不假定所有质量都是某个单位质量的倍数，比如说原子质量，则 Gauss 表达式 (38.1) 中的因子 m_k 变为 1，X_k 变为 0。结果式 (38.1) 变为

$$Z = \sum_{k=1}^{N} \ddot{x}_k^2 \tag{1}$$

这里我们用求和的上指标 N 表示，与给定系统耦合的相互作用系统对应的适当数目的单位质量以不指定的方式增加了待求和系统的单位质量数目。

　　我们改写式 (1)，其中

$$用 \frac{\mathrm{d}^2 x_k}{\mathrm{d}s^2} 代替 \ddot{x}_k, \qquad \mathrm{d}s^2 = \sum_{k=1}^{N} \mathrm{d}x_k^2 \tag{2}$$

这是允许的，因为能量原理的特殊形式。这个原理是第一类拉格朗日方程的结果，因此也是最小约束原理的结果。我们目前的特例能量原理可以写为

$$\frac{1}{2} \sum_{k=1}^{N} \left(\frac{\mathrm{d}x_k}{\mathrm{d}t} \right)^2 = E$$

或更简洁地表示为

$$\left(\frac{\mathrm{d}s}{\mathrm{d}t} \right)^2 = 常数$$

将式 (1) 除以这个常数的平方就得到如下这个量

$$K = \sum_{k=1}^{N} \left(\frac{\mathrm{d}^2 x_k}{\mathrm{d}s^2} \right)^2 \tag{3}$$

Hertz 称 $\mathrm{d}s$ 为线元，称 $K^{\frac{1}{2}}$ 为系统描述的轨迹的曲率。假设

$$\delta K = 0 \tag{4}$$

每个自由系统都保持静止或沿最小曲率路径匀速运动的状态。

选择的表达方式 (参见前面引用的 Hertz 的书的第 309 篇论文) 是为了回忆 Newton 第一定律的表达式。

条件 (4) 的数学处理遵循 Gauss 的处理, 并在 (a) 和 (b) 规定的变化条件的基础上, 清楚地导出了无力 ($m_k = 1$) 作用下系统的第一类 Lagrange 方程。

Hertz 为什么称 ds 为线元素, 称 $K^{\frac{1}{2}}$ 为曲率? 显然, 这些概念可以从多维的角度加以解释。我们不是在三维空间, 而是在 $x_1, x_2, \cdots, x_N$ 坐标的 N 维 Euclidean 空间。在这个空间中, 线的微元确实是由式 (2) 给出的。我们现在讨论二维和三维的情况, 以证明轨迹的曲率的平方一般由式 (3) 给出。

根据式 (5.10), 在坐标为 x_1、x_2 的空间中,

$$K = \frac{1}{\rho^2} = \left(\frac{\Delta\epsilon}{\Delta s}\right)^2 \tag{5}$$

从图 4b 中看出, $\Delta\epsilon$ 是与路径接触点距离为 Δs 的两条相邻切线之间的夹角。这些切线有方向余弦, 分别为

$$\frac{dx_1}{ds}, \frac{dx_2}{ds} \quad 和 \quad \frac{dx_1}{ds} + \frac{d^2x_1}{ds^2}\Delta s, \frac{dx_2}{ds} + \frac{d^2x_2}{ds^2}\Delta s \tag{6}$$

现在这些方向余弦同时是两个点的坐标, 这些坐标由一个圆心在原点的单位圆与从原点平行于切线画出两条线相交形成, 而且角 $\Delta\epsilon$ 是由这两个交点之间的距离弧来测量的。根据式 (6), 我们有

$$\Delta\epsilon^2 = \left[\left(\frac{d^2x_1}{ds^2}\right)^2 + \left(\frac{d^2x_2}{ds^2}\right)^2\right]\Delta s^2$$

再由式 (5), 可知

$$K = \left(\frac{d^2x_1}{ds^2}\right)^2 + \left(\frac{d^2x_2}{ds^2}\right)^2 \tag{7}$$

在 x_1, x_2, x_3 三维空间中, $\Delta\epsilon$ 还是三维轨迹的相邻切线之间的夹角。单位圆现在被一个单位球代替, 通过它的中心并与两条切线平行。它们与球面的交点之间的距离为 $\Delta\epsilon$, 单位为弧度:

$$\Delta\epsilon^2 = \left[\left(\frac{d^2x_1}{ds^2}\right)^2 + \left(\frac{d^2x_2}{ds^2}\right)^2 + \left(\frac{d^2x_3}{ds^2}\right)^2\right]\Delta s^2$$

通过式 (5) 我们得到了一个具有三项的 K 的表达式。

将其推广到 N 维空间和具有 N 项的式 (3) 现在是容易的。

至此，我们必须结束关于 Hertz 力学的讨论。正如第 1 节所提到的，这是一个有趣且有启发性的想法，它的实施具有很强的逻辑性；然而，由于力与力之间的相互作用是复杂的，用联系来代替力量的复杂过程，几乎没有得到什么好的结果。

§40 测地线的题外话

我们定义质点在没有外力 (因此没有摩擦) 约束下在任意曲面上运动的轨迹为测地线。设一个质点的质量为 1，曲面方程为 $F(x, y, z)=0$。

最小作用原理表明，这些测地线是可能的最短的线，或者更一般地说 (参见第 193 页) 是长度为极值的线。由于能量守恒成立，沿着路径的速度是恒定的。通过选择适当的能量常数，可以将速度设为 1，并以 $\dfrac{\mathrm{d}}{\mathrm{d}s}$ 代替 $\dfrac{\mathrm{d}}{\mathrm{d}t}$。

如果用第一类 Lagrange 方程来描述轨迹，我们就可以得到测地线的基本定义。此时，用矢量表示为

$$\dot{\boldsymbol{v}} = \lambda \operatorname{grad} F \tag{1}$$

若 v 为恒量，则 $\dot{v} = 0$ [参见 §5 式 (3) 的开头]，$\dot{\boldsymbol{v}}$ 沿轨迹的主法线方向，且位于密切平面内。另外，$\operatorname{grad} F$ 沿表面的法线方向，因为对于表面上的任意移动 $(\mathrm{d}x, \mathrm{d}y, \mathrm{d}z)$，有

$$\frac{\partial F}{\partial x}\mathrm{d}x + \frac{\partial F}{\partial y}\mathrm{d}y + \frac{\partial F}{\partial z}\mathrm{d}z = 0$$

因此方向

$$\frac{\partial F}{\partial x} : \frac{\partial F}{\partial y} : \frac{\partial F}{\partial z}$$

确实垂直于位移的方向。因此，式 (1) 包含测地线的基本定义，即测地线的主法线与曲面的法线重合，或等价地说，测地线的密切平面包含曲面的法线。

我们现在应用最小曲率原则。据此，测地线的曲率比相邻路径小；根据条件 (38.3)，相邻路径被限制，为了与所考虑的测地线相同的切线通过同一点。由通过该切线的所有可能的斜平面及它们与曲面的交点，得到这些相邻路径的总类；包含曲面法线的平面提供测地线。根据 Hertz 原理，这些歪斜截面比正常截面有更大的曲率，或者等价地说，曲率半径更小。

这与曲面微分几何中的梅斯尼埃 (Meusnier) 定理是一致的，即斜切线的曲率半径等于法向的曲率半径在斜线平面上的投影。因此，我们得到 Meusnier 定理中最小曲率原理的一般内容的定量表达。

最后我们把第二类 Lagrange 方程应用到测地线上。由此，我们进入了 1827 年 Gauss 这篇伟大论文的思想领域 (表面曲线的一般研究)，扩散到四维时空，也

是广义相对论的思想范围。

当 Lagrange 在曲面上引入任意曲线坐标 q 时，Gauss 将其作为表面上任意两族曲线的坐标，这些曲线组成 "网格" 覆盖表面。按照惯例，此时应有

$$u = \text{常量}, \qquad v = \text{常量} \tag{2}$$

在这些坐标中，Gauss 把线元 $\mathrm{d}s$ 写成了如下形式：

$$\mathrm{d}s^2 = E\mathrm{d}u^2 + 2F\mathrm{d}u\mathrm{d}v + G\mathrm{d}v^2 \tag{3}$$

一阶微分参数 E, F, G 是 u 和 v 的函数。它们与曲面上的点的直角坐标 x, y, z 满足如下关系：

$$E = \left(\frac{\partial x}{\partial u}\right)^2 + \left(\frac{\partial y}{\partial u}\right)^2 + \left(\frac{\partial z}{\partial u}\right)^2, \quad G = \left(\frac{\partial x}{\partial v}\right)^2 + \left(\frac{\partial y}{\partial v}\right)^2 + \left(\frac{\partial z}{\partial v}\right)^2$$

$$F = \frac{\partial x}{\partial u}\frac{\partial x}{\partial v} + \frac{\partial y}{\partial u}\frac{\partial y}{\partial v} + \frac{\partial z}{\partial u}\frac{\partial z}{\partial v}$$

线元除以 $2\mathrm{d}t^2$ 的平方是 (单位) 质量点在表面上移动的动能 T 的表达式。因此，我们可以将广义坐标的 Lagrange 方程转化为如下 Gauss 符号：

$$p_{\mathrm{u}} = \frac{\partial T}{\partial \dot{u}} = E\dot{u} + F\dot{v}$$

$$2\frac{\partial T}{\partial u} = \frac{\partial E}{\partial u}\dot{u}^2 + 2\frac{\partial F}{\partial u}\dot{u}\dot{v} + \frac{\partial G}{\partial u}\dot{v}^2$$

最终，如果用 $\dfrac{\mathrm{d}}{\mathrm{d}s}$ 代替 $\dfrac{\mathrm{d}}{\mathrm{d}t}$，根据 Lagrange 方法，对于 u 坐标，测地线的微分方程为

$$\frac{\mathrm{d}}{\mathrm{d}s}\left(E\frac{\mathrm{d}u}{\mathrm{d}s} + F\frac{\mathrm{d}v}{\mathrm{d}s}\right) = \frac{1}{2}\left[\frac{\partial E}{\partial u}\left(\frac{\mathrm{d}u}{\mathrm{d}s}\right)^2 + 2\frac{\partial F}{\partial u}\frac{\mathrm{d}u}{\mathrm{d}s}\frac{\mathrm{d}v}{\mathrm{d}s} + \frac{\partial G}{\partial u}\left(\frac{\mathrm{d}v}{\mathrm{d}s}\right)^2\right] \tag{4}$$

我们不需要写出 v 坐标对应的微分方程，由于能量守恒 (此例中 $\dfrac{\mathrm{d}s}{\mathrm{d}t} = 1$)，它必须与式 (4) 相同。

Gauss 利用最短路径原理导出了被引论文中的第 18 号文献的式 (4)。这里我们只是想指出一般曲面参数 (2) 的 Gauss 方法等价于系统力学的 Lagrange 的方法。这两种方法对于任意坐标变换都是不变的，并且分别只依赖于表面或机械系统的内在性质。

第 8 章 Hamilton 理论

§41 Hamilton 方程

Lagrange 方程中的自变量是 q_k 和 $\dot{q}_k$。我们将用两种不同的方法推导 Hamilton 方程,其中 q_k 和 p_k 是独立变量,后者由式 (36.9a) 定义。Lagrange 方程的特征函数是自由能 $T - V$,视为 q_k 和 $\dot{q}_k$ 的函数,而 Hamilton 方程的特征函数是总能量 $T + V$,视为 q_k 和 p_k 的方程。我们称这个函数为 Hamilton 函数或 Hamilton 量,并且将它命名为 $H(q,p)$,正如我们称 Lagrange 量为自由能并将它命名为 $L(q,\dot{q})$,H 和 L 之间存在关系式 (34.16),我们可以使用 p_k 的定义将其写成

$$H = \sum p_k \dot{q}_k - L \tag{1}$$

现在让我们回顾 §37 最后一部分来扩展这个理论的基础:先把 L 分解为一个运动和一个位势的贡献,并且允许显式地依赖于时间 t。根据 §34 可知,如果约束方程或坐标的定义方程包括时间,就会产生依赖关系。然后, 把 Lagrange 量写成广义形式

$$L = L(t, q, \dot{q}) \tag{1a}$$

使式 (1) 作为 Hamilton 量的定义与 L 联系起来

$$H = H(t, q, p) \tag{1b}$$

尽管 H 会失去总能量的意义。和前面一样,p_k 由如下关系式给出:

$$p_k = \frac{\partial L}{\partial \dot{q}_k} \tag{1c}$$

如果以 Hamilton 的原理

$$\delta \int_{t_0}^{t} L \mathrm{d}t = 0 \tag{1d}$$

作为力学的基本原理,就像在 §34 里尽管 L 有了新的延伸含义,但我们会得到 Lagrange 方程。为了后续内容的需要,我们把这些方程写成如下形式:

$$\dot{p}_k = \frac{\partial L}{\partial q_k} \tag{1e}$$

1. 由 Lagrange 方程推导出 Hamilton 方程

让我们写出 H 和 L 的全微分:

$$\mathrm{d}H = \frac{\partial H}{\partial t}\mathrm{d}t + \sum \frac{\partial H}{\partial q_k}\mathrm{d}q_k + \sum \frac{\partial H}{\partial q_k}\mathrm{d}p_k \tag{2}$$

$$\mathrm{d}L = \frac{\partial L}{\partial t}\mathrm{d}t + \sum \frac{\partial L}{\partial q_k}\mathrm{d}q_k + \sum \frac{\partial L}{\partial \dot{q}_k}\mathrm{d}\dot{q}_k \tag{2a}$$

并且利用 Lagrange 方程 (1e) 的方法和式 (1c) 中 p_k 定义,将 $\mathrm{d}L$ 转换为

$$\mathrm{d}L = \frac{\partial L}{\partial t}\mathrm{d}t + \sum \dot{p}_k\mathrm{d}q_k + \sum p_k\mathrm{d}\dot{q}_k \tag{2b}$$

另外,我们借助式 (2b) 来形成式 (1) 的全微分:

$$\mathrm{d}H = \sum \dot{q}_k\mathrm{d}p_k + \sum p_k\mathrm{d}\dot{q}_k - \frac{\partial L}{\partial t}\mathrm{d}t - \sum \dot{p}_k\mathrm{d}q_k - \sum p_k\mathrm{d}\dot{q}_k \tag{3}$$

将右边最后一项与第二项抵消得到

$$\mathrm{d}H = -\frac{\partial L}{\partial t}\mathrm{d}t - \sum \dot{p}_k\mathrm{d}q_k + \sum \dot{q}_k\mathrm{d}p_k \tag{3a}$$

当然 $\mathrm{d}H$ 的表达式必须与式 (2) 的表达式相同。如果我们令 $\mathrm{d}t$ 的系数相等,可得

$$\frac{\partial H}{\partial t} = \frac{\partial L}{\partial t}. \tag{3b}$$

通过比较 $\mathrm{d}p_k$ 和 $\mathrm{d}q_k$ 的系数得到

$$\dot{p}_k = -\frac{\partial H}{\partial q_k}, \qquad \dot{q}_k = \frac{\partial H}{\partial p_k} \tag{4}$$

这些关系具有惊人的对称性,就是 Hamilton 常微分方程,或者简称 Hamilton 方程。

顺便说一下,它们最早出现在 Lagrange 更早的专著《分析力学》(第 5 节 §14) 中,它们只是在小振动的特殊情况下推导出来并使用的。

2. 由 Hamilton 原理推导出 Hamilton 方程

根据式 (1),我们将该原理写成如下形式:

$$-\delta \int L\mathrm{d}t = \delta \int \left[H(t,q,p) - \sum p_k\dot{q}_k \right]\mathrm{d}t$$

$$= \sum_k \int \left(\frac{\partial H}{\partial q_k} \delta q_k + \frac{\partial H}{\partial p_k} \delta p_k - \dot{q}_k \delta p_k - p_k \delta \dot{q}_k \right) \mathrm{d}t = 0 \qquad (5)$$

我们可以用分部积分法对括号中的最后一项进行变换

$$-\int_{t_0}^{t_1} p_k \delta \dot{q}_k \mathrm{d}t = \int_{t_0}^{t_1} \dot{p}_k \delta q_k \mathrm{d}t - p_k \delta q_k \big|_{t_0}^{t_1} \qquad (6)$$

积分项因 Hamilton 原理中变换的方式而消失。将式 (6) 代入式 (5)，然后根据含 δq_k 和 δp_k 的项合并，得到

$$\sum_z \int \left[\left(\frac{\partial H}{\partial q_k} + \dot{p}_k \right) \delta q_k + \left(\frac{\partial H}{\partial p_k} - \dot{q}_k \right) \delta p_k \right] \mathrm{d}t = 0 \qquad (7)$$

如果允许将 δq_k 和 δp_k 视为独立的变量，就可以使 δq_k 和 δp_k 的因子分别对每个指数 k 等于零，从而得到 Hamilton 方程 (4)。然而，这是不允许的。因为当 q_k 和 p_k 作为自变量进入 H 时，它们通过式 (1c) 在时间上相关，这一事实可能会导致式 (7) 不能恒成立。然而我们注意到，式 (1) 对于 p_k 的偏微分 (q_k 保持不变) 会导致式 (7) 中的第二个 ( ) 同样消失。因此，我们断定，式 (7) 中第一个 ( ) 也必定消失。

　　我们用第二种方法推导 Hamilton 方程的原因之一是，想对它做一个重要的评论。

　　我们知道 Lagrange 方程在任意的"点变换"下是不变的，也就是说，如果用一组新的坐标 Q_k 替换 q_k，Lagrange 方程的形式保持不变，Q_k 和 q_k 的联系如下：

$$Q_k = f_k(q_1, q_2, \cdots, q_f) \qquad (8)$$

相应的 P_k 由下式给出

$$P_k = \frac{\partial L}{\partial \dot{Q}_k} = \sum_i \frac{\partial L}{\partial \dot{q}_i} \frac{\partial \dot{q}_i}{\partial \dot{Q}_k} = \sum_i p_i a_{ik} \qquad (8a)$$

即 p_i 的线性函数，其系数 a_{ik} 是 q_k 的函数，如式 (36.3) 所示。

　　现在我们证明 Hamilton 方程在更一般的变换下是不变的：

$$\begin{aligned} Q_k &= f_k(q, p) \\ P_k &= g_k(q, p) \end{aligned} \qquad (9)$$

其中，f_k 和 g_k 是 q_k 和 p_k 两组变量的任意函数，即在下述限制范围内，g_k 在 p_k 中不再是线性的。

让我们假设式 (9) 是用 Q、P 来解 q、p [需要认为式 (9) 是可能的]，并且被表达式 $H(q, p)$ 代替。我们称 $\bar{H}$ 为这个新的要求变换后的 Hamilton 量。然后我们有

$$H(q,p) = \overline{H}(Q,P) \tag{10}$$

此外，我们将出现在式 (5) 中的 $\sum P_k \dot{Q}_k$ 与 $\sum p_k \dot{q}_k$ 进行比较。很容易看出，在变换式 (8) 和 (8a) 中这两个表达式是相等的。现在我们要求这个等式在一般变换式 (9) 中保持不变，但需引入一个附加项，并要求附加项是函数 F' 关于 q 和 p 的完全时间导数，或函数 F 关于 q 和 Q' 的相关表达式[1]。因此，我们得出

$$\sum p_k \dot{q}_k = \sum P_k \dot{Q}_k + \frac{\mathrm{d}}{\mathrm{d}t} F(q, Q) \tag{11}$$

其中 F 是任意的，这是上面提到的对变换 (9) 的限制条件。

将式 (10) 和式 (11) 代入式 (5) 中，附加项 $\dfrac{\mathrm{d}F}{\mathrm{d}t}$ 在积分和后续变化中消失，因为 δq 和 δQ 在端点处为 0，此时式 (5) 保持原来的形式，成为

$$\delta \int \left[\bar{H}(Q,P) - \sum P_k \dot{Q}_k \right] \mathrm{d}t = 0$$

此外，变换过程中式 (6) 和 (7) 没有任何变化。我们得出结论是 Hamilton 方程在新变量下仍然有效。与式 (4) 完全一致，我们现在有

$$\dot{P}_k = -\frac{\partial \bar{H}}{\partial Q_k}, \qquad \dot{Q}_k = \frac{\partial \bar{H}}{\partial P_k} \tag{12}$$

转换式 (9) 受到式 (11) 的限制，被称为规范转换或[2]接触转换。取后一个名称的原因是几何方面的。让我们考虑在 $q_1, q_2, \cdots, q_f$ 的 f 维空间中的一个超曲面，由

$$z = z(q_1, \cdots, q_f) \tag{13}$$

给出，其中

$$p_k = \frac{\partial z}{\partial q_k}$$

---

[1] 如果 F' 原来是 q 和 p 的函数，我们当然可以从式 (9) 中的第一个解出 p，将其代入 F'，从而得到一个新的 q 和 Q 的函数 F。

[2] 这些术语并不完全同义，它们的区别在于定义上的不同。我们不必拘于这种差别，而要注意，在适当的条件下，这两种转换中的任何一种都可以证明为另一种的特殊情况。例如，Whittaker, *Analytical Dynamics*(Dover)，第十一章，或者 Osgood, *Mechanics (Macmillan)*，第十四章。

确定了切平面在超曲面上的位置，因此，可以被解释为该平面的坐标。我们要求在点 q_k 和平面 p_k 的坐标之间存在一个条件

$$\mathrm{d}z = \sum_{k=1}^{f} p_k \mathrm{d}q_k \tag{14}$$

这个条件保证了"线性元素的连续性"，也就是说，从坐标 q_k 的任意点到相邻点时坐标 p_k 的连续性。现在我们通过式 (9) 引入新的坐标 Q_k, P_k，并用这些新坐标来计算式 (13)。设结果

$$z = Z(Q,\ P)$$

我们现在要求这个新的表达式再次表示一个超曲面，这个超曲面由坐标 P 的平面接触到由 Q 决定的点上。因此，从式 (14) 我们就有

$$\mathrm{d}Z = \sum_{k=1}^{f} P_k \mathrm{d}Q_k \tag{15}$$

或者说 ρ 是比例系数，

$$\mathrm{d}Z - \sum P_k \mathrm{d}Q_k = \rho \left(\mathrm{d}z - \sum p_k \mathrm{d}q_k \right) \tag{16}$$

因此在给定点上，曲面与其切平面之间的接触在点的变换中保持不变。将条件 (16) 与式 (11) 进行比较，将式 (11) 与 $\mathrm{d}t$ 相乘可得

$$\sum p_k \mathrm{d}q_k = \sum P_k \mathrm{d}Q_k + \mathrm{d}F \tag{16a}$$

如果我们将 $\mathrm{d}F = \mathrm{d}z - \mathrm{d}Z$ 代入式 (16a)，并且 $\rho = 1$，则这两个条件一致。这可能为名称"接触转换"的由来提供了充分的依据。

在方程 (9) 的一般变换中，P_k 作为动量组成部分的意义被模糊了。由此我们更喜欢称 P_k, Q_k 为正则变量，并且 P_k 和 Q_k 是正则共轭的。由于 Hamilton 方程在变换式 (9)[限制式 (11)] 下是不变的，所以它们常被称为 Hamilton 正则方程。

正是由于这种正则变换下的不变性，Hamilton 方程在天文摄动理论中具有特殊意义。另外，它们在 Willard Gibbs 统计力学中也起着重要的作用，我们将在第五卷中讨论这个问题。我们用一个关于能量原理的说明来结束对 Hamilton 方程的讨论。

与式 (2) 一致，一般的有

$$\frac{\mathrm{d}H}{\mathrm{d}t} = \frac{\partial H}{\partial t} + \sum_k \left(\frac{\partial H}{\partial q_k} \dot{q}_k + \frac{\partial H}{\partial p_k} \dot{p}_k \right)$$

根据式 (4)，将所有 k 的括号消去就能得到

$$\frac{\mathrm{d}H}{\mathrm{d}t} = \frac{\partial H}{\partial t} \tag{17}$$

特别地，如果 H 不明显地依赖于 t，我们就得到守恒定律

$$\frac{\mathrm{d}H}{\mathrm{d}t} = 0, \qquad H = 常数 \tag{18}$$

这个定律比能量守恒定律更普遍，因为根据式 (1) 和式 (1c)，它表明

$$\sum \frac{\partial L}{\partial \dot{q}_k} \dot{q}_k - L = 常数 \tag{18a}$$

式中 L 必须不显式地依赖于 t，否则可以是任意的。这就是我们在第 6 章脚注 3 中提到的守恒定律。式 (18a) 导致能量守恒，如果 L 可以分为两个部分，一个是关于 $\dot{q}_k$ 的二阶齐次的动能项，另一个是与 $\dot{q}_k$ 无关的势能项。

§42   Routh 方程和循环系统

在 §34 的式 (10) 和式 (11) 中，我们考虑了由第一种和第二种 Lagrange 方程组合而成的 "混合类型" 方程。我们现在在了解一种混合类型的方程，它和 Hamilton 一样，是由第二种 Lagrange 方程的组合而来的。这个新的方程以 Routh[1]的名字命名，几十年来，他作为剑桥 "荣誉学位考试" 的 "教练" 和 "考官" 主导着剑桥大学的力学研究。后来，Helmholtz[2]发展了同样的方程作为单环和多环系统理论的基础，并且他打算用这个理论来解决热力学的基本问题。

我们将系统的自由度分为两组。一组包含 $f - r$ 个自由度，可以用 Lagrange 的位置和速度坐标来描述

$$q_1, q_2, \cdots, q_{f-r}; \dot{q}_1, \dot{q}_2, \dot{q}_{f-r}$$

另一组包含 r 个自由度，可以用 Hamilton 的正则变量来描述

$$q_{f-r+1}, q_{f-r+2}, \cdots, q_f; p_{f-r+1}, p_{f-r+2}, \cdots, p_f$$

---

[1] 在这方面我们要提到 Routh's Treatise on the Dynamics of a System of Rigid Bodies;I. 初级部分，II, 高级部分。Routh 在 1877 年发表的获奖文章 *A Treaties of Stability of a Given State of Motion* 中首次提出了动力学方程的形式。

[2] Berliner Akad. (1844) and Crelle's Journal f. Math 97.

我们现在构建一个 Routh 函数 R 来代替 Lagrange 量 L 或 Hamilton 量 H，它是上面列举的 $2f$ 变量的函数，为了通用性，它也是时间的函数：

$$R\left(t, q_1, q_2, \cdots, q_f; \dot{q}_1, \dot{q}_2, \cdots, \dot{q}_{f-r}, p_{f-r+1}, \cdots, p_f\right) \tag{1}$$

R 可定义为

$$R = \sum_{k=f-r+1}^{f} p_k \dot{q}_k - L\left(t, q_1, \cdots, q_f; \dot{q}_1, \cdots, \dot{q}_f\right) \tag{2}$$

我们看到，对于 $r = f$，R 变换为 Hamilton 量 (41.1)；对于 $r = 0$，右边的求和为 0 了，它就变成了 Lagrange 量。显然，我们可以用等价条件替换 R 的定义式 (2)，则有

$$R = H\left(t, q_1, \cdots, q_f; p_1, \cdots, p_f\right) - \sum_{k=1}^{f-r} p_k \dot{q}_k \tag{2a}$$

现在我们由式 (41.2)~ 式 (41.4)，得到 R 的全微分。一方面，由式 (1) 可得

$$\mathrm{d}R = \frac{\partial R}{\partial t}\mathrm{d}t + \sum_{k=1}^{f} \frac{\partial R}{\partial q_k}\mathrm{d}q_k + \sum_{k=1}^{f-r} \frac{\partial R}{\partial \dot{q}_k}\mathrm{d}\dot{q}_k + \sum_{k=f-r+1}^{f} \frac{\partial R}{\partial p_k}\mathrm{d}p_k \tag{3}$$

另一方面，由式 (2) 可得

$$\mathrm{d}R = \sum_{k=f-r+1}^{f} \dot{q}_k \mathrm{d}p_k + \sum_{k=f-r+1}^{f} p_k \mathrm{d}\dot{q}_k - \mathrm{d}L \tag{3a}$$

对于 $\mathrm{d}L$，我们可以使用式 (41.2b)，为了更清晰，可将其分解为

$$\mathrm{d}L = \frac{\partial L}{\partial t}\mathrm{d}t + \sum_{k=1}^{f} \dot{p}_k \mathrm{d}q_k + \sum_{k=1}^{f-r} p_k \mathrm{d}\dot{q}_k + \sum_{k=f-r+1}^{f} p_k \mathrm{d}\dot{q}_k \tag{3b}$$

将式 (3b) 代入式 (3a) 使得式 (3b) 的最后一项与式 (3a) 的中间项抵消，所以得到

$$\mathrm{d}R = -\frac{\partial L}{\partial t}\mathrm{d}t - \sum_{k=1}^{f} \dot{p}_k \mathrm{d}q_k - \sum_{k=1}^{f-r} p_k \mathrm{d}\dot{q}_k + \sum_{k=f-r+1}^{f} \dot{q}_k \mathrm{d}p_k \tag{4}$$

与式 (3) 逐项比较可得如下关系式：

$$\frac{\partial R}{\partial t} = -\frac{\partial L}{\partial t}$$

以及如下方程:

对于 $k = 1, 2, \cdots, f-r$	对于 $k = f-r+1, f-r+2, \cdots, f$
$\dot{p}_k = -\dfrac{\partial R}{\partial q_k}$	$\dot{p}_k = -\dfrac{\partial R}{\partial q_k}$
$p_k = -\dfrac{\partial R}{\partial \dot{q}_k}$	$\dot{q}_k = +\dfrac{\partial R}{\partial p_k}$

$$(5)$$

左边的 $f-r$ 个方程是 $L = -R$ 的 Lagrange 类型,而右边的 r 个方程是 $H = R$ 的 Hamilton 类型。

这些方程可应用于循环系统,这是 Routh 在表述它们时想到的,具体过程如下:假设第二组坐标是循环的,因此,从 §35 开始,它们不在 Lagrange 量中出现;在这种情况下,它们也不会在 Routh 函数中出现,相关的 p_k 是常数 [来自 Routh 方程 (5) 右侧的第一个方程,或如 §35 中 Lagrange 方程所述]。现在我们可以用这些常量 p_k,并且借助式 (41.1c),得到相关的 $\dot{q}_k$ 的值 (一般不是常数)。因此,我们得到一个仅依赖于方程 (5) 左侧 $f-r$ 个坐标 q_k 和 $\dot{q}_k$ 的 Routh 函数,对于式 (5) 中左侧的所有坐标是有效的。因此,我们把这个问题简化为 $f-r$ 个 Lagrange 类型的方程。

Routh 主要把他的方法用于求解给定运动状态稳定性的难题。我们用一个相当简单的例子来说明这个方法,即对称的陀螺。双循环问题的循环坐标为 Euler 角 ϕ 和 ψ;根据式 (35.15)~ 式 (35.17),我们有

$$p_\phi \ddot{\phi} + p_\psi \dot{\psi} = M'' \left(\frac{M''}{I_3} - \cos\theta \frac{M' - M'' \cos\theta}{I_1 \sin^2\theta} \right) + M' \frac{M' - M'' \cos\theta}{I_1 \sin^2\theta}$$

$$= \frac{M''^2}{I_3} + \frac{(M' - M'' \cos\theta)^2}{I_1 \sin^2\theta}$$

由式 (35.13) Routh 函数成为

$$R = \frac{M''^2}{I_3} + \frac{(M' - M'' \cos\theta)^2}{I_1 \sin^2\theta} - \frac{I_1}{2}\dot{\theta}^2 - \frac{(M' - M'' \cos\theta)^2}{2I_1 \sin^2\theta} - \frac{M''^2}{2I_3} + P\cos\theta$$

$$= -\frac{I_1}{2}\dot{\theta}^2 + \Theta(\theta), \quad \Theta = \frac{M''^2}{2I_3} + \frac{(M' - M'' \cos\theta)^2}{2I_1 \sin^2\theta} + P\cos\theta$$

当 $q_k = \theta$ 时,由式 (5) 左侧第二个方程可得到

$$p_k = I_1 \ddot{\theta}$$

由同侧第一个方程可得

$$I_1\ddot{\theta} = -\frac{\partial \Theta}{\partial \theta} \tag{6}$$

这显然与广义摆方程 (35.19) 是一致的。这个例子可以说明 Routh 的方法是有用的，特别是对于比本书更难的问题。

1891 年，Boltzmann 在慕尼黑大学做了一系列关于 Maxwell 电磁理论的讲座。为了说明两个电路之间的相互感应效应，他在第一堂课中详细地讨论了双循环机械系统。这个精心制作的机械模型，主要由两对带离心调速器的锥齿轮组成，保存在我们研究所的博物馆中。对我们来说，这个模型似乎比 Maxwell 的理论复杂得多。因此，我们不会用它来阐述这一理论，而是利用它来研究汽车的差速器，因为这一理论的基本特征与汽车的差速器相似。

最后让我们概括一下从 Lagrange 方程到 Hamilton 方程再到 Routh 方程的数学形式。我们考虑一个函数 Z 的两个变量 (或两个变量集) x 和 y，让

$$\mathrm{d}Z(x,\ y) = X\ \mathrm{d}x + Y\mathrm{d}y \tag{7}$$

如果我们想用 X、Y 代替 x、y 作为自变量，用修正函数代替 Z 是很方便的。

$$U(X,\ Y) = xX + yY - Z(x,\ y) \tag{8}$$

实际上，基于式 (7)，对式 (8) 求一次微分可得

$$\mathrm{d}U(X,\ Y) = x\mathrm{d}X + y\mathrm{d}Y \tag{9}$$

式 (7) 和式 (9) 等同于 "互易关系"：

$$\frac{\partial Z}{\partial x} = X, \qquad \frac{\partial Z}{\partial y} = Y$$
$$\frac{\partial U}{\partial X} = x, \qquad \frac{\partial U}{\partial Y} = y \tag{10}$$

另外，如果我们只希望用它的正则共轭 Y 来代替一个原始变量 y，就必须将式 (8) 修改为

$$V(x,\ Y) = yY - Z \tag{11}$$

由此可得到

$$\mathrm{d}V(x, Y) = -X\mathrm{d}x + y\mathrm{d}Y \tag{12}$$

以及互易关系

$$\frac{\partial V}{\partial x} = -X, \qquad \frac{\partial V}{\partial Y} = y \tag{13}$$

从 Z 到 U 的转变可以与从 Lagrange 到 Hamilton 的转变相比较, 从 Z 到 V 的转变可以与从 Lagrange 到 Routh 的转变相比较。

这样的自变量的变化和伴随的特征函数的修改称为 Legendre 变换, 在我们的分析中起着广泛的作用。我们提到它主要是为了能在热力学[①]的研究中用到它。

§43 非完整速度参数的微分方程

目前所考虑的微分方程都是在 Lagrange 的广义坐标模型基础上建立起来的, 而旋转陀螺理论则使我们接触到一种完全不同的、结构简单得多的方程, 即 Euler 方程。式 (26.4) 为角速度 $\omega_1, \omega_2, \omega_3$, 让我们来确定它们与 Lagrange 方程的关系。

这两种类型的区别是 $\omega_1, \omega_2, \omega_3$ 不是像 $\dot{\theta}, \dot{\psi}, \dot{\varphi}$ 那样完整的坐标, 但是它们的线性函数对 t 是不可积的。它们之间的关系由式 (35.11) 给出。我们考虑具有动能

$$T = \frac{1}{2} \left(I_1 \omega_1^2 + I_2 \omega_2^2 + I_3 \omega_3^2 \right) \tag{1}$$

的不对称陀螺。为了简便起见, 我们只考虑无外力作用下的陀螺情形。

我们从 Lagrange 方程的 ϕ 坐标开始,

$$\frac{\mathrm{d}}{\mathrm{d}t} \frac{\partial T}{\partial \dot{\phi}} - \frac{\partial T}{\partial \phi} = 0 \tag{2}$$

根据式 (35.11)

$$\frac{\partial \omega_1}{\partial \dot{\phi}} = \frac{\partial \omega_2}{\partial \dot{\phi}} = 0, \qquad \frac{\partial \omega_2}{\partial \dot{\phi}} = 1$$

$$\frac{\partial \omega_1}{\partial \phi} = \omega_2, \quad \frac{\partial \omega_2}{\partial \phi} = -\omega_1, \quad \frac{\partial \omega_3}{\partial \phi} = 0$$

因此, 考虑式 (1), 有

$$\frac{\partial T}{\partial \dot{\phi}} = I_1 \omega_1 \frac{\partial \omega_1}{\partial \dot{\phi}} + I_2 \omega_2 \frac{\partial \omega_2}{\partial \dot{\phi}} + I_3 \omega_3 \frac{\partial \omega_3}{\partial \dot{\phi}} = I_3 \omega_3$$

$$\frac{\partial T}{\partial \phi} = I_1 \omega_1 \frac{\partial \omega_1}{\partial \phi} + I_2 \omega_2 \frac{\partial \omega_2}{\partial \phi} + I_3 \omega_3 \frac{\partial \omega_3}{\partial \phi} = (I_1 - I_2) \omega_1 \omega_2$$

由式 (2) 中我们有

$$I_3 \frac{\mathrm{d}\omega_3}{\mathrm{d}t} = (I_1 - I_2) \omega_1 \omega_2 \tag{3}$$

---

① 译者注: 理论物理学 (第五卷): 热力学与统计学, 胡海云等译, 科学出版社, 2018。

这是第三个 Euler 方程 (26.4)。

对坐标 θ 做相同的计算得到

$$\frac{\partial \omega_1}{\partial \dot{\theta}} = \cos \phi, \quad \frac{\partial \omega_2}{\partial \dot{\theta}} = -\sin \phi, \quad \frac{\partial \omega_3}{\partial \dot{\theta}} = 0$$

$$\frac{\partial \omega_1}{\partial \theta} = \dot{\psi} \cos \theta \sin \phi, \quad \frac{\partial \omega_2}{\partial \theta} = \dot{\psi} \cos \theta \cos \phi, \quad \frac{\partial \omega_3}{\partial \theta} = -\dot{\psi} \sin \theta$$

由式 (1) 我们可得到

$$\frac{\partial T}{\partial \dot{\theta}} = I_1 \omega_1 \cos \phi - I_2 \omega_2 \sin \phi$$

$$\frac{\partial T}{\partial \theta} = (I_1 \omega_1 \sin \phi + I_2 \omega_2 \cos \phi) \dot{\psi} \cos \theta - I_3 \omega_3 \dot{\psi} \sin \theta$$

Lagrange 方程为

$$\frac{\mathrm{d}}{\mathrm{d}t} \frac{\partial T}{\partial \dot{\theta}} - \frac{\partial T}{\partial \theta} = 0 \tag{4}$$

因此成为

$$\begin{aligned}
0 =& I_1 \frac{\mathrm{d}\omega_1}{\mathrm{d}t} \cos \phi - I_1 \frac{\mathrm{d}\omega_2}{\mathrm{d}t} \sin \phi \\
& -I_1 \omega_1 \sin \phi (\dot{\phi} + \dot{\psi} \cos \theta) - I_2 \omega_2 \cos \phi (\dot{\phi} + \dot{\psi} \cos \theta) \\
& +I_3 \omega_3 \dot{\psi} \sin \theta
\end{aligned} \tag{5}$$

但是根据式 (35.11)，有

$$\dot{\phi} + \dot{\psi} \cos \theta = \omega_3, \qquad \dot{\psi} \sin \theta = \omega_1 \sin \phi + \omega_2 \cos \phi$$

因此式 (5) 的第二、三行可以写为

$$(I_3 - I_1)\omega_3 \omega_1 \sin \phi - (I_2 - I_3)\omega_2 \omega_3 \cos \phi$$

与第一行一起写为

$$0 = \left[I_1 \frac{\mathrm{d}\omega_1}{\mathrm{d}t} - (I_2 - I_3) \omega_2 \omega_3 \right] \cos \phi - \left[I_2 \frac{\mathrm{d}\omega_2}{\mathrm{d}t} - (I_3 - I_1) \omega_3 \omega_1 \right] \sin \phi \tag{6}$$

最后是 Lagrange 方程

$$\frac{\mathrm{d}}{\mathrm{d}t} \frac{\partial T}{\partial \dot{\psi}} - \frac{\partial T}{\partial \psi} = 0$$

鉴于式 (3)，经过适当的变量变换后，式 (6) 成为

$$0 = \left[I_1 \frac{\mathrm{d}\omega_1}{\mathrm{d}t} - (I_2 - I_3)\, \omega_2 \omega_3 \right] \sin\phi - \left[I_2 \frac{\mathrm{d}\omega_2}{\mathrm{d}t} - (I_3 - I_1)\, \omega_3 \omega_1 \right] \cos\phi \qquad (7)$$

由式 (6) 和式 (7) 可知两个 [ ] 中的值都必然为 0，因此我们得到了第一和第二 Euler 方程 (26.4)。

我们针对一个具体例子所进行的变换，对于任意数量的非完整速度参数 (定义为实速度坐标的线性 (或更一般的) 函数) 的情况下，可以相当普遍地[1]执行。如果是在刚体的情况下，动能以这些参数表示时呈现出一种特别简单的形式，这些变换对于运动方程的积分可能具有重要价值：它们还可能满足非完整约束。Boltzmann 发现在气体运动理论中引入与非完整速度相对应的动量分量是有必要的。他把这些成分称为赝动量。

§44 Hamilton–Jacobi 方程

20 世纪初，理论物理学最紧迫的问题是 "光的波动理论或者微粒理论"。波动理论是由 Huygens 创立的，在当时 Thomas Young 对干涉现象的发现中得到了证实，而微粒理论得到了 Newton 看似权威的支持。天文学家、深刻的数学思想家 W. R. Hamilton 当时正在研究光学仪器中光线的路径。这些研究的结果[2]在 1827 年开始出现，大约在那个时候，波动光学的两位最伟大的倡导者 Fraunhofer 和 Fresnel 在几乎相同的时间去世。Hamilton 关于一般动力学的研究结果，我们将在本节中简要地进行总结，虽然有点晚，但这与他对射线光学的研究是紧密相关的[3]。

我们补充一句，作为 Planck 发现基本行为量子的结果，上述问题现在必须以不同的方式提出。我们不再问 "波还是微粒？" 而是说 "波也是微粒？" 乍一看，要调和这些明显相互矛盾的概念似乎是不可能的。实际上，无论是光学方面还是动力学方面，它们都是互补而不是矛盾的。正如 Schrödinger 所承认的那样，二者的调和是对 Hamilton 思想的逻辑延伸的结果，并导致了波动力学和量子力学。

射线光学是光粒子的力学；在任意非均匀介质中这些粒子的路径绝不是直线，但由 Hamilton 常微分方程或与之等价的 Hamilton 原理决定。另外，从波动光学的观

---

① Cf.,in particular,G.Hamel,Math.Ann.59(1940),and Sitzungsber.der Berl.Math.Ges.37(1938).Furthermore,Enckl.d.Math.Wiss.IV.2,Art.Prango NO.3 and ff.

② 射线光学专著，译.Roy.Irish Acad.1827，并在 1830 年和 1832 年补充。他关于动力学的研究出现在 Trans. Roy.Soc.London1834 and 1835。

③ 在 Jacobi 所作的公式中，这种联系消失了。它在 1891 年由 F.Klein 解决了 (Naturfirscher-Ges.in Halle; Ges.Abhandl.,Vol.II,pp.601,603)。

点来看，光线是由波面或波阵面系统的正交[①]轨迹发出的。根据 Huygens 原理，这些波阵面是平行的表面。Hamilton 认为用 (强制偏) 微分方程表示波面族，并将此方法推广到任意力学系统的多维空间中的 q_k。正如我们将要看到的，波面族由 $S =$ 常数给出，式中 S 是式 (37.1) 的最小作用函数。正交于曲面的轨迹由此方程确定

$$p_k = \frac{\partial S}{\partial q_k} \tag{1}$$

1. 守恒系统

目前我们处理了一个机械系统，在这个系统中能量是守恒的并且可以分解为动能部分 T 和势能部分 V，因此 T、V 和 H 并不依赖于 t。

我们从式 (37.9) 开始，用下式替换 δW 的右边项

$$-\delta V = \delta(T - E) = \delta T - \delta E$$

然后式 (37.9) 的右边部分变为

$$2\delta T + 2T\frac{\mathrm{d}}{\mathrm{d}t}\delta t - \delta E \tag{2}$$

接下来我们把相同方程的左边部分转换为广义坐标 p, q，则有

$$\frac{\mathrm{d}}{\mathrm{d}t}\sum p_k\delta q_k \tag{3}$$

使式 (3) 和式 (2) 相等得到

$$2\delta T + 2T\frac{\mathrm{d}}{\mathrm{d}t}\delta t - \delta E = \frac{\mathrm{d}}{\mathrm{d}i}\sum p_k\delta q_k \tag{4}$$

我们对式 (4) 关于 t 积分在极限 0 和 t 之间得到

$$\delta S - t\delta E = \sum p\delta q - \sum p_0\delta q_0 \tag{5}$$

式中，S 由式 (37.1) 定义；p_0 和 δq_0 是积分下限 $t = 0$；p 和 δq 是积分上限 t。

式 (5) 表明我们必须将作用积分 S 看作是函数初始位置 q_0，最终位置 q 和能量 E 的函数，即我们将使用任意分配的总能量 E 作为变量来代替时间 t:

$$S = S(q, q_0, E) \tag{6}$$

[①] 这对光学各向同性介质是正确的。在晶体等各向异性介质中，射线和波前的正交性不再是普通的欧几里得正交性，而是非欧几里得正交性，可推广到张量正交性。

根据式 (5)，运动作为时间的函数可给出

$$t = \frac{\partial S}{\partial E} \tag{7}$$

其中，q 和 q_0 是固定不变的。相反，如果我们保证 E 固定，改变 q 或 q_0 任意一个，由式 (5) 可得到

$$p = \frac{\partial S}{\partial q}, \qquad p_0 = -\frac{\partial S}{\partial q_0} \tag{8}$$

第一个关系式与式 (1) 是一致的；至于第二种形式，我们将把它转换成另一种更简便的形式。

必须承认，只要 S 未以式 (6) 的形式给出，我们对运动的认知就没有显著进展。然而，让我们回顾一下能量方程

$$H(q,p) = E$$

我们将式 (8) 中 p 代入上式可得到

$$H\left(q, \frac{\partial S}{\partial q}\right) = E \tag{9}$$

我们把式 (9) 看作确定特征函数 S 的方程。它被称为 Hamilton 偏微分方程或守恒系统的 Hamilton–Jacobi 方程。当 T 是关于 p 的二次 (或一次) 齐次函数时 (可以假定 V 与 p 无关)，它是关于 p 的二阶 (或一阶) 方程。

假设我们已经找到了这个方程的一个完整的积分，即解中包含的待定常数等于自由度的数量。这些常数为

$$\alpha_1, \alpha_2, \cdots, \alpha_f$$

由于 S 本身不出现在式 (9) 中，所以它仅由式 (9) 决定，直到一个附加性常数。因此，上面的一个积分常数，比如 α_1，是多余的，可以用一个未赋值的附加常数代替，即可以用能量参数 E 代替 α_1，这样完全积分就可以写成如下形式：

$$S = S\left(q, E, \alpha_3, \cdots, \alpha_f\right) + \text{常数} \tag{10}$$

得到这一个完整解的经典方法是分离变量法——这种方法通常适用，但并不总是适用。我们将在 §46 中讨论这种方法。在 §45 中我们将说明如何由式 (10) 得出系统运动的知识。

2. 耗散系统

我们现在要接受这样一个普遍的观点，即 Lagrange 量 L 和 Hamilton 量 H 都依赖于 t。一般来说，将 L 和 H 分解成 T 和 V 是不可能的；特别地，如果势能 V 存在，它必须依赖于时间。这个例子对于天文学和量子力学的摄动问题是非常重要的。因此，不存在能量原理，也不存在总能量常数 E。由此可以得出，我们不能使用最小作用原理，而必须回归到 Hamilton 原理。因此，我们定义了一个特征函数 S^*，由 Hamilton 原理中的积分给出

$$S^* = \int_{t_0}^{t} L\mathrm{d}t \tag{11}$$

并且认为 S^* 是初、终位置和行程时间 t 的函数，即

$$S^* = S^*\left(q, q_0, t\right) \tag{12}$$

这与式 (6) 相比较，式中总能量常数 E (在本例中不存在) 取代了 t。

现在让我们通过式 (11) 来求 $\dfrac{\mathrm{d}S^*}{\mathrm{d}t}$ 即

$$\frac{\mathrm{d}S^*}{\mathrm{d}t} = L \tag{13}$$

接下来根据式 (12)，可得

$$\frac{\mathrm{d}S^*}{\mathrm{d}t} = \sum \frac{\partial S^*}{\partial q_k}\dot{q}_k + \frac{\partial S^*}{\partial t} = \sum p_k\dot{q}_k + \frac{\partial S^*}{\partial t} \tag{14}$$

这里使用的是类似于式 (8) 的关系，

$$p_k = \frac{\partial S^*}{\partial q_k} \tag{15}$$

很容易验证。仅仅对式 (11) 关于 q_k 求导并回到式 (41.1e)。

根据 H 的一般定义式 (41.1)，比较式 (13) 和式 (14) 可得到

$$\frac{\partial S^*}{\partial t} + H = 0 \tag{16}$$

由式 (15)，有

$$\frac{\partial S^*}{\partial t} + H\left(q, \frac{\partial S^*}{\partial q}, t\right) = 0 \tag{17}$$

这是一般形式的 Hamilton–Jacobi 方程。它包括了我们之前的式 (9)，将其作为一种特殊情况。为了证明这一点，就像在 (a) 中那样假设 H 是独立于 t 的。从式 (17) 可以得出 S^* 关于 t 是线性的，因此我们有

$$S^* = at + b$$

并由式 (16) 得出 $-a = H$，即等于现在存在的能量常数 E；证明了 b 与前面的特征函数 S 是相同的。因此，在这种情况下式 (17) 简化为特殊形式 (9)。

　　(a) 中关于式 (9) 的积分的说明同样适用于更一般的式 (17)。后者的完整积分现在包含 $f + 1$ 个常数，其中一个是再加的。代替式 (10) 我们可写出

$$S^* = S^*(q, t, \alpha_1, \alpha_2, \cdots, \alpha_f) + \text{常数} \tag{18}$$

§45　关于 Hamilton 偏微分方程积分的 Jacobi 法则

　　我们在谈及式 (44.8) 时指出，其中第二个不太容易直接积分，原因是我们所积分的偏微分方程不是式 (44.6) 的形式，而是分别为式 (44.10) 和 (44.18) 的形式。在式 (44.7) 中，

$$t = \frac{\partial S}{\partial E} \tag{1}$$

另外，我们得到了一个方程，它能非常直接地描述随时间变化的运动。我们现在要证明，如果对积分常数 $\alpha_2, \alpha_3, \cdots, \alpha_f$ 求 S 而不是 E 的微分，就可得到

$$\beta_k = \frac{\partial S}{\partial \alpha_k}, \qquad k = 2, 3, \cdots, f \tag{2}$$

假如我们把 β_k 看成第二组积分常数，它就描述了系统路径的几何构型。这是情形 (a) 下的 Jacobi 法则，在情形 (b) 下能得到更简单的形式：

$$\beta_k = \frac{\partial S^*}{\partial \alpha_k}, \qquad k = 1, 2, \cdots, f \tag{3}$$

这里我们有 f 个形式统一的方程，它给出了系统运动的时间和空间过程。

　　我们可以在形式上写出

$$\beta_1 = \frac{\partial S}{\partial \alpha_1} \tag{3a}$$

将同样的简洁性引入情形 (a) 中，其中我们令 $t = \beta_1$ 和 $E = \alpha_1$。

我们将把证明限制在情形 (a) 中。让我们回顾接触变换的定义式 (41.11)，为了便于下面的讨论，我们将其写成

$$dF(q, Q) = \sum p_k dq_k - \sum P_k dQ_k \tag{4}$$

将其与特征函数的全微分式 (44.10) 进行比较，可得

$$dS(q, E, \alpha) = \sum_{k=1}^{f} \frac{\partial S}{\partial q_k} dq_k + \frac{\partial S}{\partial E} \delta E + \sum_{k=2}^{f} \frac{\partial s}{\partial \alpha_k} d\alpha_k$$

将式 (44.8) 和式 (2)、式 (3a) 代入上式，可得

$$dS(q, \alpha) = \sum_{k=1}^{f} p_k dq_k + \sum_{k=1}^{f} \beta_k d\alpha_k \tag{5}$$

如果我们令

$$F = S, \quad Q_k = \alpha_k, \quad P_k = -\beta_{k*} \tag{6}$$

相同，那么这个方程与式 (4) 是一致的。

现在我们知道，通过满足条件 (4) 的变换 $q_k, p_k \rightarrow Q_k, P_k$，可以从 Hamilton 方程 (41.4)

$$\dot{p}_k = -\frac{\partial H}{\partial q_k}, \qquad \dot{q}_k = \frac{\partial H}{\partial p_k}$$

变换到式 (41.12)，

$$\dot{P}_k = -\frac{\partial \bar{H}}{\partial Q_k}, \qquad \dot{Q}_k = \frac{\partial \bar{H}}{\partial P_k}$$

鉴于式 (6)，在我们的情况下，这些方程变成

$$-\dot{\beta}_k = -\frac{\partial \bar{H}}{\partial \alpha_k}, \qquad \dot{\alpha}_k = -\frac{\partial \bar{H}}{\partial \beta_k} \tag{7}$$

但是由式 (41.10)，

$$\overline{H}(Q, P) = H(q, p)$$

或者，根据式 (6)，

$$\overline{H}(\alpha - \beta) = E = \alpha_1 \tag{8}$$

由此可得

$$\frac{\partial \bar{H}}{\partial \alpha_k} = \left\{ \begin{array}{l} 1 \text{ 对 } k = 1 \\ 0 \text{ 对 } k > 1 \end{array} \right., \qquad \frac{\partial \bar{H}}{\partial \beta_K} = \left\{ \begin{array}{l} 0 \text{ 对 } k > 1 \\ 0 \text{ 对 } k = 1 \end{array} \right. \tag{9}$$

因此式 (7) 成为

$$\dot{\beta}_k = \begin{cases} 1 & \text{对 } k = 1 \\ 0 & \text{对 } k > 1 \end{cases}, \qquad \dot{\alpha}_k = \begin{cases} 0 & \text{对 } k = 1 \\ 0 & \text{对 } k > 1 \end{cases} \tag{10}$$

这些方程没有告诉我们关于 α_k 的新信息, 仅仅证实了 α_k 是积分常数. 同样的方法也适用于 β_1; 从 $\dot{\beta}_1 = 1$ 我们简单地得到 $\beta_1 = t$ (一个不重要的附加常数), 对于式 (3a) 来说没有什么新意. 另外, 式 (10) 对于 $k > 1$ 的 β_k, 给出了 Jacobi 法则的证明; 他们说明了像 α_k 一样, β_k 是积分常数.

如果我们将接触变换的定义推广到更一般的情形, 这个证明可以在不对 (b) 做重大改变的情况下进行扩展. 因为在接下来的内容我们不需要这个结果, 所以对其不再深入探讨.

§46 Kepler 问题的经典和量子理论处理

本节中, 我们希望展示积分的 Hamilton–Jacobi 方法是如何明确而直接地解决天文学的行星问题. 此外, 我们还将惊奇地发现, 同样的方法恰好满足原子物理学的要求, 并以一种自然的方式引出 (更古老的) 量子理论.

我们从固定太阳 M 的 Lagrange 二体问题开始, 用极坐标表示为

$$L = \frac{m}{2}\left(\dot{r}^2 + r^2\dot{\phi}^2\right) + G\frac{mM}{r} \tag{1}$$

由此可得动量为

$$p_r = m\dot{r}, \qquad p_\phi = mr^2\dot{\phi} \tag{1a}$$

将其代入式 (1) 并且改变势能的符号得到 Hamilton 量

$$H = \frac{1}{2m}\left(p_r^2 + \frac{1}{r^2}p_\phi^2\right) - G\frac{mM}{r} \tag{1b}$$

并且从式 (44.9) 得到 Hamilton–Jacobi 方程

$$\left(\frac{\partial S}{\partial r}\right)^2 + \frac{1}{r^2}\left(\frac{\partial S}{\partial \phi}\right)^2 = 2m\left(E + G\frac{mM}{r}\right) \tag{2}$$

让我们在这个例子中应用 §44 提到的分离变量法.

我们试着求出形如式 (2) 的微分方程的解

$$S = R + \Phi \tag{3}$$

其中 R 只依赖于 r 及 Φ 只依赖于 ϕ。如果用一般函数 $f(r, \phi)$ 替换式 (2) 中的右边部分，就可得到

$$\left(\frac{\mathrm{d}R}{\mathrm{d}r}\right)^2 + \frac{1}{r^2}\left(\frac{\mathrm{d}\Phi}{\mathrm{d}\phi}\right)^2 = f(r, \phi) \tag{3a}$$

一般来说，这样的关系是不成立的。然而，如果在我们的例子中 f 是独立于 ϕ 的，只需要令 $\dfrac{\mathrm{d}\Phi}{\mathrm{d}\phi}$ 等于一个常数，比如 C (称为分离常数)。R 由方程 (4) 确定

$$\left(\frac{\mathrm{d}R}{\mathrm{d}r}\right)^2 = f(r) - \frac{C^2}{r^2} \tag{4}$$

是通过积分求解的，得到一个完整的积分。f 与 ϕ 无关的假设显然等价于在我们的例子中 ϕ 是循环的这个事实，也就是说它没有显式地出现在微分方程中。我们看到分离变量法是基于给定微分方程的特殊对称性质，这种对称性质是经常实现的，但不是一直实现的。

我们现在遵循 §45 中的一般模式，令 $C = \alpha_2$，并将式 (2) 分离为

$$\frac{\partial S}{\partial \phi} = \alpha_2 \tag{5}$$

$$\frac{\partial S}{\partial r} = \left[2m\left(E + G\frac{mM}{r}\right) - \frac{\alpha_2^2}{r^2}\right]^{\frac{1}{2}} \tag{6}$$

式 (5) 为角动量守恒定律，即 Kepler 第二定律；分离常数 α_2 是恒定角动量，本质上与式 (6.2) 中使用的面积速度常数相同。式 (6) 给出了可变径向动量。

为了计算特征函数 S，我们对式 (5) 和式 (6) 进行积分，并且结合式 (3)，用 α_1 代替 E 可得到

$$S = \int_{r_0}^{r} \left[2m\left(\alpha_1 + G\frac{mM}{r}\right) - \frac{a_2^2}{r^2}\right]^{\frac{1}{2}} \mathrm{d}r + a_2\phi + 常数 \tag{7}$$

积分下限可以任意选择，因为它只影响附加常数的大小。

现在让我们把注意力集中在几何轨迹上，也就是 Kepler 第一定律。为了做到这一点，我们遵循式 (45.2) 并形成

$$\beta_2 = \frac{\partial S}{\partial \alpha_2} = -\alpha_2 \int_{r_0}^{r}\left[2m\left(\alpha_1 + G\frac{mM}{r}\right) - \frac{a_2^2}{r^2}\right]^{-\frac{1}{2}}\frac{\mathrm{d}r}{r^2} + \phi \tag{8}$$

显然引入 $s = \dfrac{1}{r}$ 来代替 r 作为积分变量是很方便的，并且将式 (8) 重写为

$$\beta_2 - \phi = \alpha_2 \int_{s_0}^{s} \left[2m \left(\alpha_1 + GmMs \right) - \alpha_2^2 s^2 \right]^{-\frac{1}{2}} \mathrm{d}s$$

$$= \int_{s_0}^{s} \frac{\mathrm{d}s}{\left[\left(s - s_{\min} \right) \left(s_{\max} - s \right) \right]^{\frac{1}{2}}} \tag{9}$$

这里 $s_{\min}$ 和 $s_{\max}$ 分别是太阳到远日点和近日点距离的倒数。比较两个积分得到

$$s_{\min} s_{\max} = -\frac{2m\alpha_1}{a_2^2}$$

$$s_{\min} + s_{\max} = \frac{2Gm^2 M}{a_2^2} \tag{10}$$

现在我们想要得到式 (9) 的三角函数形式。变换

$$s = \frac{s_{\min} + s_{\max}}{2} + \frac{s_{\max} - s_{\min}}{2} u \tag{11}$$

显然，将 $s = s_{\max}$ 变为 $u = +1$，将 $s = s_{\min}$ 变为 $u = -1$，那么由式 (9) 我们可得到

$$\beta_2 - \phi = \int_{u_0}^{u} \frac{\mathrm{d}u}{\left(1 - u^2 \right)^{\frac{1}{2}}} \tag{12}$$

并且让积分的可赋值下限等于 1，

$$\phi - \beta_2 = \arccos u, \qquad u = \cos \left(\phi - \beta_2 \right) \tag{13}$$

最后我们通过式 (11) 从 u 返回 s，并且注意根据 38 页图 7，

$$s_{\min} = \frac{1}{a(1 + \epsilon)}, \qquad s_{\max} = \frac{1}{a(1 - \epsilon)}$$

所以

$$s = \frac{1}{a\left(1 - \epsilon^2 \right)} + \frac{\varepsilon}{a\left(1 - \epsilon^2 \right)} u$$

然后，由式 (13) 我们得到一个椭圆方程，其形式是我们所熟悉的。

$$s = \frac{1}{r} = \frac{1 + \epsilon \cos \left(\phi - \beta_2 \right)}{a\left(1 - \epsilon^2 \right)} \tag{14}$$

其中常数 β_2 可以被包含在 ϕ 的定义中。

由于实验的原因，天文学家对轨道的几何形式不太感兴趣，反而对运动作为时间的函数感兴趣。这里 Hamilton–Jacobi 方法以最系统的方式再次给出了答案，即通过式 (45.1)，

$$t = \frac{\partial S}{\partial E} = \frac{\partial S}{\partial \alpha_1}$$

在将变量 s 代入后，我们得到

$$t = -\frac{m}{\alpha_2} \int_{s_0}^{s} \frac{\mathrm{d}s}{s^2[(s - s_{\min})(s_{\max} - s)]^{\frac{1}{2}}} \tag{15}$$

有了这个方程，我们就完成了之前在 §6 中的处理，其中行星的位置作为时间的函数仍未确定。利用问题 I.16 的"不同圆心的近点距离"作为积分的新变量 [其符号 u 不应与式 (11) 中的辅助 u 混淆]，式 (15) 可以用初等积分法求解，并直接得到著名的 Kepler 方程

$$nt = u - \epsilon \sin u$$

这在引用问题中提到过。

众所周知，二体和多体问题在现代原子物理学中也扮演着核心角色。在氢原子中电子绕原子核、质子运动，就像行星绕太阳运动一样。在这里，Hamilton–Jacobi 方法也被证明具有惊人的价值。它从字面上告诉我们必须引入量子数。

在早期的量子理论中，只要第 k 个自由度是与其余自由度分离的，就定义第 k 个自由度的相积分 (也称为"作用变量")

$$J_k = \int p_k \mathrm{d}q_k \tag{16}$$

这个积分将覆盖变量 q_k 的整个取值范围，然后要求 J_k 是 Planck 基本作用量子的整数倍 (参见 §33 的第一页)，

$$J_k = n_k h \tag{16a}$$

将式 (16) 中的 p_k 表示为特征函数 S，可以得到

$$\int \frac{\partial S}{\partial q_k} \mathrm{d}q_k = \Delta S_k = n_k h \tag{17}$$

ΔS_k 是函数 S 的 k 个"周期模数"，即当 q_k 的值经过一个完整的周期时，S 所经历的变化。氢原子中的电子具有坐标 $q_1 = \phi$ 和 $q_2 = r$。如果用 Coulomb 势能

$-\dfrac{e^2}{\gamma}$ 代替引力势能，那么关于 S 的微分方程 (2) 及其解 (7) 可以直接从天文学转移到原子物理学中。

由于坐标 ϕ 的取值范围为 $0 \sim 2\pi$，由式 (7) 和式 (17) 可得

$$\Delta S_\phi = 2\pi\alpha_2 = n_\phi h \tag{18}$$

其中，n_ϕ 是角量子数，如我们所知 α_2 与角动量 p_ϕ 相同。

r 坐标的取值范围从 $r_{\min}$ 扩展到 $r_{\max}$ 再返回。由式 (7) 和式 (17) 得到

$$\Delta S_r = 2\int_{r_{\min}}^{r_{\max}}\left[2m\left(E - \frac{e^2}{r}\right) - \frac{n_\phi^2 h^2}{4\pi^2 r^2}\right]^{1/2}\mathrm{d}r = n_r h \tag{19}$$

其中，n_r 是径向量子数。求积的最佳方法是在 r 平面上进行复积分，一旦完成，式 (19) 就变成

$$-n_\phi h + 2\pi\mathrm{i}\frac{me^2}{(2mE)^{1/2}} = n_r h \tag{20}$$

氢原子电子的能量在量子态 $n = n_r + n_\phi$，因此

$$E = -\frac{2\pi^2 me^4}{h^2 n^2} \tag{21}$$

它是负的，因为在无限大的电子质子距离下能量被设定为零 (见上述势能的表达式)。

式 (21)，连同 Bohr 关于量子跃迁中的能量辐射的假设，导致了对氢光谱 (所谓的巴尔默级数) 的首次理解，并从那里发展到现代谱线理论。

现在原子理论的发展已经超出了这里所呈现的电子轨道的描述。正如 §44 开头所提到的，按照 Hamilton 的思路进行的研究已经产生了一个更深刻的关于原子过程的波动力学概念。

问　　题

第 1 章

I.1 弹性碰撞[①]。n 个质量均为 M 的物体沿直线相互接触排列。两个质量为 M、速度为 v 的物体与左边 n 个物体相撞。显然，如果左边的两个物体把速度传递给右边的最后两个物体，则满足动能和动量定理。如果右边只有一个物体离开，则表明不满足这些原理，或者当右边最后两个物体以不同速度 v_1、v_2 运动时，结论也是如此。

I.2 不等质量的弹性相撞。 让右边最后一个质量为 m 的物体比其他物体质量小。让一个质量为 M 的物体从左边以速度 v_0 撞击，由动能和动量定理可知不可能只有物体 m 运动。如果假定只有两个物体在运动，它们的速度必须是什么样的？

I.3 不等质量的弹性碰撞。 让右边最后一个质量为 M' 的物体比其他物体质量大。与问题 I.2 中的假定一样，发现右边倒数第二个物体把它的动量向左边传递，物体 M' 和整行左端的第一个物体 M 的速度各为多少？如果 M' 非常大，将会发生什么？

I.4 电子和原子的非弹性碰撞。 一个质量为 m、速度为 v 的电子和一个静止的质量为 M 的原子发生对心碰撞。原子被激发，从基态跃迁至高于基态到 E 个单位能量的能级，电子必须具有的最小初速度 v_0 为多少？

你将会找到电子的最终速度 v 和原子速度 V 各自的二次方程。v_0 的最小值源于对 v 和 V 的基本解需要为实数这一要求。如果只考虑了能量守恒，v_0 的值比想象的高一点，尽管这个差别不是很显著，因为 $M/m \geqslant 2000$ 是很高的。

如果撞击质点和被撞质点有相同或相近的质量，要求的最小能量大约是只由能量守恒推测的两倍。

I.5 飞向月球的火箭。 一枚持续喷射火箭竖直向上发射，令相对于火箭的喷射速度为 a，$\mu = -\dot{m}$ 为每分钟排出的质量，并假定它们关于时间都为常数。假定在恒定的重力加速度 g 下进行发射，且忽略空气阻力。建立运动方程并在初始火箭相对地球表面上速度为 0 的条件下对其积分。如果初始质量 m_0 对应的 $\mu = \dfrac{1}{100}$

[①] 让学生们完成问题 I.1～I.3 中的实验是非常必要的。这可以通过在光滑支撑面上放置硬币，或用悬挂在线上、静止时相互接触的弹性球，或用一系列弹珠来完成。

并且 $a = 2000\mathrm{m} \cdot \mathrm{s}^{-1}$，当 $t = 10\mathrm{s}, 30\mathrm{s}, 50\mathrm{s}$ 时，火箭到达的高度为多少？

I.6 水从饱和大气层穿过。一个球形水滴坠落，不受摩擦力并在重力影响下穿过一个充满水蒸气的大气层。令它的初始半径 ($t = 0$) 为 c，初速度为 v_0。在凝结作用下，水滴坠落时，其表面会发生质量持续地成比例增加的过程，就如将要表明的，它的半径随时间呈线性增加。对运动的微分方程进行积分，是通过引入 r 而非 t 作为独立变量，证明当 $c = 0$ 时，速度随时间呈线性增加。

I.7 链条滑落。在桌子边缘有一根链条，一段悬挂在边缘，初始时静止。链条各部分依次开始移动，不计摩擦力。通常形式的能量不再是运动的积分。相反，冲量 (卡诺) 能量损失必须在写能量平衡方程时考虑在内。

I.8 坠绳。一段长度为 l 的绳从桌边滑落，初始一段 x_0 长度的绳悬挂在桌边没有移动。令 x 为时刻 t 竖直悬挂的长度。假定这条绳是完全柔韧的，能量定理的形式为 $T + V =$ 常数，给出了运动的积分形式。

I.9 由于地球吸引月球的加速度。月球与地球的距离大约是 60 个地球半径。假定月球轨道是一个圆，一个周期为 27 天 7 小时 43 分。由此，月球向地球的加速度 (向心加速度) 能够通过计算得到。把这个值和 Newton 重力定理给出的值进行对比，便给出了这个定理的第一个证明。

I.10 矢量扭矩。考虑一个直角坐标系 (x, y, z)，$\boldsymbol{r}$ 是力 $\boldsymbol{F}$ 作用点的位置矢量。我们现在来到第二个坐标系 (x', y', z')，它是通过旋转前者得到的。结果 $\boldsymbol{F}$ 关于第一个坐标系原点的矩像矢量一样变化，即 $\boldsymbol{r} = (x, y, z)$。为了证明这个结论，必须假定两个坐标系有相同的旋向 (都是右手系或者都是左手系)。

I.11 行星运动的速度曲线图。由式 (6.5) 以及 $A=0$，给出行星运动的速度曲线

$$\xi = \dot{x} = -\frac{GM}{C}\sin\phi, \qquad \eta = \dot{y} = +\frac{GM}{C}\cos\phi + B$$

其中，M 为太阳质量，C 为角动量常数，ϕ 为真近点角。如图 6 所示，显示的轨线是双曲线或椭圆，依赖于曲线的 "极点" $\xi = \eta = 0$ 是被排除在速度曲线之外或包含在其中，也描述了极点在抛物线和圆上的极限情况的位置。

I.12 平行电子光束穿过离子场轨迹的包络线。一个无限远发射源沿着平行路径并且以恒定初速 v_0 发射电子 (电荷为 e，质量为 m)。一个离子化原子 A (电荷为 E，质量为 M) 固定在原点。如果 e 和 E 有相同的符号，A 周围的哪些区域永不会出现电子？

令 y 轴作为入射质点方向，按平面问题处理这个问题。在以 A 作为极点并且也是双曲轨迹的焦点的极坐标系里容易给出电子轨线。上述区域的边界由电子轨线的包络线得到。因为 $M \gg m$，可以认为 A 是静止的。

结果表明，如果 e 和 E 有相反的符号，轨线包络线似乎有相同的边界线，但

现在已经没有物理意义。

I.13 在和距离成比例的中心力影响下的椭圆轨线。考虑一个质量 m 的物体在受到朝向固定点 O 方向的力的作用 (中心力)

$$\boldsymbol{F} = -k\boldsymbol{r}$$

$(r = \overrightarrow{Om}, k=$ 常数) 下运动。显然，如下三点适用于质量为 m 的物体的运动:

(1) m 描绘出以 O 为中心的椭圆。

(2) 矢径 $\boldsymbol{r}$ 在相等的时间内扫过相同的面积。

(3) 周期 T 和椭圆的形状无关，只依赖于力的作用，即 k 和 m 的值。

I.14 锂的核分裂。(Kirchner,Bayer.Akad.1993) 如果一个速度为 v_{p} 的氢核 (质子，质量为 m) 和一个 Li^7 核相撞 (原子量为 7 的锂)，后者分裂为两个 α 质点 (质量 $m_\alpha = 4m_{\mathrm{p}}$)。两个 α 质点以几乎 (并不是精确) 完全相反的方向飞出。假定 α 质点是以关于对撞线对称的方式飞出，并且有相等的速率，可计算它们之间的夹角为 2ϕ。注意到，除了质子的动能 E_{p} 外，还有质量损失所释放的其他能量 E，这是比 E_{p} 大得多的能量，并同样地传递给两个 α 质点。因此，$\cos\phi$ 的最后答案不仅包含 m_{p} 和 m_α，也包含质子动能 E_{p} 和 E。

在常用的原子物理单位下，$E = 14 \times 10^6 \mathrm{eV}$。在实验中 $E_{\mathrm{p}} = 0.2 \times 10^6 \mathrm{eV}$；$v_\alpha$ 和 2ϕ 的值是什么?

I.15 中子和原子核的对心碰撞；一块石蜡的作用。中子的运动会因为一块 50cm 厚的铅板变得有一点缓慢。另外，一块 20cm 厚的石蜡却可以完全吸收它们。这是很容易理解的，如果人们记得在对心碰撞中，中子 (质量 $m = 1$) 的动能完全传递给了石蜡中的一个氢原子核 (质子质量 $M_1 = 1$)；然而在与铅核 (质量 $M_2 = 206$) 的对心碰撞中几乎没有能量转移。画一条显示初始静止的原子核 (质量为 M) 在与中子 (质量为 m) 对心碰撞时获取动能的曲线，作为 M/m 的函数。

I.16 Kepler 方程。行星运动的变化在其轨道上由角动量定理的微分形式确定。为了获得变化的积分形式，可以按照 Kepler 的方法进行如下操作 (图 55)。

画一个以椭圆中心为中心的圆，其直径为椭圆长轴。现在我们把圆上的一点 K 和 t 时刻椭圆上的行星点 E 联系起来。如果我们把椭圆的主轴作为坐标轴，点 K 和 E 有相同的横坐标。然而 E 由它的极坐标 r, φ 给出 (极点 S)，K 由极点坐标 a, u 决定 (极点 M)。因此，把偏近点角 u 和真偏近点角 ϕ 联系起来 (就像文中提到的一样，我们从远日点的运动方向开始计算，这和天文学的用法不同，近点角是从近日点计算的，当然也是沿行星运动方向)。

行星 E 的坐标为 x 和 y，一方面可由 r 和 φ 给出，另一方面利用椭圆的一个半轴和偏近点角 u 给出，因此若 K 给定，则 E 也给定。点 K 在圆上的运动路线由著名的 Kepler 方程决定。

$$nt = (u - \epsilon \sin u)$$

这里，ϵ 是椭圆轨线的偏心率；$n = \left(\dfrac{GM}{a^3}\right)^{\frac{1}{2}} = \dfrac{C}{ab}$ ，其中 a, b 是半轴，G 是引力常数，M 是恒星质量，C 是掠面速度常数。

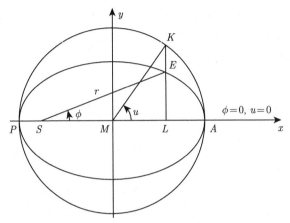

图 55　Kepler 对偏近点角 u 的构造和它与真偏近点角 ϕ 的关系

　　为了推导 Kepler 方程，从椭圆的极坐标方程出发，以 S 作为极点，以射线 SA(远日点) 作为极轴，即有

$$r = \frac{p}{1 - \epsilon \cos \phi}$$

这里 p 是 $a(1 - \epsilon^2)$ 的参数。现在使用之前的转换关系，令 u 替换 φ，并得到方程

$$r = a(1 - \epsilon \cos u)$$

对这两个关于 r 方程求微分，通过消去 r 和 φ，引入角动量定理和式 (6.8)，最终通过一次积分得到 Kepler 方程。条件是，假定 $t = 0$ 时行星处于远日点。

第 2 章

　　II.1 滚动轮的非完整约束。一个半径为 a 的锐缘轮，在一个粗糙支持面上无滑动滚动 (例如一个铁环在一个平坦的路面上滚动)。它的瞬时位置通过以下方式确定。

(1) 滚轮和支持面接触点的坐标 x, y，相对于直角坐标系 x, y, z，其 xy 平面与支持面重合；

(2) 轮轴与 z 轴之间的夹角为 θ；

(3) 角 ψ 是滚轮切线 (滚轮平面和支持面的交线) 和 x 轴的夹角；

(4) 角 φ 是朝向滚轮瞬时接触点的半径和任意一固定半径的夹角，在转动方向上，这个角为正值。

在有限运动中，滚轮有 5 个自由度。然而，滚轮的移动是由于轮和支持面的静摩擦引起的纯滚动条件限制 (无滑动) 不计。事实是，滚轮在其瞬时运动方向移动，在切线方向运动的距离 δs 必等于 $a\delta\phi$。通过把这个方程投射到坐标轴上，我们便获得约束条件

$$\delta x = a \cos \psi \delta\phi, \qquad \delta y = a \sin \psi \delta\phi \tag{1}$$

这是位移 δx、δy 和 $\delta\phi$ 必须满足的。

因此，转轮在无限运动中只有三个自由度。

结果表明，条件 (1) 不能简化为坐标间的方程。因此 $f(x, y, \phi, \psi) = 0$ 的存在 [θ 在式 (1) 中不出现] 和条件 (1) 是矛盾的。

II.2 双冲程单缸蒸汽机的一个飞轮近似设计 [参见式 (9.4)]。双冲程活塞发动机是指活塞两侧交替引入蒸汽的发动机，因此在一个循环的两次冲程中都做功。

为简单起见，我们假定每次冲程的蒸汽压力始终恒定 (满压或柴油机周期)，并且假定连接杆无限长。变力矩作为曲柄角 φ 的函数由活塞传递给曲柄轴，在曲柄从后极限位置移动到终点极限位置转动的半个周期内 [参见式 (9.5)]，有

$$L = L_0 \sin \varphi$$

这里，L_0 是常数；φ 从转动意义上来说是从固定的位置开始。在第二个半周期，由最前到最终位置，在和之前一样的假设下 (即①双冲程发动机，②满压下运动，③无限长连杆)，转矩以相同的规律变化，现在假定 φ 是从转动意义上由最终落点位置开始来衡量。

发动机负荷由常量扭矩 W 给定，对应功率 N 马力[①]和转速 n r/min。因此，驱动扭矩 L 是变化的，但负荷转矩 W 是常数。结果发动机角速度在最大值 $\omega_{\max}$ 和最小值 $\omega_{\min}$ 之间波动，它的平均值 ω_{m} 大约为

$$\omega_{\mathrm{m}} = \frac{\omega_{\max} + \omega_{\min}}{2}$$

飞轮的目的在于防止相对波动，即发动机不平衡度

---

① 1 马力 =745.7 瓦。

$$\delta = \frac{\omega_{\max} - \omega_{\min}}{\omega_{\mathrm{m}}}$$

不超过一个给定的限制。如果移动的质量 (活塞，活塞杆，十字接头，连接杆和曲柄) 的惯性影响被忽略，飞轮的惯性矩有多大？

II.3 地球加速转动下的离心力。地球必须转动多快以及一天要多长才能使离心力和引力在赤道处相互抵消。

II.4 Poggendorff 实验。在平衡梁的一端悬挂一个不计重量的滑轮，其可以无摩擦转动。一根绳 U 穿过滑轮，在绳的一端带有一个重物 P，另一端挂有重物 $P + p$，这里 p 是一个增加的小重物，就像在 Atwood 的机器中一样。起初 p 用线 u 牢固系在滑轮轴上。在平衡的另一边，这些重物在一个平盘上适当平衡。然后将线 u 烧断。

(a) 具有多大的加速度可以使 P 和 $P + p$ 独立地上升和下降。

(b) 平衡梁在这个过程中有位移吗？

(c) 绳 U 中的张力有多大？

II.5 加速斜面。一个斜面按照一个给定的时间在竖直方向移动。研究一个质量为 m 的物体在斜面上做无摩擦下滑；特别地，考虑斜面以固定加速度 $+g$ 和 $-g$ 移动的情形。

II.6 不对称物体关于轴匀速转动的惯性积。一个非对称物体关于轴匀速转动，该轴两端为 A 和 B。A 和 B 会被轴承施加怎样的反作用？用 d'Alembert 原理计算它们，结果表明它们来自作用于重心的全部离心力及离心力作用在质量单元上的力矩。

由 §9(2) 我们了解了只来自物体重力的反作用，因此这里可以忽略它们的影响。

II.7 溜溜球理论。质量为 M 的圆盘形物体以及转动惯量 I 在垂直于其轴的中央面有一条深对称凹槽。一条线被压在半径为 r 的轴上，其在凹槽中。将绳子的松端握在手中，然后让物体下落，绳子始终处于拉紧状态。物体下降过程中得到一个转动加速度，直到绳不再缠绕。接着有一个过渡阶段，这里不再详述，结果物体从绳的一端向另一端移动。绳线现在以相反的方式在轴上缠绕，并且物体以减速转动向上攀爬，并一直下去。绳子在如下过程中的张力有多大：

(a) 下降过程；

(b) 上升过程。

假定 r 与轴到线松端的距离相比很小，因此总可以认为绳是竖直的。

II.8 球面上的质点移动。一个质点在上半球的外表面运动，其初始位置 z_0 和初始速度 v_0 都是任意的，唯需满足初始速度和球面相切的条件。这个运动过程中无摩擦，质点只在重力影响下运动。在什么高度质点离开球体？

第 3 章

III.1 球摆的微小振动。一般来说，球摆轨线的节点在运动过程中前进。对于充分小的振动，节点必须固定。我们将讨论一个简谐椭圆运动，并估计在怎样的规则下，节点增量 $\Delta\phi$ 会和椭圆区域一起消失。

III.2 受迫阻尼振动。振动最大峰值不像无阻尼一样位于 $\omega = \omega_0$ 处，而是在一个依赖于阻尼大小的低于 ω_0 的位置上 (图 33)。

找到 $\omega|C|$ 的最大值。

[结果表明，速度振幅的最大值 $|C|\omega$ (或者动能时间平均的最大值) 准确发生在 $\omega=\omega_0$ 处。]

III.3 电流计。电流计通过一个开关和一个恒定 $EMFE$ 的直流电流源相连。在时刻 $t = 0$，开关是关闭的。在一段足够长的时间后，电流计偏转到最终值 α_∞。在最初静止位置 $\alpha = 0, \dot{\alpha} = 0$ 和最终位置 $\alpha = \alpha_\infty$ 之间的运动是什么样的？

考虑三种影响：第一，一个和电流、EMF 成正比的外转矩作用在转动惯量为 I 的电流计上；第二，存在一个和角速度成正比的阻尼转矩，其通常减缓运动；第三，悬架中的转矩起着恢复转矩的作用并与偏转角 α 成正比。令 ρ 为阻尼转矩的比值系数，ω_0^2 则为恢复转矩的比例系数。

区分并清晰地解释这三种形式：

(a) 弱阻尼 $(\rho < \omega_0)$；

(b) 非周期 (临界的) 阻尼 $(\rho = \omega_0)$；

(c) 强阻尼 $(\rho > \omega_0)$。

III.4 悬点受迫运动下的钟摆。

(a) 一个质点由不可伸长的线悬挂并且在重力影响下无阻尼振动。悬点沿着一条直水平线，根据一些给定的位移规律 $\xi = f(t)$ 运动。

当不计线的质量时，系统的运动方程是什么？由 d'Alembert 原理或第一类 Lagrange 方程来推导。

如果我们转到小振动上，即只保留一阶项，运动方程被大大简化。

如果我们做出附加的假设，悬点的位移是谐波的，可以很容易地对运动方程进行积分。当钟摆运动起来，也就是说通过悬点的运动，其固有频率被激起；固有频率的振幅慢慢减小 (虽然我们在分析中忽略了阻尼)，因此导致了一个稳定状态，其频率和作用在悬点上的频率相同。结果表明，运动因此变为稳定时，悬点和质量 m 以相同的方式低于共振频率运动，相反则高于共振频率。

(b) 对于悬点做垂直位移 η 的情形做相似的分析，特别强调该点的加速度恒定。如果悬点的位移加速度为 $+g$ 和 $-g$，振动的周期是多少？

Ⅲ.5 复摆的实际位置如图 56 所示。在两个固定支撑柱 A 和 B 之间有一根不计质量柔韧的弹性金属线。它的张力 S 由一个可变质量 G 连接在绳的松端越过角铁 B 来调节。两个钟摆由双线在点 C 和 D 悬挂，其将线段 AB 分为三部分，并且这三部分是相等的。双线悬挂，在简图中以简单悬挂表示，使悬摆在横向方向能准确地摆动，即垂直于所画平面的方向。通过增加 G，两摆间的连接变弱 (不变强，正如我们起初想到的)。在接下来的部分，我们假定连接是弱的，这表明 S 与摆锤的重力相比是很大的。进一步我们认为关于竖直方向的偏向角 ϕ_1 和 ϕ_2 很小。

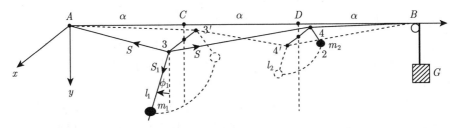

图 56　线 $ACDB$ 因为 G 而被拉紧，变形为 $A34B$，或者相反，偏转为 $A3'4'B$。这种偏转不仅是由于作用在质量 m_1 和 m_2 上的引力作用，也是由于摆的惯性效应。后者被记为 1 和 2，有长度 l_2 和 l_2，由双线摆悬挂，因此它们可以垂直于所画平面摆动 (双线悬浮在图中没有标明) ϕ_1 和 ϕ_2 是与竖直方向偏离的瞬时偏角

(参考图 56，3′ 和 4′ 是和悬点 C 和 D 的 3 和 4 对称的。) 然后，这些角被估计为

$$\sin\varphi_1 = \varphi_1 = \frac{x_1 - x_2}{l_1}, \qquad \cos\varphi_1 = 1$$

$$\sin\varphi_2 = \varphi_2 = \frac{x_2 - x_4}{l_2}, \qquad \cos\varphi_2 = 1$$

我们对 m_1 忽略 y 方向的小振动，对 m_2 也做同样处理，有

$$m_1 g = S_1 \cos\phi_1 = S_1, \qquad m_2 g = S_2 \cos\phi_2 = S_2 \tag{1}$$

$$m_1 \ddot{x}_1 = -S_1 \sin\phi_1 = \frac{m_1 g}{l_1}(x_3 - x_1), \qquad m_2 \ddot{x}_2 = -S_2 \sin\phi_2 = \frac{m_2 g}{l_2}(x_4 - x_2) \tag{2}$$

在悬点 C 和 D，S_1 和 S_2 必须各自在任意时刻和张力 S 处于平衡状态；后者受 S_1 和 S_2 影响的改变是很小的，可以忽略、从而得到了 x_1, x_2, x_3 和 x_4 间另外的两个条件。我们可以先解出 x_3 和 x_4 并代入式 (2)，然后获得复摆的联立微分方程，验证它们确实和式 (20.10) 相符。

III.6 振动减震器。一个在 x 轴振动的系统 (质量 M，弹性系数为常数 K) 用一根弹簧 (弹性系数为常数 k) 和一个质量 m 相连，这样的方式下，m 也可以在 x 方向振动。假设当一个外力 $p_x = c\cos\omega t$ 作用在质量 M 时，M 保持静止，系统 (m, k) 必须满足什么条件？

第 4 章

IV.1 质量均布的平面惯性矩。证明对任何一个质量均布的平面，关于极轴 (垂直于平面) 的转动惯量等于关于两互相垂直的赤道轴转动惯量之和 (在质量分布平面，在极轴交叉)。特别地推广到前述的环形盘。

IV.2 关于主轴旋转的陀螺。根据图 46a 和图 46b，不对称陀螺关于最大转动惯量的轴的转动和关于最小转动惯量的轴的转动是稳定的，关于中间转动惯量轴的转动是不稳定的。下面分析证明这个结论。从欧拉运动方程开始，并令对转轴的角速度为 $\omega_1 = $ 常数 $= \omega_0$。对另外两个主轴的角速度 ω_2 和 ω_3 初值为 0，但因为干扰，得到不同于 0 的值。如果我们认为干扰很小，第 1 个欧拉方程说明对 ω_1 的近似仍然不变为 ω_0。由其他两个方程，得到 ω_1 和 ω_2 的两个一阶线性微分方程组。令 $\omega_2 = ae^{\lambda t}$ 和 $\omega_3 = be^{\lambda t}$ 的常数 a 和 b 任意。对于 λ 的二次方程结果进行讨论得到对上述结论的证明。

IV.3 台球中的高低杆击球。跟随杆和拉杆，一个台球被球杆击中其中央平面，即不施加"旋转侧旋"。球杆必须击中台球中心上高度 h 多少才能使台球纯滚动 (无滑动) 发生？做出球被高低杆击中的理论分析，考虑球和桌布间的动摩擦。在一次高杆伴随整个摩擦的过程中，质心速度增加多少？一次低杆击中，其速度减少多少？只做纯滚动需要多少时间？

相同的方法可用来解释发生在与另一球碰撞的现象上，即缩球击法。

IV.4 台球的抛物线运动。台球必须怎样被击打才能使其重心的初运动和转轴不互相垂直？结果表明，只要球在滑动，摩擦力方向是不变的。球心的轨线是怎样的？多长时间后纯滚动发生？

第 5 章

V.1 平面中的相对运动。一个平面以变角速度 ω 绕其上某点 O 的法线转动。

除离心力外必须施加什么力到质点上以使其在旋转平面上的运动方程和在空间固定平面的惯性框架下的形式相同？如果在空间固定平面内引入复变量 $x + iy$，在旋转平面则引入 $\xi + i\eta$，这将会使问题变得简便。

V.2 一条旋转直线上的质点运动。一个质点无摩擦地在一条直线上运动，该

直线以恒定角速度 ω 绕一个与直线相交且垂直的固定水平轴旋转运动。计算在旋转直线上质点运动的时间函数，结果表明约束力 (引导力) 和沿此力的引力分量和 Coriolis 平衡。

V.3 雪橇作为不完整系统的最简单例子 [根据 C. Carathéodory, Z. angew. Math. Mech. 13. 71 (1933)]。雪橇被认为是在有限运动中有三个自由度的刚性平面，在无限运动中有一个自由度 (参见问题 II.1 中的滚轮，在有限运动中有 5 个自由度，在无限运动中有 3 个自由度)。

忽略雪上的滑动摩擦，或者认为它始终被马的拉力抵消。但我们必须考虑由雪道和雪橇产生的雪道的侧向摩擦力，因为它阻止了雪橇运动。令这个摩擦力集中在一个作用点 O。

在雪橇上建立一个固定坐标系 $\xi-\eta$。ξ 轴水平，沿滑行装置的中心线并过质心 G，其坐标为 $\xi = a, \eta = 0$，并且 η 轴水平穿过 F 的作用点。在雪地的水平面上，我们建立一个坐标系 xy，ϕ 是轴 ξ 和 x 的夹角，$\omega = \ddot{\phi}$ 是雪橇关于法线的瞬时角速度。M 是雪橇的质量，I 是关于过其质心法线的转动惯量，u、v 分别是点 $O(\xi = \eta = 0)$ 沿 ξ 和 η 的速度分量。

(a) 把 F 作为外力，利用问题 V.1 中的复变方法推导 u, v, ω 的三个联立微分方程。

(b) 通过引入非完整约束 $v = 0$ 简化它们，并且由它们来表示 $F, K = 1, K = \dfrac{3}{2}, K = 2, K = 3$。

(c) 为将它们积分，我们引入与 ϕ 成正比的辅助角，而不是 ϕ。

(d) 证实雪橇的动能是恒定的 (因为 F 不做功)。

(e) 结果表明，合适地选择时间范围，点 O 在 xy 平面的轨线包含一个 $t = 0$ 时刻的尖点，并且当 $t = \pm\infty$ 时渐近于直线，正如 Carathéodory 给出的图 57 所示曲线一样。

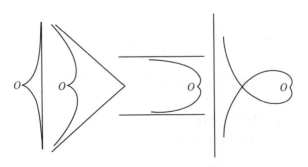

图 57　各种 k 值下的雪橇的轨线

第 6 章

VI.1 说明 Hamilton 原理的例子。在极限 $t = 0$ 和 $t = t_1$ 下计算 Hamilton 积分的值。

(a) 对于一个坠落质点的真实运动，$z = \dfrac{1}{2}gt^2$；

(b) 对于两种虚拟运动 $z = ct$ 和 $z = at^3$，这里常数 c 和 a 必须这样确定，以使始末位置和真实路径上的相符且与 Hamilton 原理中的变分准则一致。结果表明，对于真实运动 (a) 的积分比虚拟运动 (b) 的小。

VI.2 再一次讨论平面的相对运动和一条旋转直线上的运动。利用 Lagrange 方法处理问题 V.1 和 V.2。

VI.3 再一次讨论转动地球上的自由落体和 Foucault 摆。证实这些问题也可以在不了解相对运动定理的情况下用 Lagrange 方法处理。这个过程有趣且比第 5 章中更简单。但是，必须要对产生的众多小项进行一次仔细检查。只有当微分 $\dfrac{\mathrm{d}}{\mathrm{d}t}\dfrac{\partial}{\partial\dot q}$ 和 $\dfrac{\partial}{\partial q}$ 进行之后，大的地球半径和小的角速度可以近似。在此之前，必须考虑所有项。

通常先从极坐标 r, θ, ψ 开始，这里 r 是从地心开始测量的。之后与图 49 中引入的坐标 ξ, η, ζ 对比。令 R 是地球半径，θ_0, ψ_0 是地球上自由下落物体投射的初位置或者摆悬点的初位置，我们便得到了坠落或振荡粒子 m 坐标 r, θ, ψ 和 ξ, η, ζ 的关系，

$$\xi = R(\theta - \theta_0), \quad \eta = R\sin\theta(\psi - \psi_0), \quad \zeta = r - R \tag{1}$$

及 $\psi_0 = \omega t, \theta_0 = \dfrac{\pi}{2} - \phi = $ 互余。

由此可得

$$\dot\xi = R\dot\theta, \quad \dot\eta = R\sin\theta(\dot\psi - \omega) + \frac{\cos\theta}{\sin\theta}\eta\dot\theta, \quad \dot\zeta = \dot r \tag{2}$$

相反

$$r\dot\theta = \left(1 + \frac{\zeta}{R}\right)\dot\xi \tag{3}$$

$$r\sin\theta\dot\psi = \left(1 + \frac{\zeta}{R}\right)\dot\eta + \omega R\left(1 + \frac{\zeta}{R}\right)\sin\theta - \frac{\cos\theta}{\sin\theta}\left(1 + \frac{\zeta}{R}\right)\frac{\eta}{R}\dot\xi, \quad \dot r = \dot\zeta$$

根据 (1)，必须将角 θ 视为 ξ 的函数。

这些值将在动能表达式中被替换，

$$T = \frac{m}{2}\left(\dot r^2 + r^2\dot\theta^2 + r^2\sin^2\theta\dot\psi^2\right)$$

结果这个动能表达式变为一个关于 $\dot{\xi}, \dot{\eta}, \dot{\zeta}, \xi, \eta$ 和 ζ 的函数。如果后面用 "$\cdots$" 表示这些项，例如，由 T 计算得

$$\frac{\partial T}{\partial \dot{\xi}} = m\left(1 + \frac{\zeta}{R}\right)^2 \dot{\xi} - m\frac{\cos\theta}{\sin\theta}\left(1 + \frac{\zeta}{R}\right)\frac{\eta}{R}\left[\cdots + \omega R\left(1 + \frac{\zeta}{R}\right)\sin\theta + \cdots\right] \quad (4)$$

$$\frac{\mathrm{d}}{\mathrm{d}t}\frac{\partial T}{\partial \dot{\xi}} = m\ddot{\xi} - m\omega\cos\theta\dot{\eta} + \cdots \quad (5)$$

$$\frac{\partial T}{\partial \xi} = \frac{1}{R}\frac{\partial T}{\partial \theta} = +m\omega\cos\theta\dot{\eta} + \cdots \quad (6)$$

作为我们的势能，可以有

$$V = mg(r - R) = mg\zeta \quad (7)$$

证实以这种方式可获得对自由落体的方程 (30.5)，并且得到 Foucault 摆的方程 (31.2)，便得到之前发展的结论。

VI.4 在平面上滚动的圆柱的颤动。一个质量分布不均的半径为 a 的圆柱，质心 G 到圆柱轴的距离为 s。圆柱在重力影响下在水平面上滚动。m 是圆柱的质量，I 是其对过质心且平行于对称轴的轴的转动惯量。用 Lagrange 方法研究其运动，引入广义坐标 q 的转角 ϕ。在计算动能时，把参考点放置于圆柱的

(a) 质心，

(b) 几何中心，

且证实在两种情形中得到 ϕ 的相同的微分方程。

利用小振动方法表明 G 在最低点时圆柱的平衡是稳定的，G 在最高点时圆柱的平衡是不稳定的。

VI.5 汽车的微分。如果汽车的驱动轮不会滑动，它们一定能够在曲线上以不同的速度转向。这是由微分 (图 58) 得到的，引擎驱使驱动轮 (Ω) 转动，其中轴 A 固定。两个 A 上的锥形齿轮 (ω) 可以各自独立地关于 A 转动。它们轮流与锥齿轮对 (ω_1，ω_2) 相啮合，并且在 A 转向时可能滚动 (见图 58 左)。

汽车后轮的轴在中心截开 (图 58 右)。固定在右半部分左端的是锥齿轮 (ω_1)，左半部分右端的是锥齿轮 (ω_2)。后轴的两部分因此和微分耦合成这种形式，它们可以以不同角速度转动。

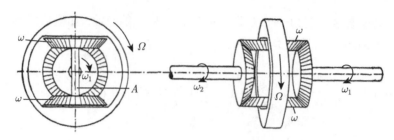

图 58 汽车的微分，同时是 (Boltzmann 之后) 耦合电路的感应效应模型
左边：沿车后轴视角；右边：该轴侧视角

建立角速度 Ω、ω、ω_1 和 ω_2 之间的运动学关系，接着利用虚功原理推导作用在 Ω 上的驱动转矩 L 和作用在 (ω_1) 和 (ω_2) 上的转矩 L_1 和 L_2 之间的平衡条件。

系统的运动方程是什么？I_1 和 I_2 分别是 (ω_1) 和 (ω_2) 的转动惯量，I 是齿轮副关于 A 的转动惯量，I' 是 (ω) 驱动轮轴的转动惯量。忽略 (Ω) 对 I' 的影响。

如果一个后轮被加速，例如通过减少摩擦，另一轮被减速，即使驱动扭矩和摩擦扭矩仍然相等。

问题的解法提示

几乎这些问题中所有的数值计算可以使用一个工具来获得足够的精确度。我们把表达的注意力集中到这个有用的工具上来获得快速近似计算。

I.1 证明可以由代数学或几何学推出 $v_1 = v_2 = v$。在后一种情形中，用 v_1 和 v_2 作为平面图解的直角坐标。

I.2 排出质量的速度分别为

$$\frac{2M}{M+m}v_0 \quad 和 \quad \frac{M-m}{M+m}v_0$$

I.3 这里利用符号替换来获得 I.2 的公式。

I.4 证明由 V 的二次方程得到与 v 相同的最小值 v_0。

I.5 将要积分的微分方程是

$$m\dot{v} - \mu a = -mg$$

用独立变量 $m = m_0 - \mu t$ 代替 t，得到

$$v = -a\ln\left(1 - \frac{\mu}{m_0}t\right) - gt$$

并且通过积分 ($z = $ 距离地球表面的高度)

$$z = \frac{am_0}{\mu}\left[\left(1 - \frac{\mu}{m_0}t\right)\ln\left(1 - \frac{\mu}{m_0}t\right) + \frac{\mu}{m_0}t\right] - \frac{1}{2}gt^2 \tag{1}$$

对于较小的 t，忽略 t 的高阶项，

$$z = \left(\frac{\mu a}{m_0} - g\right)\frac{t^2}{2} \tag{2}$$

由式 (1) 经数值计算得到

$$t = 10\text{s}, 30\text{s}, 50\text{s}$$

$$z = 0.54\text{km}, 5.65\text{km}, 18.4\text{km}$$

I.6 由于水有特定的重力 1, 水滴的质量是 $m = \dfrac{4\pi}{3}r^3$, 即 $\mathrm{d}m = 4\pi r^2 \mathrm{d}t$。在冷凝过程中, α 是比例系数, $\mathrm{d}m = 4\pi r^2 \alpha \mathrm{d}t$; 接着 $\mathrm{d}r = \alpha \mathrm{d}t$。关于 r 的微分方程则为

$$\alpha \frac{\mathrm{d}}{\mathrm{d}r}\left(r^3 v\right) = r^3 g$$

由初始条件 $v = v_0$, 对 $r = c$, 其解为

$$v = \frac{g}{\alpha}\frac{r}{4} + \frac{c^3}{r^3}\left(v_0 - \frac{g}{\alpha}\frac{c}{4}\right)$$

对 $c = 0$ 和 $v_0 = 0$, 分别有

$$v = \frac{g}{\alpha}\frac{r}{4}, \qquad v = \frac{g}{\alpha}\frac{r}{4}\left(1 - \frac{c^4}{r^4}\right)$$

I.7 令 x 是垂下链条的瞬时长度, 链条每单位长度质量等于 1, 运动方程则为

$$\frac{\mathrm{d}}{\mathrm{d}t}\left(x\dot{x}\right) = x\ddot{x} + \dot{x}^2 = gx$$

既然积分有点困难——在替换 $x = u^{1/2}$ 后, 有一个椭圆积分。若把 $\dot{T}$、$\dot{V}$ 和 $\dot{Q}$(单位时间的卡诺能量损失) 表示成 x, $\dot{x}$ 和 $\ddot{x}$ 的项, 就非常理想了, 且结果表明通过此运动方程, 我们有

$$\dot{T} + \dot{V} + \dot{Q} = 0,$$

因此, $\dot{T} + \dot{V} \neq 0$。

I.8 我们的运动方程为 $l\ddot{x} = gx$。这个常系数线性微分方程有式 (3.24b) 形式的解。能量原理的有效性可以从运动方程微分形式或从解中得到

$$x = a\left(\mathrm{e}^{\alpha t} + \mathrm{e}^{-\alpha t}\right), \quad \alpha^2 = \frac{g}{l}, a = \frac{x_0}{2}$$

I.9 题目中给出的数据可用于计算月球的向心加速度, 单位为 $\mathrm{m \cdot s^{-2}}$ 进行。对于地球的半径 r, 我们可以采取米的原始定义, 则有 $r = \dfrac{2}{\pi}10^7$。另外, 由引力法则, 得到向心加速度 $\dfrac{g}{60^2}$, 引力常数 G 已经像第 15 页上一样用 g 消除。因此, 得到的两个数值非常一致。

I.10 像式 (2.5) 一样建立坐标变换方程, 但 $\alpha_0 = \beta_0 = \gamma_0 = 0$, 发现变换矩 L' 的分量是 L 分量的线性表达式, 其系数等于变换项的余因子。对于后者, 我们有如下关系:

$$\rho\gamma_1 = \begin{vmatrix} \alpha_2 & \alpha_3 \\ \beta_2 & \beta_3 \end{vmatrix}, \quad \rho\gamma_2 = \begin{vmatrix} \alpha_3 & \alpha_1 \\ \beta_3 & \beta_1 \end{vmatrix}, \cdots$$

可以由正交条件证明。这里 $\rho = \pm 1$，分别对应变换系统与原始系统含义相同 (为单位模变换) 和含义相反。

I.11 由式 (6.8) 我们有 [根据图 7 和式 (6.5)，B 是负的]

$$\epsilon = \frac{-B}{\dfrac{GM}{C}} = \frac{|B|}{\dfrac{GM}{C}}$$

接着对于椭圆 $(\epsilon < 1) \dfrac{GM}{C} > |B|$，双曲线 $(\epsilon > 1) \dfrac{GM}{C} < |B|$。现在 $R = \dfrac{GM}{C}$ 是矢端曲线圆的半径，$|B|$ 是中心到极点的距离，由此立即得到对问题的陈述中所提出的主张。

在下表中，

$$v_0 = \frac{GM}{C} + |B|$$

表示行星在近日点的速度大小，表明了圆和抛物线的限制条件如何符合计划。

行星轨线	ϵ	$|B|$	过矢端线	v_0
圆	$=0$	$=0$	中心线极点	$= \dfrac{GM}{C}$
椭圆	<1	$<R$	包括极点	$< \dfrac{2GM}{C}$
抛物线	$=1$	$=R$	过极点	$= \dfrac{2GM}{C}$
双曲线	>1	$>R$	不过极点	$> \dfrac{2GM}{C}$

I.12 在微分方程 (6.4) 中，必须用 $\pm\dfrac{eE}{m}$ 替换 GM，这里 "+" (吸引) 与正离子情形一致，"−" (排斥) 对应负离子的情形。说明一下，这里 $\dot{x} = 0$，$\dot{y} = -v_0$，且 ϕ 的含义和图 6 中一样，因此 $\phi = \dfrac{\pi}{2}$ 时，由式 (6.5) 有

$$A = \pm\frac{eE}{m}C, \qquad B = -v_0$$

式 (6.6) 变为

$$\frac{1}{r} = \pm\frac{eE}{m_0 C^2}(1 - \sin\phi) - \frac{v_0}{C}\cos\phi \tag{1}$$

C 由轨线变化到轨线，由于 y 坐标轴和喷射方向的距离相关。接下来，用式 (1) 代表一族曲线。为了获得这族曲线的包络，对式 (1) 关于 C 求微分，并从这个方

程和原始方程中消去 C 便有

$$x^2 = p^2 - 2py, \qquad p = \pm \frac{4eE}{m_0 v_0^2} \tag{2}$$

注意, 任何电子路径只包含双曲线的一支, 然而式 (1) 代表了两个分支; 核实最简单的是相应曲线族的略图—式 (2) 是只在排斥情形中的真实路径的包络。

I.13 最容易的是使用 §3 式 (4) 中的谐振方法。然而, 利用 §6 中的方法也能达到想要的目的。

I.14 这里的核反应处理不是弹性碰撞, 也不是非弹性碰撞。它是一个超弹性碰撞, 因为核结合能 E 加到了基本能量 E_p 上。α 质点的动能可计算成经典形式 $E_\alpha = \frac{1}{2} m_\alpha v_\alpha^2$。

从能量和动量方程中消除 v_α 便得到对称情形的 Kirchner 结果

$$\cos \phi = \left(\frac{m_\mathrm{p}}{2m_\alpha} \frac{E_\mathrm{p}}{E + E_\mathrm{p}} \right)^{\frac{1}{2}}$$

1eV 是给电子电荷 $e(=1.6 \times 10^{-20}$ 电量的电磁单位)1eV$(=10^8$ 势能电磁单位) 的电势降, 因此 1 eV$=1.6 \times 10^{-12}$erg。

质子的质量为 $m_\mathrm{p} = 1.65 \times 10^{-24}$g, 因此 α 质点质量为 $m_\alpha = 6.6 \times 10^{-24}$g。后者在从 E_α 转变到 v_α 中要用到, 最初由 eV 表示, 然后转变为 erg。因此, 建立的 v_α 值表示 E_α 的经典形式被证实并且方程 (4.11) 的相对性修正可以忽略。

I.15 在式 (3.27) 的第二式中, 我们代入 $V_0 = 0$, 且 $v_0 = 1$, 因此可以立即计算被撞质点在碰撞后的动能 $\frac{1}{2} MV^2$ 作为 $x = \frac{M}{m}$ 的函数。尤其当发现其是对 $x = 1$ 取最大值和对 $x = 206$ 取最小值 (只有最大值的 1.9%)。

基于这些考虑, 费米在 1935 年完成了热中子方法, 即匀速慢中子, 通过频繁的碰撞和石蜡中的热能质子达到平衡。

I.16 E 的坐标是

$$x = ML = a \cos u$$

$$= SL - SM = r \cos \phi - \epsilon a \tag{1a}$$

$$y = EL = r \sin \phi = b \sin u \tag{1b}$$

写出关于 r, ϕ 的椭圆极坐标形式

$$r = \epsilon r \cos \phi + p, \qquad p = a \left(1 - \epsilon^2 \right) \tag{1}$$

由式 (1a) 中得出的 $r\cos\phi$ 的值来替换，便得到

$$r = \epsilon(a\cos u + \epsilon a) + a\left(1 - \epsilon^2\right) = a(1 + \epsilon\cos u) \tag{2}$$

由 (2) 的微分得到

$$\mathrm{d}r = -\epsilon a \sin u\, \mathrm{d}u \tag{3}$$

由 (1) 的微分得到

$$\epsilon\sin\phi \mathrm{d}\phi = -p\frac{\mathrm{d}r}{r^2}$$

由此

$$\frac{-p}{\epsilon\sin\phi}\dot{r} = r^2\dot{\phi} = C \quad (C = \text{区域速度常数}) \tag{4}$$

式 (4) 由式 (1b) 和式 (3) 转换为

$$\frac{pa}{b}r\dot{u} = C$$

最后从式 (2) 替换 r，得到微分方程

$$(1 + \epsilon\cos u)\mathrm{d}u = n\mathrm{d}t \tag{5}$$

$$n = \frac{Cb}{pa^2} \tag{6}$$

由式 (5) 的积分得到

$$u - \epsilon\sin u = nt$$

因为我们认为在 $u = 0$，有 $t = 0$，消去了积分常数。nt 称为平均近点角，并且像其他近点角一样，在天文学中在近日点测量。这个名称来自这样的事实，由式 (6.9)，式 (6) 的右边项可以变为 $\frac{2\pi}{T}$。

II.1 简化

$$\delta f = \frac{\partial f}{\partial x}\delta x + \frac{\partial f}{\partial y}\delta y + \frac{\partial f}{\partial\phi}\delta\varphi + \frac{\partial f}{\partial\psi}\delta\psi$$

利用问题的条件 (1)，得到右项

$$\left(\frac{\partial f}{\partial x}a\cos\psi + \frac{\partial f}{\partial y}a\sin\psi + \frac{\partial f}{\partial\phi}\right)\delta\phi + \frac{\partial f}{\partial\psi}\delta\psi \tag{1}$$

现在 $\delta\phi$ 和 $\delta\psi$ 可各自设为 0，因此

$$\frac{\partial f}{\partial\psi} = 0 \tag{2}$$

$$a\frac{\partial f}{\partial x}\cos\psi + a\frac{\partial f}{\partial y}\sin\psi + \frac{\partial f}{\partial\phi} = 0 \tag{3}$$

后一方程对所有 ψ 的取值都是成立的，因此可以关于 ψ 求微分，借助于式 (2)，便有

$$-a\frac{\partial f}{\partial x}\sin\psi + a\frac{\partial f}{\partial y}\cos\psi = 0 \tag{4}$$

并且，在对 ψ 进行第二次微分后

$$a\frac{\partial f}{\partial x}\cos\psi + a\frac{\partial f}{\partial y}\sin\psi = 0 \tag{5}$$

从式 (4) 和式 (5) 我们有

$$\frac{\partial f}{\partial x} = \frac{\partial f}{\partial y} = 0 \tag{6}$$

根据式 (3)，我们必须有

$$\frac{\partial f}{\partial\phi} = 0 \tag{7}$$

式 (2)、式 (6) 和式 (7) 表示 $f = 0$ 的条件不存在依赖于 x, y, ϕ, ψ，即我们的系统是非完整的证明见 G.hamel 的 *Elementare Mechanik*，第 2 版，Leipzig 1922。

II.2 画出引擎的工作图也是曲柄角从 0 到 π 作为横坐标的 L 曲线和 W 直线。注意，L 曲线和横坐标轴围绕的区域面积必须与 W 直线和横轴围绕的区域面积相等，便得到了 L_0 和 W 的关系式。角 φ_2 和 φ_1 分别属于 ω_{max} 和 ω_{min}，是 L 曲线和 W 曲线的交点，$\sin\phi_1 = \sin\phi_2 = \frac{\pi}{2}, \phi_2 = \pi - \phi_1, \phi_1 = 39°33' = 0.69\text{rad}$。确定飞轮动能在角 ϕ_2 和 ϕ_1 的差，并以 I、ω_{m} 和 δ 对其进行表达。相同间隔的能量方程得到所需 I 的形式为

$$I = \frac{W}{\delta\omega_{\mathrm{m}}^2}\left(\pi\cos\phi_1 - \pi + 2\phi_1\right) = \frac{0.66}{\delta\omega_{\mathrm{m}}^2}W$$

及

$$N = \frac{W\omega}{75}(\text{hp}) \quad \text{和} \quad n = \frac{60}{2\pi}\omega \; (\text{r/min})$$

得到

$$I \cong 43400\frac{N}{\delta n^3}(\text{kg}\cdot\text{m}\cdot\text{s}^2)$$

由实际系统中单位的表达式。

II.3 地球半径的量级见问题 I.9。对一天的长度进行计算，令 $(8\pi)^{1/2} = 5$。

II.4 (a) 如果横梁是固定的，只需要考虑在滑轮的虚转动 $\delta\phi$ 中 (转矩方程) 在滑轮处重力和惯性力的平衡，由此得到重力的加速度 $\ddot{x}$ 为 g 的一小部分。

(b) 在前述的横梁中添加一个虚转动。这里出现了围绕平衡梁支点的惯性力矩，发现平衡未能维持。只要重物 p 下降，横梁在盘的一边向下偏转。在估计超重时，与平衡梁的长度相比，可以忽略滑轮的直径。另一种方法是将盘上的负载与梁另一边的重量和惯性力引起的负载进行比较。

(c) 略。

II.5 令斜面方程为

$$F(z, x, t) = z - ax - \phi(t) = 0 \tag{1}$$

其中，$a = \tan\alpha$ 决定了平面到水平的常数倾角 α；$\phi(t)$ 是和 z 坐标轴的交点，其随时间变化。第一类 Lagrange 方程 (12.9a) 给出

$$\ddot{x} = -\lambda a, \qquad \ddot{z} = \lambda - g \tag{2}$$

为了确定 λ，对式 (1) 关于 t 求两次微分

$$\ddot{z} - a\ddot{x} = \ddot{\phi}(t) \tag{3}$$

将式 (2) 代入式 (3) 中得到 λ；现在式 (2) 的积分很容易进行。在初始条件 $t = 0$ 下，$\dot{x} = \dot{z} = 0, x = x_0, z = z_0$，得到

$$x = x_0 - \frac{a}{1+a^2}\left[\phi(t) - \phi(0) - \dot{\phi}(0)t + g\frac{t^2}{2}\right]$$

$$z = z_0 + \frac{1}{1+a^2}\left[\phi(t) - \phi(0) - \dot{\phi}(0)t - ga^2\frac{t^2}{2}\right]$$

由此对 $\ddot{\phi} = +g$ 有

$$x = x_0 - g\frac{t^2}{2}\sin 2\alpha, \qquad z = z_0 + g\frac{t^2}{2}\cos 2\alpha$$

对 $\ddot{\phi} = -g$ 有

$$x = x_0, \qquad z = z_0 - g\frac{t^2}{2}$$

对于一个自由落体，只有在最后的假设下 $\lambda = 0$，否则 λ 以压力的形式作用在滑动物体上并做功。

这个问题可在不引入 λ 的情况下利用 d'Alembert 原理解决。由于时间不变 (见 §12)，由式 (1)，我们有虚位移 $\delta z = a\delta x$，由 d'Alembert 原理，有

$$\ddot{x} + (g + \ddot{z})a = 0$$

结合式 (3)，可以直接算出 $\ddot{x}$ 和 $\ddot{z}$。这个例子说明用 d'Alembert 方法比用 Lagrange 方程能更直接地和简单地求出解。另外，后者有约束力是定量的优点。

II.6 在 §11 式 (1) 中，用 d'Alembert 原理推导出在外力矩影响下系统转动加速度方程。我们引入一个关于转轴的虚转动 $\delta\phi$，在这里以这个转轴作为 x 坐标轴，只有切向惯性力是相关的，法线方向的离心力在 $\delta\phi$ 的转动过程中不做功。

这里我们寻找在匀速转动中作用在轴承 A 和 B 上的力，或者，相反寻找 A 和 B 的反作用力。准确地说离心力是相关的，然而在匀速转动中没有切向惯性力。如果我们引入虚变换 $\delta y, \delta z$，虚功为 δy 和 δz 与作用在质量元上的离心力 y 轴和 z 轴分量的和乘积。这些力为

$$\mathrm{d}my\omega^2, \quad \mathrm{d}mz\omega^2$$

积分一次得到总质量 m 的普通摇摆运动的 Y 和 Z 惯性分量，它们被认为作用在质心。

下面分别引入关于 y 轴和 z 轴的虚转动 $\delta\phi_y$ 和 $\delta\phi_z$，在其中所做的虚功为

$$-\delta\phi_y \int \mathrm{d}mxz\omega^2 \quad \text{和} \quad \delta\phi_z \int \mathrm{d}mxy\omega^2$$

它们和扭矩一致

$$L_y = -I_{xz}\omega^2 \quad \text{和} \quad L_z = I_{xy}\omega^2$$

为了确定轴承 A 和 B 的反作用力，将坐标系 xyz 的原点固定在轴 A 处，两轴承间的距离为 l，质心沿 y 方向坐标为 η，且沿 z 方向的坐标为 ζ。我们便得到两个分量方程

$$A_y + B_y = -m\eta\omega^2$$
$$A_z + B_z = -m\zeta\omega^2 \tag{1}$$

而且两个力矩方程为

$$lB_z = -I_{xz}\omega^2$$
$$lB_y = -I_{xy}\omega^2 \tag{2}$$

由四个未知量 A_y、A_z 和 B_y、B_z 确定。

显然，从工程学的观点看这些轴承上周期变化的反作用是不需要的。为了避免它们，不仅质心处在转轴 $\eta = \zeta = 0$ 处是必要的，即式 (1)，而且转轴是质心分布的主轴，$I_{xz} = I_{xy} = 0$，即式 (2)；这种关系见第 IV 章 §22，在式 (15a) 附近。满足第二条件和满足第一条件一样重要。满足两个条件的被称为转动物体的平衡。

II.7 令 S 是绳中的张力，z 是任意给定时刻未缠绕长度的部分。在 (a) 中我们有

$$I\dot{\omega} = Sr, \qquad S = m(g - \ddot{z})$$

$\dot{z}$ 和 $\ddot{z}$ 为正，因为 $\dot{z} = r\omega$，所以

$$\ddot{z} = r\dot{\omega} = \frac{Sr^2}{I} \tag{1}$$

$$S = \frac{mg}{1 + \dfrac{mr^2}{I}} \tag{2}$$

在 (b) 中转动 ω 保持其含义。绳拉力扭矩作用与 ω 相对。$\dot{z}$ 是负的且有

$$\dot{z} = -r\omega, \qquad \ddot{z} = -r\dot{\omega} = +\frac{Sr^2}{I} \tag{3}$$

$$S = \frac{mg}{1 + \dfrac{mr^2}{I}} \tag{4}$$

在 (a) 和 (b) 两个情形中，绳张力是一样的，并且随时间恒定，比转动物体的重力小。

在 (a) 和 (b) 之间的过渡阶段，人们可以感觉到手上有一种非常明显的拉力，这对应于从正动量 $m\dot{z}$ 到负的过渡。在此间隔内，S 大于式 (2) 给出的值。

II.8 质点跳下来的条件，根据式 (18.7) 是

$$\lambda = 0 \quad \text{或者} \quad R_n = 0$$

因此，由式 (18.6) 有

$$mg\frac{z}{l} = -\frac{m}{l}(x\ddot{x} + y\ddot{y} + z\ddot{z}) \tag{1}$$

现在对于球上的每条路径

$$x\ddot{x} + y\ddot{y} + z\ddot{z} = 0, \text{即} x\ddot{x} + y\ddot{y} + z\ddot{z} = -(\dot{x}^2 + \dot{y}^2 + \dot{z}^2) = -v^2$$

因此，将式 (1) 代入，我们有

$$\frac{mgz}{l} = \frac{mv^2}{l} \tag{2}$$

右侧不等于沿路径的离心力，因为在我们的例子里路径不是测地线。与 §40 中 Meusnier 的定理一致，它等于这个离心力在球面法线上的投影。

由能量方程

$$v^2 = v_0^2 - 2g\left(z - z_0\right) \tag{3}$$

因此式 (2) 可用初值 v_0、z_0 重新写为

$$3z = 2z_0 + \frac{v_0^2}{g} = 2\left(z_0 + h_0\right) \tag{4}$$

这里 $h_0 = \frac{1}{2}\frac{v_0^2}{g}$ 是与速度 v_0 相对应的自由落体高度。

III.1 对于近似垂直放置的钟摆，坐标 x 和 y 是一阶小量；z 等于 $-l$ 是二阶量。因为这个理由，式 (18.2) 的第三式给出，对于二阶量

$$\lambda = -\frac{mg}{l} \tag{1}$$

像问题 I.13 那样，式 (18.2) 的前两式定义了一种圆频率的简谐波椭圆运动，方程为

$$\frac{2\pi}{T} = \left(\frac{g}{l}\right)^{1/2} \tag{2}$$

对于椭圆运动的掠面速度，我们有

$$C = \frac{2\pi ab}{T} = \left(\frac{g}{l}\right)^{1/2} ab \rightarrow 0 \tag{3}$$

且对于能量常数 (初始状态 $\theta_0 = \epsilon$, $\dot{\theta}_0 = 0$),

$$E = T + V = mgl\left(-1 + \frac{\epsilon^2}{2}\right) \tag{4}$$

在 $\mu = \eta - 1$ 的条件下，由式 (18.11) 得

$$U = -\frac{4g}{l}\left(\eta - \frac{\epsilon^2}{2}\right)\eta - \frac{C^2}{l^4} = \frac{4g}{l}\left(\eta_1 - \eta\right)\left(\eta - \eta_2\right)$$

$$\eta_{1,2} = \frac{\epsilon^2}{4} \pm \left(\frac{\epsilon^4}{16} - \frac{C^2}{4gl^3}\right)^{\frac{1}{2}}$$

由式 (18.15) 有

$$2\pi + \Delta\phi = \frac{C}{l(lg)^{\frac{1}{2}}} \int_{\eta_2}^{\eta_1} \frac{\mathrm{d}\eta}{\eta\left[\left(\eta_1 - \eta\right)\left(\eta - \eta_2\right)\right]^{1/2}} \tag{5}$$

替代模型方程 (46.11) 后把式 (5) 的积分变为已知积分

$$\int_0^\pi \frac{\mathrm{d}v}{A + B\cos v} = \frac{\pi}{(A^2 - B^2)^{\frac{1}{2}}}, \quad A = \frac{\epsilon^2}{4}, \quad B = \left(\frac{\epsilon^2}{16} - \frac{C^2}{4gl^3}\right)^{\frac{1}{2}}$$

于是由式 (5) 得到 $\Delta\phi = 0$，这正是要证明的。

III.2 这个问题的第 1 个论断可立即由式 (19.10) 对于 $|C|$ 关于 ω 的微分证明；相似的第二个论断可以由 $|C|\omega$ 对 ω 的微分证明。

III.3 我们把阻尼转矩和恢复转矩的比例系数分别设为 $2\rho I$ 和 $\omega_0^2 I$，便获得了电流计运动方程 (19.9)，区别在于其右边项现在是常数 C，且 α 替换了 x 的记号。常数 a 和 b 使通解

$$\alpha = C + \mathrm{e}^{-\rho t}\left(a\cos\left[\left(\omega_0^2 - \rho^2\right)^{1/2} t\right] + b\sin\left[\left(\omega_0^2 - \rho^2\right)^{\frac{1}{2}} t\right]\right)$$

符合条件：$t = 0$ 处 $\alpha = \dot{\alpha} = 0$，且使常数 C 符合当 $t \to \infty$ 时，$\alpha \to \alpha_\infty$。

在情形 (a) 中，得到了减弱振动的瞬时运动；在情形中 (c) 中，朝着终点的单调瞬时运动。情形 (b) 应该按 (a) 或 (c) 的极限条件处理，其中我们得到了含 t 作为因子的非周期项。

III.4 在 d'Alembert 原理问题的 (a) 部分 (x, y 为振动质点的坐标，y 向上为正) 要求

$$\ddot{x}\delta x + (\ddot{y} + g)\delta y = 0 \tag{1}$$

约束方程为

$$(x - \xi)^2 + y^2 = l^2 \tag{2}$$

它的变化 (t，因此 ξ 也固定) 为

$$(x - \xi)\delta x + y\delta y = 0 \tag{3}$$

联立式 (1) 和式 (3) 有

$$y\ddot{x} - (x - \xi)(\ddot{y} + g) = 0 \tag{4}$$

式 (2) 对 t 求两次微分得到关于 $\ddot{x}$ 和 $\ddot{y}$ 的第二个方程，其和式 (4) 一起给出了这个问题的精确方程。

当过渡到微小振动时，必须记住 $x - \xi$ 是一个一阶小量，因此根据式 (2)，$y - l$ 为二阶小量，$\dot{y}$ 和 $\ddot{y}$ 也是二阶小量，因此式 (4) 变为

$$l\ddot{x} + (x - \xi)g = 0 \tag{5}$$

考虑到 $x - \xi = \mu$，得到了非齐次钟摆方程

$$\ddot{u} + \frac{g}{l}u = -\ddot{\xi} \tag{6}$$

结果表明 $-m\ddot{\xi}$ 可作为驱动力。像 §19 中完成的积分，在问题论述中强调的悬点和质点间的相位关系和图 31 中的一致。做一个具有指导意义的实验，令绳的底端挂一个砝码，且其上端由手水平向前和向后运动。对于手的快速运动 (共振上的情况)，两个点的反相位运动很容易被观察到。

用第一类 Lagrange 方程的方法，从 y 的 Lagrange 方程，发现 $\lambda = -\frac{g}{l}$ 取决于二阶小量，从 x 方程得到式 (5)。

在问题的 (b) 部分，式 (1) 依然有效的。条件 (2) 变为

$$x^2 + (y - \eta)^2 = l^2 \tag{7}$$

替换式 (4)，变形得到

$$(y - \eta)\ddot{x} - x(\ddot{y} + g) = 0 \tag{8}$$

如果 x 被按一阶小量处理，式 (7) 给出了二阶量

$$y - \eta = -l, \qquad \ddot{y} = \ddot{\eta} \tag{9}$$

由此，式 (8) 变为

$$\ddot{x} + \frac{\ddot{\eta} + g}{l}x = 0 \tag{10}$$

下面同样根据第一类 Lagrange 方程，由 y 方程得到

$$\lambda = -\frac{\ddot{\eta} + g}{l} \tag{11}$$

如果使用近似方程 (9)，那么 x 方程和式 (10) 等价。

如果悬点以恒定的加速度 $+g$ 向上移动，接着重力似乎加倍了；如果点以加速度 $-g$ 向下移动，它似乎被取消了。这表明重力和加速度相等，其重力和惯性质量相等 (§3)，形成了爱因斯坦引力理论的基础。

III.5 点 C 和 D 的拉力平衡 (必要的，因为绳的质量是不计的) 要求

$$S_1\frac{x_1 - x_3}{l_1} = S\frac{x_2}{a} + S\frac{x_3 - x_4}{a}, \quad S_2\frac{x_2 - x_4}{l_2} = S\frac{x_4}{a} + S\frac{x_4 - x_3}{a} \tag{1}$$

因此，由这个问题的式 (1) 及 $\sigma_1 = \frac{m_1 g}{S}\frac{a}{l_1}, \sigma_2 = \frac{m_2 g}{S}\frac{a}{l_2}$，

$$\sigma_1 x_1 = (2 + \sigma_1)x_3 - x_4$$
$$\sigma_2 x_2 = (2 + \sigma_2)x_4 - x_3 \tag{2}$$

我们已经假定了弱耦合，因此 σ_1 和 σ_2 是小值，它们可以在式 (4) 的右边消去。求解 x_3, x_4 就有

$$
\begin{aligned}
x_3 &= \frac{2}{3}\sigma_1 x_1 + \frac{1}{3}\sigma_2 x_2 \\
x_4 &= \frac{2}{3}\sigma_2 x_2 + \frac{1}{3}\sigma_1 x_1
\end{aligned}
\tag{3}
$$

且由式 (2) 可得到

$$
\begin{aligned}
\ddot{x}_1 + \frac{g}{l_1}(1-\sigma_1)x_1 &= \frac{1}{3}\frac{g}{l_1}(\sigma_2 x_2 - \sigma_1 x_1) \\
\ddot{x}_2 + \frac{g}{l_2}(1-\sigma_2)x_2 &= \frac{1}{3}\frac{g}{l_2}(\sigma_1 x_1 - \sigma_2 x_2)
\end{aligned}
\tag{4}
$$

像式 (20.10) 那样处理这些同步的微分方程。对于我们的问题，变量 $\omega_1, \omega_2, k_1, k_2$ 引入的意义可以在与式 (4) 的比较中找到。

III.6 m 对 M 的作用由 $k(X-x)$ 表示，M 对 m 的作用由 $k(x-X)$ 表示。在这两个结果同步的关于 X 和 x 的微分方程中代入 $X=0$，将会发现只有 m 加入到振动中的所需条件由共振条件给出，即系统 (m, k) 固有振动的圆频率和外力圆频率 ω 相等。

这样的布置在工程实践中可作为振动冷却器。因此，它可能被用在一个曲柄在飞轮上以恒定角速度 ω 转动的情况下；冷却器是一个转动可变的装置，它是在吸收与其耦合的曲柄振动。在这样的情况下，用转过的角度代替了我们问题中的坐标 x。

IV.1 平面质量分布的转动惯量在弹性理论中对扭矩和梁的弯曲是重要的 (Vol.II). 因为 $r^2(x^2+y^2)$，我们有

$$
I_p = \int r^2 \mathrm{d}m = \int x^2 \mathrm{d}m + \int y^2 \mathrm{d}m = I_x + I_y
$$

在弹性问题中，质量被认为是密度为 1 且均匀分布在梁的横截面，因此 $\mathrm{d}m = \mathrm{d}S =$ 面积元。对于半径为 a 的圆盘和面积 $S = \pi a^2$，得到

$$
I_p = \int r^2 \mathrm{d}S = 2\pi \int_0^a r^3 \mathrm{d}r = \frac{1}{2}Sa^2
$$

因此

$$
I_x = I_y = \frac{1}{4}Sa^2
$$

IV.2 我们把三个任意主转动惯性的量级比例放到最后讨论；围绕在一个相同的计算中包括 A 是最大的、最小的和中间的主转动惯量三种情形。

IV.3 这个推动力 Z 给予球 (半径 a) 平移动量和角动量,

$$Mv = Z \tag{1}$$

$$I\omega = Zh \tag{2}$$

这里, h 是中心以上的高度, 水平放置的球杆在那里击球; ω 的轴和中面垂直。最低点的圆周速度 u 位于中央平面里且等于 $a\omega$。这不仅在 $t = 0$ 时成立 (冲击时间), 对于 $t > 0$, 也是成立的。

由式 (11.12a), $I = \dfrac{2}{5}Ma^2$, 因此, 对 $t = 0$, 通过式 (2) 和式 (1), 可得

$$\frac{2}{5}Mau = Zh = Mvh \tag{3}$$

$v = u$ 意味着纯滚动, 且由式 (3) 需要 $h = \dfrac{2}{5}a$。注意, 我们已经认为 u 在 v 相反的方向上为正。对于高杆 $h > \dfrac{2}{5}a$, 球和布间的接触点的滑动速度 $v - u > 0$ 且与 v 相反; 摩擦力因此沿着 v 方向且有量级 μMg。它关于中心的力矩 μMga 和转动 ω 相对。

对于低杆, 摩擦力指向相反的方向。总之, 我们可以使上标符号和高杆联系, 下标符号和低杆联系, 并且对 $t > 0$ 有

$$\dot{v} = \pm\mu g \tag{4}$$

$$\dot{u} = \mp\frac{5}{2}\mu g \tag{5}$$

用图表讨论: 画 v 和 u 作为与 t 相对的纵坐标和横坐标; 在高杆和低杆的情形中都用相交的直线表示。在交点 $v = u$ 处, 发生纯滚动。从那时起, u 和 v 的曲线沿着水平直线均匀延伸。交点的横坐标为

$$\tau = \pm\frac{5h - 2a}{7a}\frac{Z}{\mu g M} \tag{6}$$

注意对于低杆, 第一个分子是负的, 既然 h 处于 $-a$ 和 $\dfrac{2}{5}a$ 之间, 式 (6) 的右边项的负号只是一个形式。对于高低击杆, 各自速度的增加或减少为 $\Delta v = \pm\mu g\tau$, 纯滚动的最终速度变为

$$v + \Delta v = \frac{5}{7}\frac{h + a}{a}\frac{Z}{M}$$

即与冲击点到桌布的高度 $h + a$ 成比例。

跟杆理论。被高杆击中的球和第二个球对心碰撞在时间间隔 $t < \tau$ 内，其中 $u > v$。令 u_0 和 v_0 为冲击时刻 u 和 v 的值，v_0 传递给第二个球。由式 (4)，第一个球从 $v = 0$ 开始加速。由式 (5)，它的 u 从 u_0 开始减小。新的图表表明有一个交叉，在那里纯滚动开始发生。交叉点的横坐标和纯滚动的速度分别为

$$\tau_1 = \frac{2}{7} \frac{\mu_0}{\mu g}, \qquad v_1 = \mu g \tau_1 = \frac{2}{7} \mu_0 \tag{7}$$

缩杆理论。再次被击中的球和第二个球相撞的时间间隔 $t < \tau$，现在这里却是 $u < v$。对于一次极低杆击球，我们假定 u 为负的，有和 v 相同的方向。u_0 和 v_0 就是在冲击之前 u 和 v 的值。v_0 再一次传递给第二个球。由式 (4)，第一个球从 $v = 0$ 开始反向加速：它向后滚动。式 (5) 告诉我们 u 从负初值 u_0 开始向着正值增大，即其绝对值减小。v 和 u 的两条直线相交 (新图中)；交点的横坐标和纯滚动的最终速度现在变为

$$\tau_2 = \frac{2}{7} \frac{|\mu_0|}{\mu g}, \qquad |v_2| = \frac{2}{7} |\mu_0| \tag{8}$$

IV.4 球杆不再像 IV.3 中那样水平放置，而是与水平面成一个角度；显然球杆必须击中上半球的一点，就像之前的高杆。令 x 轴沿着推动力的水平分量，且 z 轴沿着垂直分量。推力 Z 的分量变为 $(Z_x, 0, Z_z)$，并且参考球心的推动扭矩 N 的分量 (球心也是 xyz 系的原点)

$$N_x = yZ_z, \quad N_y = zZ_x - xZ_z, \quad N_z = -yZ_x$$

这里 x, y 和 z 是球杆和球冲击点的坐标。由 N_x、N_y，我们得到角速度

$$\omega_x = \frac{5}{2} \frac{N_x}{Ma^2}, \qquad \omega_y = \frac{5}{2} \frac{N_y}{Ma^2}$$

相应的球最低点 P 的圆周速度为

$$\mu_x = -a\omega_y, \qquad \mu_y = +a\omega_x \tag{1}$$

不考虑 N_z、ω_z，它们在 P 点不产生任何滑动，而只会产生一种可忽略的摩擦。令桌布上的滑动分量为

$$v_x - u_x = -\rho \cos \alpha, \qquad v_y - u_y = -\rho \sin \alpha \tag{2}$$

它产生了一个和 x 轴成 $\pi + \alpha$ 的角度、大小为 $\mu g M$ 的摩擦力 R。它对于 $t > 0$ 时发生的转变和转动中的影响由下式决定：

$$M\dot{v}_x = R_x, \qquad M\dot{v}_y = R_y$$

$$I\dot{\omega}_x = aR_y, \qquad I\dot{\omega}_y = -aR_x$$

接下来

$$\dot{v}_x = -\mu g \cos\alpha, \qquad \dot{v}_y = -\mu g \sin\alpha$$

并且由式 (1) 和式 (2)，可得

$$\dot{u}_y = -\frac{5}{2}\mu g \sin\alpha, \quad \dot{u}_x = -\frac{5}{2}\mu g \cos\alpha \tag{3}$$

$$\dot{v}_x - \dot{u}_x = -\frac{\mathrm{d}}{\mathrm{d}t}(\rho\cos\alpha) = -\frac{7}{2}\mu g \cos\alpha$$

$$\dot{v}_y - \dot{u}_y = -\frac{\mathrm{d}}{\mathrm{d}t}(\rho\sin\alpha) = -\frac{7}{2}\mu g \sin\alpha \tag{4}$$

式 (4) 的后两项给出了 $\dot{\alpha}$ 和 $\dot{\rho}$ 的解。

(1) $\dot{\alpha} = 0$。摩擦力有恒定方向；既然它也有恒定大小，水平面中点 P 的轨迹就变为一条抛物线。抛物线的轴和滑动的初方向 a 平行，这可以从 $\boldsymbol{Z}$ 和 $\boldsymbol{N}$ 的分量获悉。

(2) $\dot{\rho} = -\frac{7}{2}\mu g$，$\rho = \rho_0 - \frac{7}{2}\mu g t$，因此 $\rho = 0$ 时，$t = \tau = \frac{2}{7}\frac{\rho_0}{\mu g}$。$\rho_0$ 是可以同样地由 $\boldsymbol{Z}$ 和 $\boldsymbol{N}$ 决定的滑动速度的初始幅值，对于 $t > \tau$，滑动和摩擦恒为 0。球沿着与抛物线相切的直线方向运动。

V.1 令 ϕ 是转动平面关于固定平面转动的瞬时角，我们有

$$x + \mathrm{i}y = (\xi + \mathrm{i}\eta)\mathrm{e}^{\mathrm{i}\phi} \tag{1}$$

令 $\dot{\phi} = \omega$，对 t 求两次微分有

$$\ddot{x} + \mathrm{i}\ddot{y} = \left[\ddot{\xi} + \mathrm{i}\ddot{\eta} + 2\mathrm{i}\omega(\dot{\xi} + \mathrm{i}\dot{\eta}) + \mathrm{i}\dot{\omega}(\xi + \mathrm{i}\eta) - \omega^2(\xi + \mathrm{i}\eta)\right]\mathrm{e}^{\mathrm{i}\phi} \tag{2}$$

$\xi + \mathrm{i}\eta$(复) 是 $\boldsymbol{r}$ 从旋转平面上观察到的矢量，$\dot{\xi} + \mathrm{i}\dot{\eta} = \dot{\boldsymbol{r}}$ 是从相同平面观察的速度，等等。既然 $\mathrm{i}(\dot{\xi} + \mathrm{i}\dot{\eta}) = (\dot{\xi} + \mathrm{i}\dot{\eta})\mathrm{e}^{\mathrm{i}\frac{\pi}{2}}$ 是和后者垂直的矢量，可以将其写成

$$2\mathrm{i}\omega(\dot{\xi} + \mathrm{i}\dot{\eta}) = 2\boldsymbol{\omega} \times \dot{\boldsymbol{r}}, \quad \mathrm{i}\dot{\omega}(\xi + \mathrm{i}\eta) = \dot{\boldsymbol{\omega}} \times \boldsymbol{r} \tag{3}$$

这里 ω 当然是沿着复平面的法线方向。像在 §29 中，我们把 $\boldsymbol{w}$ 称为从固定平面上观察的速度 $\dot{x} + i\dot{y}$，但是，我们将保留以转动平面作为参考时对时间求导的上标符号，如式 (3) 那样。式 (2) 变化为与式 (29.4) 相似的方程：

$$\dot{\boldsymbol{w}} = (\ddot{\boldsymbol{r}} + 2\boldsymbol{\omega} \times \dot{\boldsymbol{r}} + \dot{\boldsymbol{\omega}} \times \boldsymbol{r} - \omega^2 \boldsymbol{r})e^{i\phi} \tag{4}$$

如果 $\boldsymbol{F} = F_x + iF_y$ 是以固定平面为参考的力，$\Phi = F_\xi + iF_\eta$ 是以转动平面为参考的力，我们由式 (1) 得到 $\boldsymbol{F} = \Phi e^{i\phi}$，因此

$$\Phi = \boldsymbol{F}e^{-i\phi} \tag{5}$$

由式 (4) 和式 (5)，我们从 $m\dot{\boldsymbol{w}} = \boldsymbol{F}$ 中得到

$$m\left(\ddot{\boldsymbol{r}} + 2\boldsymbol{\omega} \times \dot{\boldsymbol{r}} + \dot{\boldsymbol{\omega}} \times \boldsymbol{r} - \omega^2 \boldsymbol{r}\right) = \boldsymbol{\Phi} \tag{6}$$

由此我们已经确定了这个问题所需要的附加力。尤其 Coriolis 确定了左边的第二项。

我们有意用复杂的符号来处理这个问题，为了强调二维矢量用复变量来表示再好不过了。

V.2 我们选择直线旋转的平面为 xy 面；x 轴水平，y 轴竖直向上。令直线和 x 轴的夹角为 $\phi = \omega t$。可以把这个问题简化为前述的问题，通过把转动直线和一个直线固定的竖直 $\xi\eta$ 平面结合起来。这个 $\xi\eta$ 平面则必须在 xy 平面内以恒定角速度 ω 转动，让 ξ 轴沿着转动直线是方便的。为了让这个质点保持在 x 轴上，必须在 η 方向上施加一个约束力。因此，我们的外力 $\boldsymbol{\Phi}$ 是约束力的和，我们将其称为 mb，且重力称为 mg。由前述问题的方程 (5)，后者对 $\boldsymbol{\Phi}$ 的贡献为 $-imge^{-i\phi}$。求和，我们便有

$$\Phi = \Phi_\xi + i\Phi_\eta = -mg\sin\omega t - img\cos\omega t + imb$$

在前述问题的式 (6) 里，可以令 $r = \xi$，且由式 (3)，同前 $2\boldsymbol{\omega} \times \dot{\boldsymbol{r}} = 2i\omega\dot{\xi}$；进一步，令 $\dot{\omega} = 0$ 得到

$$\ddot{\xi} + 2i\omega\dot{\xi} - \omega^2 \xi = -mg\sin\omega t + i(b - g\cos\omega t) \tag{1}$$

其实部为

$$\ddot{\xi} - \omega^2 \xi = -g\sin\omega t \tag{2}$$

微分方程有解

$$r = A\cosh\omega t + B\sinh\omega t + \frac{g}{2\omega^2}\sin\omega t \tag{3}$$

如果令式 (1) 的虚部等于 0, 便得到问题中约束力、重力和 Coriolis 力的关系式

$$b = g\cos\omega t + 2\omega\dot{\xi} \tag{4}$$

V.3 (a) 令 xy 平面上 O 点的位置表示为 $x_0 + \mathrm{i}y_0$，我们便有

$$\dot{x}_0 + \mathrm{i}\dot{y}_0 = (u + \mathrm{i}v)\mathrm{e}^{\mathrm{i}\phi}$$
$$\ddot{x}_0 + \mathrm{i}\ddot{y}_0 = [\dot{u} + \mathrm{i}\dot{v} + \mathrm{i}\omega(u + \mathrm{i}v)]\mathrm{e}^{\mathrm{i}\phi} \tag{1}$$

令 xy 平面上 G 点的位置表示为 $x + \mathrm{i}y$，我们有

$$x + \mathrm{i}y = x_0 + \mathrm{i}y_0 + a\mathrm{e}^{\mathrm{i}\phi}$$
$$\dot{x} + \mathrm{i}\dot{y} = (u + \mathrm{i}v + \mathrm{i}\omega a)\mathrm{e}^{\mathrm{i}\phi} \tag{1'}$$

$$\ddot{x} + \mathrm{i}\ddot{y} = [\dot{u} + \mathrm{i}\dot{v} + \mathrm{i}\dot{\omega}a + \mathrm{i}\omega(u + \mathrm{i}v) - \omega^2 a]\mathrm{e}^{\mathrm{i}\phi} \tag{2}$$

在 xy 平面，和外力 $\boldsymbol{R}$ 对应的复变量为

$$\boldsymbol{F} = \boldsymbol{R}\mathrm{i}\mathrm{e}^{\mathrm{i}\phi} \tag{2'}$$

由式 (2) 和式 (2′) 及第二定律，根据 $\ddot{x} + \mathrm{i}\ddot{y} = \dfrac{\boldsymbol{F}}{M}$ 可导出

$$\dot{u} + \mathrm{i}\dot{v} + \mathrm{i}\dot{\omega}a + \mathrm{i}\omega(u + \mathrm{i}v) - \omega^2 a = \mathrm{i}\frac{R}{M}$$

或者，分解为分量

$$\dot{u} - \omega v - \omega^2 a = 0 \tag{3}$$

$$\dot{v} + \dot{\omega}a + \omega u = \frac{R}{M} \tag{4}$$

另外，由角动量定理，我们有

$$I\dot{\omega} = -Ra \tag{5}$$

(b) 条件 $v = 0, \dot{v} = 0$，简化式 (3) 和式 (4) 为

$$\dot{u} - \omega^2 a = 0 \tag{3'}$$

$$\dot{\omega}a + \omega u = \frac{R}{M} \tag{4'}$$

从式 (4') 和式 (5) 中消去 R, 有

$$\dot{\omega}a\left(1 + \frac{I}{Ma^2}\right) + \omega u = 0 \tag{6}$$

现在令 $I = Mb^2$ ($b=$ 旋转半径) 且

$$k^2 = 1 + \frac{b^2}{a^2} > 1 \tag{7}$$

把式 (6) 变为

$$k^2\dot{\omega}a + \omega u = 0 \tag{6'}$$

在积分式 (3') 和 (6') 之后, R 由式 (4') 或 (5) 确定。

(c) 从式 (3') 和式 (6') 中消去 u, 得到

$$k^2\frac{\mathrm{d}}{\mathrm{d}t}\frac{\dot{\omega}}{\omega} = -\omega^2 \tag{8}$$

在乘 $\dfrac{\dot{\omega}}{\omega}$ 后, 这个方程变为可积的, 并有

$$k^2\left(\frac{\dot{\omega}}{\omega}\right)^2 = k^2c^2 - \omega^2 \tag{9}$$

$$k\dot{\omega} = \omega(k^2c^2 - \omega^2)^{\frac{1}{2}} \tag{9'}$$

其中 c 为积分常数。可令

$$\omega = kc\cos\psi \tag{10}$$

来消去平方根。在适当选择平方根符号后, 式 (9') 变为

$$\dot{\psi} = c\cos\psi \tag{10'}$$

或者

$$c\mathrm{d}t = \frac{\mathrm{d}\psi}{\cos\psi}, \qquad ct = \frac{1}{2}\ln\frac{1 + \sin\psi}{1 - \sin\psi} \tag{11}$$

我们因此确定 ψ 为 t 的函数。现在可以用 ψ 来表达所有量; 由式 (10) 得 ω, u 和 R 则从式 (6') 和式 (4') 得到

$$u = ak^2c\sin\psi \tag{12}$$

$$R = \frac{M}{2}ak(k^2 - 1)c^2\sin 2\psi \tag{12'}$$

这完成了积分。

因为 $\omega = \dot{\phi}$，比较式 (10) 和式 (10′)，最终得到了关系式 $\dot{\psi} = \dfrac{\dot{\phi}}{k}$。我们的辅助角 ψ 因此和转角 ϕ 成比例，即

$$\psi = \frac{\phi}{k} \tag{13}$$

由于积分常数可以通过适当选择 x 轴的任意方向而使其为 0。

(d) 由式 (1′)，当 $v = 0$ 时，

$$|\dot{x} + \mathrm{i}\dot{y}|^2 = \dot{x}^2 + \dot{y}^2 = u^2 + \omega^2 a^2$$

$$
\begin{aligned}
T &= \frac{M}{2}(\dot{x}^2 + \dot{y}^2) + \frac{I}{2}\omega^2 = \frac{M}{2}(u^2 + \omega^2 a^2) + \frac{M}{2}(k^2 - 1)a^2\omega^2 \\
&= \frac{M}{2}(u^2 + k^2 a^2 \omega^2)
\end{aligned}
\tag{14}
$$

由式 (10) 和式 (12)，式 (14) 等于

$$T = \frac{M}{2}a^2 k^2 c^2 \left(\sin^2\psi + \cos^2\psi\right) = 常数 \tag{15}$$

(e) 由式 (1) 和式 (12)，得

$$\dot{x}_0 = ak^2 c \sin\psi \cos\phi, \quad \dot{y}_0 = ak^2 c \sin\psi \sin\phi$$

因此，由式 (10′) 和式 (13)，得

$$\frac{\mathrm{d}x_0}{\mathrm{d}\phi} = ak \tan\psi \cos\phi, \quad \frac{\mathrm{d}y_0}{\mathrm{d}\phi} = ak \tan\psi \sin\phi \tag{16}$$

式 (11) 表明

$$\psi = 0 时, t = 0$$

$$\psi = \pm\frac{\pi}{2} 时, t = \pm\infty$$

整条轨迹曲线在 $-\dfrac{\pi}{2} < \psi < +\dfrac{\pi}{2}, -k\dfrac{\pi}{2} < \phi < +k\dfrac{\pi}{2}$ 之间。

在 $t = 0$ 处出现一个尖点，因为根据式 (16) 且 $\psi = 0, \phi = 0$，

$$\frac{\mathrm{d}x_0}{\mathrm{d}\phi} = \frac{dy_0}{\mathrm{d}\phi} = \frac{\mathrm{d}^2 y_0}{\mathrm{d}\phi^2} = 0$$

另外，

$$\frac{\mathrm{d}^2 x_0}{\mathrm{d}\phi^2} \text{和} \frac{\mathrm{d}^3 y_0}{\mathrm{d}\phi^3} \neq 0$$

尖点在其两个分支上有平行于 x 轴的切线。

对于 $t = \pm\infty$，路径变成渐近的，ϕ 变成固定的。由式 (16)，一般地

$$\frac{\mathrm{d}x_0}{\mathrm{d}\phi} = \frac{\mathrm{d}y_0}{\mathrm{d}\phi} = \pm\infty$$

更一般地，由式 (16) 得到

$$\frac{\mathrm{d}y_0}{\mathrm{d}x_0} = \tan\phi = \pm\tan k\frac{\pi}{2}$$

因此，渐近线关于 x 轴对称的，像问题 IV 中图 57 显示的那样，对 $k = 0, \frac{3}{2}, 2, 3$，有角 $\pm k\frac{\pi}{2}$。

VI.1 从坠落的意义上说，z 取正，即向下，$V = -mgz$。对 $t = 0$ 初位置 $z = 0$ 处在末位置 $t = t_1, z = z_1$ 上方。

(a) 对 $z = \frac{1}{2}gt^2$，我们得到

$$\int L\mathrm{d}t = \int_0^{t_1} \left[\frac{m}{2}(gt)^2 + mg \cdot \frac{g}{2}t^2\right]\mathrm{d}t = \frac{1}{3}mg^2 t_1^3$$

(b) 对 $z = ct$，当 $t = t_1$ 时，我们必须以这样的方式选择 c，

$$z = z_1 = g\frac{t_1^2}{2}$$

因此有 $c = \frac{gt_1}{2}$。

在这种情况下，我们发现

$$\int L\mathrm{d}t = \int_0^{t_1} \left[\frac{m}{2}\left(\frac{gt_1}{2}\right)^2 + mg\frac{gt_1}{2}t\right]\mathrm{d}t = \frac{3}{8}mg^2 t_1^3$$

对 $z = at^3, a = \frac{1}{2}\frac{g}{t_1}$，有

$$\int L\mathrm{d}t = \int_0^{t_1} \left[\frac{m}{2}\left(\frac{3}{2}\frac{g}{t_1}\right)^2 t^4 + mg \cdot \frac{g}{2t_1}t^3\right]\mathrm{d}t = \frac{7}{20}mg^2 t_1^2$$

根据 Hamilton 原理，我们比较只由无穷小量区分的路径，这里 (b) 的轨线相空间里 $q, \dot{q}$ (这里 $z, \dot{z}$) 由实运动 (a) 中有限量区别。然而，现在 Hamilton 积分的值 (a) 比 (b) 小，如

$$\frac{1}{3} < \frac{3}{8} \, \text{和} \, \frac{1}{3} < \frac{7}{20}$$

即使对于任意长度的路径也是如此，此例不是特例而是一般规则 (见 §37)。

VI.2 正如在问题 V.1 中一样，令 ζ 和 η 为固定在旋转平面上的坐标；令 $\boldsymbol{u} = (\dot{\xi}, \dot{\eta})$ 是测量的关于平面的速度。那么，相对于固定平面的速度是

$$\boldsymbol{w} = \boldsymbol{u} + \boldsymbol{v}, \qquad \boldsymbol{v} = \boldsymbol{\omega} \times \boldsymbol{r}$$

[如 §26 表中的第一行]。用分量分解表示为

$$\boldsymbol{\omega}_\xi = \dot{\xi} - \omega\eta, \quad \boldsymbol{\omega}_\eta = \dot{\eta} + \omega\xi$$
$$|\boldsymbol{w}|^2 = \dot{\xi}^2 + \dot{\eta}^2 + 2\omega(\xi\dot{\eta} - \eta\ddot{\xi}) + \omega^2(\xi^2 + \eta^2)$$

从这里往下推算，利用 $T = \frac{1}{2}m|\boldsymbol{w}|^2$，有

$$\frac{\mathrm{d}}{\mathrm{d}t}\frac{\partial T}{\partial \dot{\xi}} = m\frac{\mathrm{d}}{\mathrm{d}t}(\dot{\xi} - \omega\eta) = m(\ddot{\xi} - \omega\dot{\eta} - \dot{\omega}\eta)$$

$$\frac{\mathrm{d}}{\mathrm{d}t}\frac{\partial T}{\partial \dot{\eta}} = m\frac{\mathrm{d}}{\mathrm{d}t}(\dot{\eta} + \omega\xi) = m(\ddot{\eta} + \omega\dot{\xi} + \dot{\omega}\xi)$$

$$\frac{\partial T}{\partial \xi} = m(\omega\dot{\eta} + \omega^2\xi), \quad \frac{\partial T}{\partial \eta} = m(-\omega\dot{\xi} + \omega^2\eta)$$

令 Φ_ξ、Φ_η 为外力 $\boldsymbol{F}$ 在动坐标轴 ξ、η 上的分量，我们得到 Lagrange 方程

$$m(\ddot{\xi} - 2\omega\dot{\eta} - \dot{\omega}\eta - \omega^2\xi) = \Phi_\xi$$

$$m(\ddot{\eta} + 2\omega\dot{\xi} + \dot{\omega}\xi - \omega^2\eta) = \Phi_\eta$$

这和问题 V.1 中式 (6) 完全一致，我们只要解决后者的分量。

在问题 V.2 中处理的旋转直杆的引导中，我们有

$$v^2 = \frac{\mathrm{d}r^2 + r^2\mathrm{d}\phi^2}{\mathrm{d}t} = \dot{r}^2 + r^2\omega^2, \quad L = \frac{m}{2}(\dot{r}^2 + r^2\omega^2) - mgr\sin\omega t$$

$$\frac{\mathrm{d}}{\mathrm{d}t}\frac{\partial L}{\partial \dot{r}} = m\ddot{r}, \quad \frac{\partial L}{\partial r} = mr\omega^2 - mg\sin\omega t$$

由此得到的 Lagrange 方程与 V2(2) 等式完全相同。由它立即导出该问题的解式 (3)。用目前的方法，我们不需要谈论 Goriolis 力和类似的力。另外，尽管我们不知道任何约束力。

VI.3 上一问题的式 (4) 中忽略的项可表示为

$$\left(1 + \frac{\zeta}{R}\right)\dot{\eta} \quad \text{和} \quad -\frac{\eta}{R}\left(1 + \frac{\zeta}{R}\right)\frac{\cos\theta}{\sin\theta}\dot{\xi}$$

在乘以 {} 的因子之后，它们给出 ξ、η、ζ 关于 t 的微分或其导数的二阶或高阶项。关于微分方程 (5) 和 (6)，我们应该指出，$\zeta\ddot{\xi}, \zeta\dot{\xi}$ 等二阶项已经被省略了。值得注意的是，通过这一省略，地球的半径 R 从这个结果中消失了。在完整的方程 (6) 中除了所写出的项之外，实际上还将获得一个含有 ω^2 的项，即

$$R\sin\theta\cos\theta\omega^2$$

它显然代表了普通离心力的 ξ 分量；然而，相应的在 $\frac{\partial T}{\partial \zeta}$ 中会出现 ζ 分量，这个项必须被省略，因为它们已经包含在有效重力加速度 g 中了，见式 (30.1)。

在 Foucault 摆的例子中，人们显然不应该使用 Lagrange 方程的普遍形式 (34.6)，而应该使用混合类型 (34.11)，结合约束式 (31.1)。

顺便说一句，请注意，由于式 (1) 和式 (2) 中对 η 和 ψ_0 的定义，我们的问题属于 §41 中所讨论的依赖于时间的经典问题。

VI.4 质心描述垂直于圆柱轴的平面上的环形曲线。其关于旋转角 φ 的参数方程是由式 (17.1) 得到的，对一个普通环，用 s 替换式 (17.1) 中的 a，有

$$\xi = a\phi - s\sin\phi, \quad \dot{\xi} = (a - s\cos\phi)\dot{\phi},$$

$$\eta = a - s\cos\phi, \quad \dot{\eta} = s\sin\phi\dot{\phi}$$

(a) 如果我们把质心作为参考点 O，可得到

$$T_{\text{transl}} = \frac{m}{2}(\dot{\xi}^2 + \dot{\eta}^2) = \frac{m}{2}(a^2 + s^2 - 2as\cos\phi)\dot{\phi}^2$$

$$T_{\text{rot}} = \frac{I}{2}\dot{\phi}^2, \quad T_{\text{m}} = 0, \quad V = mg\eta = mg(a - s\cos\phi)$$

注意到 $\omega = \dot{\phi}$ 是圆柱体对它的对称轴的角速度，但是按照式 (23.8)，它也是对过与质心轴平行的轴的角速度。令 $I = mb^2$ (b = 旋转半径) 及 $c^2 = a^2 + s^2 + b^2$，我们有

$$L = T_{\text{transl}} + T_{\text{rot}} - V = \frac{m}{2}(c^2 - 2as\cos\phi)\dot{\phi}^2 - mg(a - s\cos\phi) \tag{1}$$

$$\frac{1}{m}\frac{\mathrm{d}}{\mathrm{d}t}\frac{\partial L}{\partial \dot{\phi}} = (c^2 - 2as\cos\phi)\ddot{\phi} + 2as\sin\phi\dot{\phi}^2$$

$$\frac{1}{m}\frac{\partial L}{\partial \phi} = as\sin\phi\dot{\phi}^2 - gs\sin\phi$$

因此运动方程是

$$\left(c^2 - 2as\cos\phi\right)\ddot{\phi} + as\sin\phi\dot{\phi}^2 + gs\sin\phi = 0 \qquad (2)$$

(b) 如果我们选择过质心的横截面中心作为参考点 O，后者以速度 $a\dot{\phi}$ 水平运动；$I' = I + ms^2$ [见式 (16.8)]，我们有

$$T_{\text{transl}} = \frac{m}{2}a^2\dot{\phi}^2, \quad T_{\text{rot}} = \frac{I'}{2}\dot{\phi}^2, \quad V \text{和上面一样}$$

但现在 T_{m} 不为 0；由式 (22.11) 有

$$T_{\mathrm{m}} = -ma\dot{\phi}^2 s\cos\phi$$

结果

$$L = T_{\text{transl}} + T_{\text{rot}} + T_{\mathrm{m}} - V = \frac{m}{2}(c^2 - 2as\cos\phi)\dot{\phi}^2 - mg(a - s\cos\phi) \qquad (3)$$

和式 (1) 一致，因此我们又一次得到运动方程 (2)。对关于 $\phi = 0$ 的微小振动，有

$$\ddot{\phi} + \frac{g}{l_1}\phi = 0, \quad l_1 = \frac{c^2 - 2as}{s} = \frac{(a - s)^2 + b^2}{s} \cdots : \text{稳定}$$

对于关于 $\phi = \pi$ 的小振动，$\psi = \pi + \phi$，

$$\ddot{\psi} - \frac{g}{l_2}\psi = 0, \quad l_2 = \frac{c^2 + 2as}{s} = \frac{(a + s)^2 + b^2}{s} \cdots : \text{不稳定}$$

VI.5 (1) 角速度间关系。如果锥齿轮 (ω) 一方面和齿轮 (ω_1) 啮合，另一方面和齿轮 (ω_2) 啮合，需满足圆周速度在任何时刻必须相等的条件，这些关系式的导出是最简单的。齿轮 (ω) 关于轴 A 以角速度 ω 转动。另外，这轴和 (ω) 一起关于一般的 (Ω)、(ω_1) 和 (ω_2) 几何轴转动，有角速度 Ω。如果 r、r_1 和 r_2 是锥形齿轮 (ω)、(ω_1)、(ω_2) 的平均半径，在接触点 (ω, ω_1) 必有

$$r\omega + r_1\Omega = r_1\omega_1$$

且在接触点 (ω, ω_2) 有

$$-r\omega + r_2\Omega = r_2\omega_2$$

考虑 $r_1 = r_2$，我们由此得到关系式

$$2\Omega = \omega_1 + \omega_2 \tag{1}$$

$$2\omega = \frac{r_1}{r}(\omega_1 - \omega_2)$$

当然，这些关系式也可以通过引入虚转动导出。

(2) 扭矩间关系式。L 的虚功必须与 L_1 和 L_2 的虚功和相等，即

$$L\Omega\delta t = L_1\omega_1\delta t + L_2\omega_2\delta t$$

我们现在对式 (1) 用 ω_1 和 ω_2 替换 Ω，得到

$$\left(\frac{L}{2} - L_1\right)\omega_1 + \left(\frac{L}{2} - L_2\right)\omega_2 = 0$$

这对任意的 ω_1 和 ω_2 都是可能的，只要

$$\frac{1}{2}L = L_1 = L_2 \tag{2}$$

可见，在任何时刻发动机驱动扭矩总是等量地传递给各个后轮，无论角速度 ω_1 和 ω_2 取什么值。

(3) 系统运动方程。这里会发现使用第二类 Lagrange 方程是最简单的。我们有

$$T = \frac{1}{2}(I_1\omega_1^2 + I_2\omega_2^2 + I\omega^2 + I'\Omega^2)$$

用关于 ω_1 和 ω_2 的表达式来替换 ω 和 Ω，并引入简写形式

$$L_{11} = I_1 + \frac{I'}{4} + \frac{Ir_1^2}{4r^2}$$

$$L_{22} = I_2 + \frac{I'}{4} + \frac{Ir_1^2}{4r^2}$$

$$L_{12} = I_{21} + \frac{I'}{4} - \frac{Ir_1^2}{4r^2}$$

Lagrange 方程就变为

$$\frac{\mathrm{d}}{\mathrm{d}t}(L_{11}\omega_1 + L_{12}\omega_2) = \frac{L}{2} - W_1$$

$$\frac{\mathrm{d}}{\mathrm{d}t}(L_{21}\omega_1 + L_{22}\omega_2) = \frac{L}{2} - W_2 \tag{3}$$

W_1 和 W_2 是作用在两个后轮上的阻力矩，它们来源于地面的静摩擦，且如果愿意的话，也可以包含其他阻力 (空气等)。

如果 L、W_1 和 W_2 被给定为时间的函数，可以计算式 (3) 左边项的圆括号内的量作为右边项的时间积分，因此 ω_1 和 ω_2 变成了时间的已知函数。

对时间求平均，式 (3) 的右边等于 0，因此 ω_1 和 ω_2 是常数。但如果作用在一个轮上的阻力是减少的，例如，发生轮子跳离路上的一个隆起物且在空中暂时转动 ($W = 0$)，这个轮被加速，但另一个轮被减速。

(4) 类比到电动力学。式 (3) 的写法使人联想到两个感应耦合电流的相互作用 (见 §42 中的 Boltzmann 相关的评论)。如果我们把 L_{ij} 定义为两电路的感应系数，ω_1 和 ω_2 是它们中流动的电流，式 (3) 的左边项是电动力学感应效应。$\dfrac{1}{2}L$ 和电路中作用的 "感应电动势" 一致，且

$$T = \frac{1}{2}L_{11}\omega_1^2 + L_{12}\omega_1\omega_2 + \frac{1}{2}L_{22}\omega_2^2$$

是总磁场能量。根据 §35 中式 (4)，人们把那些 Lagrange 算符只包含关于时间坐标推导的 $\left(\text{这里} \omega_1 = \dot{\phi}_1, \omega_2 = \dot{\phi}_2\right)$ 系称为循环系统。因此，建立了稳定电流力学模拟。微分机械和对称陀螺都为双重循环系统。